Karl-H Flatow
Defossilisierung

Defossilisierung

Karl-H Flatow

Impressum

Bibliografische Information der Deutschen Nationalbibliothek: Die Deutsche Nationalbibliothek verzeichnet diese Publikation in der Deutschen Nationalbibliografie; detaillierte bibliografische Daten sind im Internet über dnb.dnb.de abrufbar.

Verlag: BoD · Books on Demand GmbH, Überseering 33, 22297 Hamburg, bod@bod.de
Druck: Libri Plureos GmbH, Friedensallee 273, 22763 Hamburg

ISBN: 978-3-6957-1986-0

MIX
Papier aus verantwortungsvollen Quellen
Paper from responsible sources
FSC® C105338

Inhalt

Prolog: Die physikalischen Grundlagen einer neuen Energiewirtschaft

„Die Natur macht keinen Sprung – und sie duldet keinen Abfall.“

Bevor wir uns mit dem Konzept der Defossilisierung der Energieversorgung auf Basis einer ökologischen Wasserstoffwirtschaft befassen können, müssen wir einen Schritt zurücktreten und die fundamentalen Gesetzmäßigkeiten unseres Universums in Erinnerung rufen. Diese Grundlagen sind keine theoretischen Spielereien der Physik – sie sind die eisernen Regeln, nach denen alle Materie und Energie in unserem Kosmos funktionieren, und sie werden durch kein menschliches Wirtschaftssystem, keine politische Ideologie und keine technologische Innovation außer Kraft gesetzt.

Die folgenden Prinzipien sind nicht verhandelbar. Sie sind nicht Gegenstand akademischer Debatten, sondern bilden das unerschütterliche Fundament, auf dem jede ernstzunehmende Auseinandersetzung mit unserer Energiezukunft errichtet sein muss. Wer diese Grundlagen ignoriert oder relativiert, baut auf Sand – und ein solches Gebäude wird früher oder später in sich zusammenbrechen.

Bevor wir uns mit dem Konzept der Defossilisierung der Energieversorgung auf Basis einer ökologischen Wasserstoffwirtschaft befassen können, müssen wir einen Schritt zurücktreten und die fundamentalen Gesetzmäßigkeiten unseres Universums in Erinnerung rufen.
Diese Grundlagen sind keine theoretischen Spielereien der Physik – sie sind die eisernen Regeln, nach denen alle Materie und Energie in unserem Kosmos funktionieren, und sie werden durch kein menschliches Wirtschaftssystem, keine politische Ideologie und keine technologische Innovation außer Kraft gesetzt.
NATURGESETZE
1. Energieerhaltungssatz
Energie kann weder erzeugt noch vernichtet, sondern nur umgewandelt werden.
2. Entropiezunahme
In einem abgeschlossenen System nimmt die Entropie zu.
3. Erhaltung der Masse
Materie kann weder erzeugt noch vernichtet, sondern nur umgewandelt werden.
...
E = mc²
EIN SCHRITT ZURÜCK
DIE GESETZE DES UNIVERSUMS – UNVERÄNDERLICH. UNABHÄNGIG. UNBESTECHLICH.
IGNORIERT / RELATIVIERT
UNERSCHÜTTERLICHES FUNDAMENT
ENERGIE-ERHALTUNG
ENTROPIE-ZUNAHME
ERHALTUNG DER MASSE
NATUR-KONSTANTEN
KAUSALITÄT
DAS FUNDAMENT JEDER ERNSTZUNEHMENDEN AUSEINANDERSETZUNG MIT UNSERER ENERGIEZUKUNFT
Die folgenden Prinzipien sind nicht verhandelbar. Sie sind nicht Gegenstand akademischer Debatten, sondern bilden das unerschütterliche Fundament, auf dem jede ernstzunehmende Auseinandersetzung mit unserer Energiezukunft errichtet sein muss. Wer diese Grundlagen ignoriert oder relativiert, baut auf Sand – und ein solches Gebäude wird früher oder später in sich zusammenbrechen.

Die physikalischen Grundlagen einer neuen Energiewirtschaft

1. Energie: Das ewige Gleichgewicht

Der erste und vielleicht wichtigste Grundsatz, den wir akzeptieren müssen, lautet:

Wir können keine Energie erzeugen oder vernichten – wir können Energie nur nutzen.

Der Energieerhaltungssatz – einer der fundamentalsten Sätze der Physik – stellt klar: Die Gesamtenergie eines geschlossenen Systems bleibt konstant. Energie kann weder aus dem Nichts erschaffen noch ins Nichts verschwinden. Sie wechselt lediglich ihre Form. Was wir im Alltag als „Energieerzeugung" bezeichnen – das Verbrennen von Kohle im Kraftwerk, das Drehen von Windturbinen, die Kernspaltung im Reaktor – ist in Wahrheit immer nur eine Umwandlung: von einer Energieform in eine andere, für den Menschen nutzbare Form.

Die Sprache des Alltags verrät uns hier auf subtile Weise. Begriffe wie „Energieverbrauch", „Energieeinsparung", „Energieverlust" oder „Energieverschwendung" sind physikalisch gesehen schlicht falsch – und doch sind sie tief in unserem kollektiven Denken verankert. Diese begriffliche Unschärfe ist keine Kleinigkeit: Sie prägt, wie wir über Energiefragen nachdenken, wie wir Politik gestalten und welche Lösungen wir als realistisch betrachten.

Was diese Begriffe tatsächlich beschreiben, ist der Übergang von Energie aus technisch leicht nutzbaren oder biologisch verwertbaren Formen in Formen, die schwer oder gar nicht nutzbar sind. Wenn wir ein Auto fahren, wird chemische Energie des Kraftstoffs in Bewegungsenergie – und zu einem großen Teil in Wärme umgewandelt, die an die Umgebung abgegeben wird. Die Energie ist nicht „verschwunden"; sie ist schlicht in eine Form übergegangen, aus der wir sie nicht mehr zurückgewinnen können, ohne erneut Energie aufzuwenden. Diese Irreversibilität, beschrieben durch den zweiten Hauptsatz der Thermodynamik, ist das, was wir umgangssprachlich als „Verlust" wahrnehmen.

Für eine zukunftsfähige Energiewirtschaft bedeutet dies: Wir müssen lernen, mit den Energieformen zu arbeiten, die uns die Natur zur Verfügung stellt, ohne dabei massive Mengen an Energie in unüberwindbare Wärme zu „verwandeln". Die ökologische Wasserstoffwirtschaft, die in diesem Buch vorgestellt wird, orientiert sich genau an diesem Prinzip: Sie nutzt vorhandene Energie- und Stoffströme, um Wasserstoff zu generieren, der als Energieträger gespeichert, transportiert und bei Bedarf wieder in nutzbare Energie umgewandelt werden kann – mit deutlich weniger unnötigen Transformationsverlusten als herkömmliche fossile Systeme.

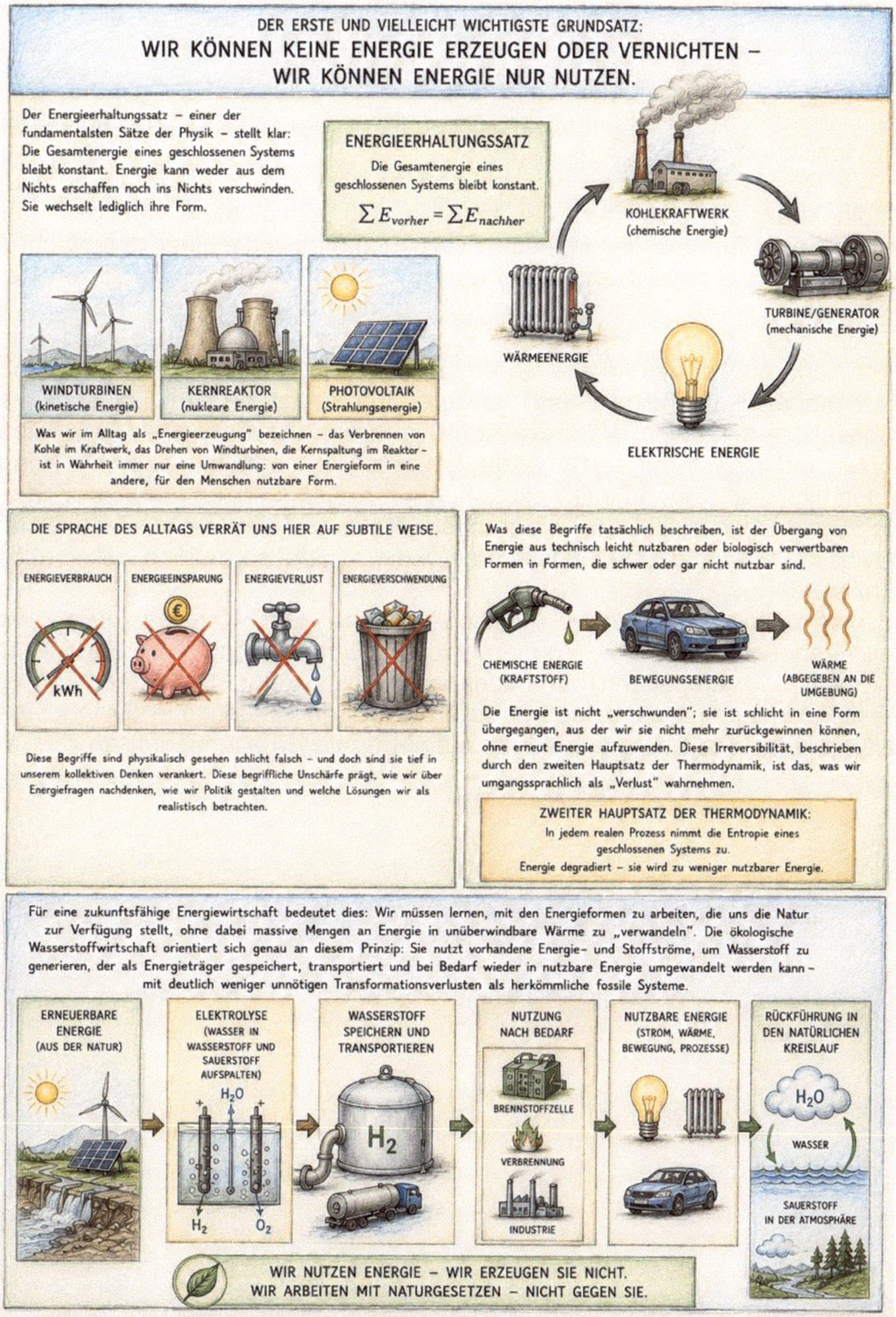
DER ERSTE UND VIELLEICHT WICHTIGSTE GRUNDSATZ:
WIR KÖNNEN KEINE ENERGIE ERZEUGEN ODER VERNICHTEN – WIR KÖNNEN ENERGIE NUR NUTZEN.
Der Energieerhaltungssatz – einer der fundamentalsten Sätze der Physik – stellt klar: Die Gesamtenergie eines geschlossenen Systems bleibt konstant. Energie kann weder aus dem Nichts erschaffen noch ins Nichts verschwinden. Sie wechselt lediglich ihre Form.
ENERGIEERHALTUNGSSATZ
Die Gesamtenergie eines geschlossenen Systems bleibt konstant.
$\sum E_{vorher} = \sum E_{nachher}$
KOHLEKRAFTWERK (chemische Energie)
TURBINE/GENERATOR (mechanische Energie)
ELEKTRISCHE ENERGIE
WÄRMEENERGIE
WINDTURBINEN (kinetische Energie)
KERNREAKTOR (nukleare Energie)
PHOTOVOLTAIK (Strahlungsenergie)
Was wir im Alltag als „Energieerzeugung" bezeichnen – das Verbrennen von Kohle im Kraftwerk, das Drehen von Windturbinen, die Kernspaltung im Reaktor – ist in Wahrheit immer nur eine Umwandlung: von einer Energieform in eine andere, für den Menschen nutzbare Form.
DIE SPRACHE DES ALLTAGS VERRÄT UNS HIER AUF SUBTILE WEISE.
ENERGIEVERBRAUCH
ENERGIEEINSPARUNG
ENERGIEVERLUST
ENERGIEVERSCHWENDUNG
kWh
Diese Begriffe sind physikalisch gesehen schlicht falsch – und doch sind sie tief in unserem kollektiven Denken verankert. Diese begriffliche Unschärfe prägt, wie wir über Energiefragen nachdenken, wie wir Politik gestalten und welche Lösungen wir als realistisch betrachten.
Was diese Begriffe tatsächlich beschreiben, ist der Übergang von Energie aus technisch leicht nutzbaren oder biologisch verwertbaren Formen in Formen, die schwer oder gar nicht nutzbar sind.
CHEMISCHE ENERGIE (KRAFTSTOFF)
BEWEGUNGSENERGIE
WÄRME (ABGEGEBEN AN DIE UMGEBUNG)
Die Energie ist nicht „verschwunden"; sie ist schlicht in eine Form übergegangen, aus der wir sie nicht mehr zurückgewinnen können, ohne erneut Energie aufzuwenden. Diese Irreversibilität, beschrieben durch den zweiten Hauptsatz der Thermodynamik, ist das, was wir umgangssprachlich als „Verlust" wahrnehmen.
ZWEITER HAUPTSATZ DER THERMODYNAMIK:
In jedem realen Prozess nimmt die Entropie eines geschlossenen Systems zu.
Energie degradiert – sie wird zu weniger nutzbarer Energie.
Für eine zukunftsfähige Energiewirtschaft bedeutet dies: Wir müssen lernen, mit den Energieformen zu arbeiten, die uns die Natur zur Verfügung stellt, ohne dabei massive Mengen an Energie in unüberwindbare Wärme zu „verwandeln". Die ökologische Wasserstoffwirtschaft orientiert sich genau an diesem Prinzip: Sie nutzt vorhandene Energie- und Stoffströme, um Wasserstoff zu generieren, der als Energieträger gespeichert, transportiert und bei Bedarf wieder in nutzbare Energie umgewandelt werden kann – mit deutlich weniger unnötigen Transformationsverlusten als herkömmliche fossile Systeme.
ERNEUERBARE ENERGIE (AUS DER NATUR)
ELEKTROLYSE (WASSER IN WASSERSTOFF UND SAUERSTOFF AUFSPALTEN)
H_2O
H_2
O_2
WASSERSTOFF SPEICHERN UND TRANSPORTIEREN
H_2
NUTZUNG NACH BEDARF
BRENNSTOFFZELLE
VERBRENNUNG
INDUSTRIE
NUTZBARE ENERGIE (STROM, WÄRME, BEWEGUNG, PROZESSE)
RÜCKFÜHRUNG IN DEN NATÜRLICHEN KREISLAUF
H_2O
WASSER
SAUERSTOFF IN DER ATMOSPHÄRE
WIR NUTZEN ENERGIE – WIR ERZEUGEN SIE NICHT.
WIR ARBEITEN MIT NATURGESETZEN – NICHT GEGEN SIE.

Energie: Das ewige Gleichgewicht

2. Materie: Das Gesetz der ewigen Erhaltung

Analog zur Energie gilt für Materie: Wir können keine Materie erschaffen oder vernichten – wir können sie nur nutzen und durch chemische oder physikalische Prozesse verändern.

Das Gesetz der Massenerhaltung, formuliert im 18. Jahrhundert von Antoine Lavoisier, ist eines der ältesten und robustesten Prinzipien der Chemie: Die Summe der Massen aller Ausgangsstoffe einer chemischen Reaktion ist stets gleich der Summe der Massen aller Reaktionsprodukte. Nichts geht verloren – es verändert sich nur die Form.

Wenn wir Plastik „entsorgen", verschwindet es nicht. Es landet in Deponien, in Ozeanen, in der Nahrungskette – oder es wird verbrannt und setzt dabei Kohlendioxid und andere Verbindungen frei, die in die Atmosphäre gelangen. Wenn wir Kohle verbrennen, verwandeln wir festen Kohlenstoff in gasförmiges CO_2 – die Atome bleiben erhalten, aber ihre Form ändert sich grundlegend, mit weitreichenden Konsequenzen für unser Klima. Wenn wir Düngemittel auf Äcker ausbringen, wandert ein Teil davon in Gewässer, verändert dort Ökosysteme und erscheint schließlich vielleicht im Trinkwasser.

Unter Alltagsbedingungen – also abseits von Kernreaktoren und Teilchenbeschleunigern – können wir die Umwandlung von Materie in Energie (und umgekehrt) vernachlässigen. Einsteins berühmte Formel $E = mc^2$ beschreibt zwar diese Äquivalenz, doch im Alltag und in der Industrie gelten Masse und Energie praktisch als getrennte Erhaltungsgrößen.

DAS GESETZ DER MASSENERHALTUNG:
MATERIE KANN NICHT ERSCHAFFEN ODER VERNICHTET WERDEN – SIE KANN NUR GENUTZT UND VERÄNDERT WERDEN.
Analog zur Energie gilt für Materie: Wir können keine Materie erschaffen oder vernichten – wir können sie nur nutzen und durch chemische oder physikalische Prozesse verändern.
GESETZ DER MASSENERHALTUNG
Antoine Lavoisier, 1789
Die Summe der Massen aller Ausgangsstoffe einer chemischen Reaktion ist stets gleich der Summe der Massen aller Reaktionsprodukte.
$\sum m_{\text{Ausgangsstoffe}} = \sum m_{\text{Produkte}}$
Nichts geht verloren – es verändert sich nur die Form.
MATERIE VERÄNDERT IHRE FORM – ABER SIE VERSCHWINDET NICHT.
PLASTIK „ENTSORGEN"
Deponien
Ozeane
Nahrungskette
Verbrennung
CO_2 und andere Verbindungen in der Atmosphäre
KOHLE VERBRENNEN
FESTER KOHLENSTOFF
SAUERSTOFF
O_2
KOHLENDIOXID
CO_2
Die Atome bleiben erhalten, aber ihre Form ändert sich grundlegend – mit weitreichenden Konsequenzen für unser Klima.
DÜNGEMITTEL AUF ÄCKERN
Ausbringung
Eintrag in Gewässer
Veränderung der Ökosysteme
Erscheint im Trinkwasser
UNTER ALLTAGSBEDINGUNGEN – also abseits von Kernreaktoren und Teilchenbeschleunigern – können wir die Umwandlung von Materie in Energie (und umgekehrt) vernachlässigen.
$E = mc^2$
MATERIE
ENERGIE
Einsteins berühmte Formel $E = mc^2$ beschreibt zwar diese Äquivalenz, doch im Alltag und in der Industrie gelten Masse und Energie praktisch als getrennte Erhaltungsgrößen.
IN EINEM GESCHLOSSENEN SYSTEM BLEIBT DIE GESAMTMASSE KONSTANT. WIR KÖNNEN MATERIE NUTZEN, TRANSFORMIEREN UND UMVERTEILEN – ABER SIE BLEIBT IMMER EIN TEIL DES SYSTEMS.

Materie: Das Gesetz der ewigen Erhaltung

3. Die radikale Konsequenz: Kein Wachstum – kein Abfall

Aus den beiden vorgenannten Prinzipien ergibt sich eine Schlussfolgerung, die in ihrer Einfachheit überwältigend und in ihrer Konsequenz für unser Wirtschaften revolutionär ist: **Es gibt kein echtes Wachstum, und es gibt keinen echten Abfall.**

Da sowohl Energie als auch Materie nur genutzt, aber weder verbraucht noch erschaffen werden können, ist „Wachstum" in einem geschlossenen System immer mit einer entsprechenden „Schrumpfung" an anderer Stelle verbunden. Wer mehr hat, nimmt es von woanders. Wer mehr produziert, verbraucht dafür Ressourcen. Wer mehr Energie einsetzt, entnimmt sie einer anderen Form. Das klingt abstrakt, hat aber unmittelbar konkrete Folgen für unser Verständnis von Wirtschaft und Wohlstand.

Unsere heutige Wirtschaft ist auf Wachstum ausgerichtet – auf mehr Produktion, mehr Konsum, mehr Mobilität, mehr Wohlstand für mehr Menschen. Das ist verständlich und in vieler Hinsicht auch erstrebenswert. Doch wenn dieses Wachstum auf der Grundlage endlicher fossiler Ressourcen basiert und dabei Schadstoffe und Abfallstoffe in einem Maße produziert, das Ökosysteme überfordert, dann wird es zum Problem. Denn was wir als „Abfall" bezeichnen, ist physikalisch gesehen kein Verschwinden von Materie – es ist lediglich Materie, die an einem Ort gelandet ist, wo sie nicht hinpasst und Schaden anrichtet.

Aus den beiden vorgenannten Prinzipien ergibt sich eine Schlussfolgerung, die in ihrer Einfachheit überwältigend und in ihrer Konsequenz für unser Wirtschaften revolutionär ist:
1. ENERGIEERHALTUNGSSATZ
Energie kann weder erzeugt noch vernichtet werden, nur umgewandelt.
2. ERHALTUNG DER MASSE
Materie kann weder erzeugt noch vernichtet werden, nur umgewandelt.
ES GIBT KEIN ECHTES WACHSTUM, UND ES GIBT KEINEN ECHTEN ABFALL.
MEHR HIER
WENIGER DORT
Es gibt kein echtes Wachstum. Wachstum an einer Stelle bedeutet Schrumpfung an anderer Stelle. Wer mehr hat, nimmt es von woanders.
Wer mehr produziert, verbraucht dafür Ressourcen.
Wer mehr Energie einsetzt, entnimmt sie einer anderen Form.
Energie wird nur umgewandelt, nicht verbraucht.
Wir leben in einem geschlossenen System.
Das klingt abstrakt, hat aber unmittebar konkrete Folgen für unser Verständnis von Wirtschaft und Wohlstand.
MEHR
• PRODUKTION
• KONSUM
• MOBILITÄT
• WOHLSTAND
FÜR MEHR MENSCHEN
Unsere heutige Wirtschaft ist auf Wachstum ausgerichtet – auf mehr Produktion, mehr Konsum, mehr Mobilität, mehr Wohlstand für mehr Menschen. Das ist verständlich und in vieler Hinsicht auch erstrebenswert.
Doch wenn dieses Wachstum auf der Grundlage endlicher fossiler Ressourcen basiert und dabei Schadstoffe und Abfallstoffe in einem Maße produziert, das Ökosysteme überfordert, dann wird es zum Problem.
Denn was wir als „Abfall" bezeichnen, ist physikalisch gesehen kein Verschwinden von Materie – es ist lediglich Materie, die an einem Ort gelandet ist, wo sie nicht hinpasst und Schaden anrichtet.
ABFALL?
Materie bleibt – aber am falschen Ort wird sie zum Problem.
DIE NATUR: VOLLSTÄNDIG GESCHLOSSENER KREISLAUF
CO_2 IN DER LUFT
PFLANZEN binden CO_2 durch PHOTOSYNTHESE und bauen BIOMASSE auf.
TIERE fressen Pflanzen und bauen deren Kohlenstoff in ihre eigenen Körper ein.
TOTE PFLANZEN UND TIERE werden von Mikroorganismen zersetzt.
CO_2 wird wieder in die Atmosphäre freigesetzt.
MIKROORGANISMEN setzen CO_2 und Mineralstoffe frei.
MINERALSTOFFE werden von Pflanzen wieder aufgenommen.
Jedes intakte Ökosystem befindet sich in einem labilen, aber stabilen Zustand, in dem sich alle Massen- und Energieflüsse im Gleichgewicht halten. Es ist dynamisch, anpassungsfähig und kehrt stets zum Gleichgewicht zurück – solange keine zu großen externen Störungen auftreten.
UNSERE MODERNE WIRTSCHAFT: LINEARES SYSTEM
NEHMEN Rohstoffe werden aus der Erde entnommen.
VERWENDEN Rohstoffe werden zu Produkten verarbeitet und genutzt.
WEGWERFEN Produkte werden entsorgt.
FOLGEN Am Ende stehen Deponien, Emissionen und ökologische Schäden.
Wir entnehmen Rohstoffe, verarbeiten sie zu Produkten, nutzen sie und entsorgen sie. Am Ende: Deponien, Emissionen und Schäden. Die Natur funktioniert so nicht – und ein System, das gegen die Naturgesetze arbeitet, kann auf Dauer nicht bestehen.
WIE KREBSZELLEN VERHÄLT SICH EIN UNNATÜRLICHES WACHSTUM:
• Entzieht dem System Ressourcen über das regenerative Maß hinaus.
• Produziert Abfallstoffe (CO_2, Plastik, Schwermetalle, radioaktive Abfälle).
• Überlastet und schädigt das gesunde Gewebe des Planeten.
• Reagiert nicht auf die Signale, die sagen: Genug. Hör auf. Das Gleichgewicht ist gefährdet.
WIR BRAUCHEN KEINEN ABFALL. WIR BRAUCHEN KREISLÄUFE.
ZIEL: MATERIE UND ENERGIE IN KREISLÄUFEN FÜHREN – NICHT VERSCHWENDEN, NICHT VERUNREINIGEN, SONDERN NUTZEN.

Die radikale Konsequenz: Kein Wachstum – kein Abfall

4. Das Vorbild der Natur: Kreislauf statt Linearität

Die Natur hat in Milliarden von Jahren Evolution etwas entwickelt, das kein menschlicher Ingenieur bisher vollständig reproduzieren konnte: ein vollständig geschlossenes Kreislaufsystem, in dem es tatsächlich keinen Abfall gibt. In intakten Ökosystemen ist das Produkt eines Prozesses immer das Ausgangsmaterial für einen nachfolgenden Prozess – unabhängig davon, wie lang dieser Kreislauf auch sein mag.

Betrachten wir den Kohlenstoffkreislauf: Pflanzen binden CO_2 aus der Luft und bauen damit über die Photosynthese Biomasse auf. Tiere fressen Pflanzen und bauen deren Kohlenstoff in ihre eigenen Körper ein. Wenn Tiere und Pflanzen sterben, zersetzen Mikroorganismen die organische Substanz und setzen dabei wieder CO_2 und Mineralstoffe frei, die erneut von Pflanzen genutzt werden. Über geologische Zeiträume wurde ein Teil dieser Biomasse unter Sedimentschichten begraben und zu Kohle, Erdöl und Erdgas – was wir heute als fossile Brennstoffe nutzen. Dieser natürliche Kreislauf ist perfekt ausbalanciert; er hat das Klima der Erde über Jahrmillionen stabilisiert.

Jedes intakte Ökosystem befindet sich immer in einem labilen, aber stabilen Zustand, in dem sich alle Massen- und Energieflüsse im Gleichgewicht halten. „Labil" bedeutet hier nicht „instabil" – es bedeutet, dass das System auf Änderungen reagieren und sich anpassen kann, dabei aber stets zu einem Gleichgewichtszustand zurückfindet. Dieses Gleichgewicht ist nicht statisch, sondern dynamisch: Es pulsiert, atmet und wandelt sich – aber es kippt nicht, solange keine zu großen externen Störungen auftreten.

Genau hier liegt der entscheidende Fehler unserer modernen Wirtschaftsweise: Wir haben uns von diesem Kreislaufprinzip entfernt und sind zu einem linearen System übergegangen – nehmen, verwenden, wegwerfen. Wir entnehmen Rohstoffe aus der Erde, verarbeiten sie zu Produkten, nutzen diese Produkte und entsorgen sie schließlich. Am Ende dieses linearen Prozesses stehen Deponien, Emissionen und ökologische Schäden. Die Natur funktioniert so nicht – und ein System, das gegen die Naturgesetze arbeitet, kann auf Dauer nicht bestehen.

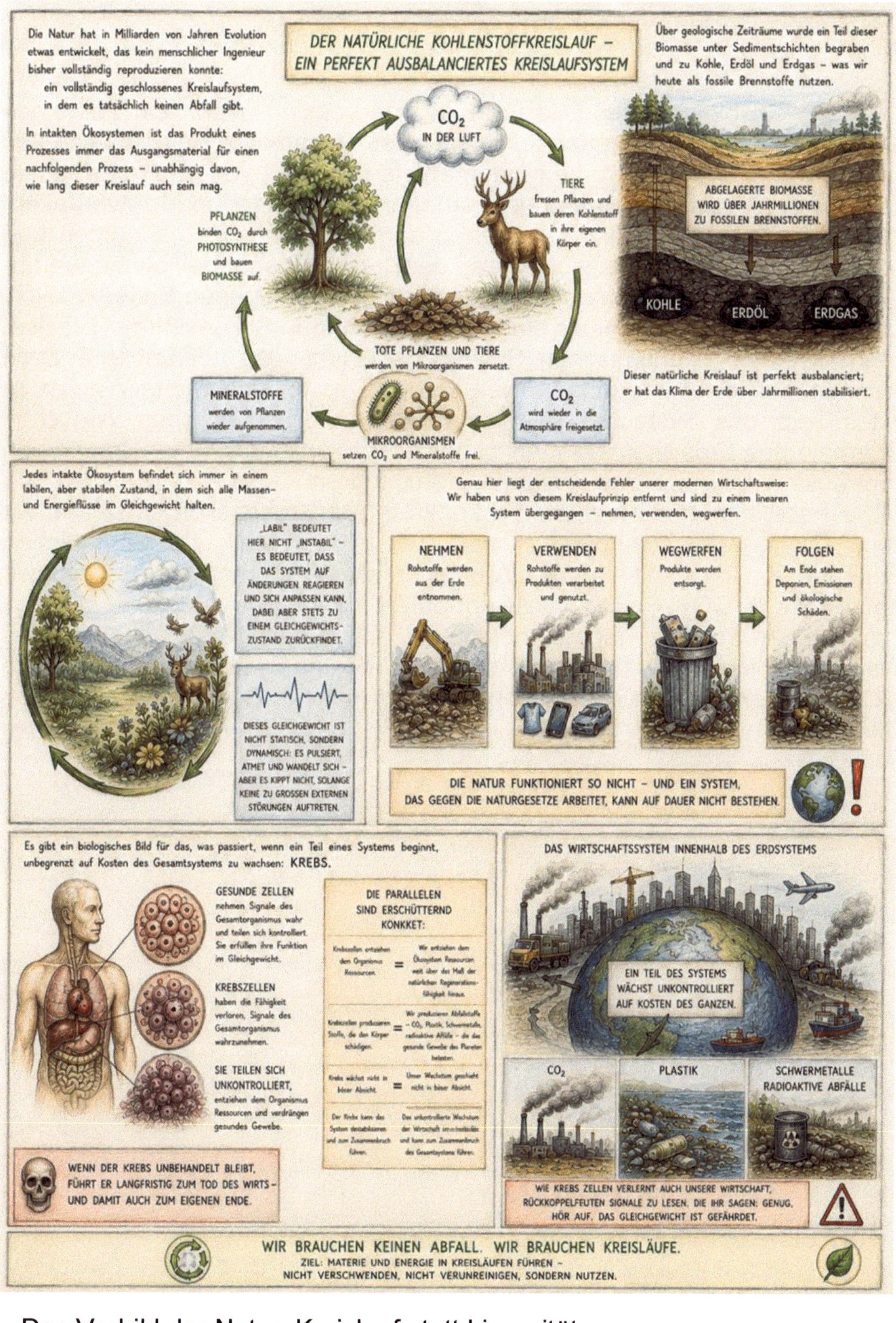

DER NATÜRLICHE KOHLENSTOFFKREISLAUF – EIN PERFEKT AUSBALANCIERTES KREISLAUFSYSTEM
Die Natur hat in Milliarden von Jahren Evolution etwas entwickelt, das kein menschlicher Ingenieur bisher vollständig reproduzieren konnte: ein vollständig geschlossenes Kreislaufsystem, in dem es tatsächlich keinen Abfall gibt.
In intakten Ökosystemen ist das Produkt eines Prozesses immer das Ausgangsmaterial für einen nachfolgenden Prozess – unabhängig davon, wie lang dieser Kreislauf auch sein mag.
CO_2 IN DER LUFT
PFLANZEN binden CO_2 durch PHOTOSYNTHESE und bauen BIOMASSE auf.
TIERE fressen Pflanzen und bauen deren Kohlenstoff in ihre eigenen Körper ein.
TOTE PFLANZEN UND TIERE werden von Mikroorganismen zersetzt.
MINERALSTOFFE werden von Pflanzen wieder aufgenommen.
MIKROORGANISMEN setzen CO_2 und Mineralstoffe frei.
CO_2 wird wieder in die Atmosphäre freigesetzt.
Über geologische Zeiträume wurde ein Teil dieser Biomasse unter Sedimentschichten begraben und zu Kohle, Erdöl und Erdgas – was wir heute als fossile Brennstoffe nutzen.
ABGELAGERTE BIOMASSE WIRD ÜBER JAHRMILLIONEN ZU FOSSILEN BRENNSTOFFEN.
KOHLE
ERDÖL
ERDGAS
Dieser natürliche Kreislauf ist perfekt ausbalanciert; er hat das Klima der Erde über Jahrmillionen stabilisiert.
Jedes intakte Ökosystem befindet sich immer in einem labilen, aber stabilen Zustand, in dem sich alle Massen- und Energieflüsse im Gleichgewicht halten.
„LABIL" BEDEUTET HIER NICHT „INSTABIL" – ES BEDEUTET, DASS DAS SYSTEM AUF ÄNDERUNGEN REAGIEREN UND SICH ANPASSEN KANN, DABEI ABER STETS ZU EINEM GLEICHGEWICHTSZUSTAND ZURÜCKFINDET.
DIESES GLEICHGEWICHT IST NICHT STATISCH, SONDERN DYNAMISCH: ES PULSIERT, ATMET UND WANDELT SICH – ABER ES KIPPT NICHT, SOLANGE KEINE ZU GROSSEN EXTERNEN STÖRUNGEN AUFTRETEN.
Genau hier liegt der entscheidende Fehler unserer modernen Wirtschaftsweise: Wir haben uns von diesem Kreislaufprinzip entfernt und sind zu einem linearen System übergegangen – nehmen, verwenden, wegwerfen.
NEHMEN Rohstoffe werden aus der Erde entnommen.
VERWENDEN Rohstoffe werden zu Produkten verarbeitet und genutzt.
WEGWERFEN Produkte werden entsorgt.
FOLGEN Am Ende stehen Deponien, Emissionen und ökologische Schäden.
DIE NATUR FUNKTIONIERT SO NICHT – UND EIN SYSTEM, DAS GEGEN DIE NATURGESETZE ARBEITET, KANN AUF DAUER NICHT BESTEHEN.
Es gibt ein biologisches Bild für das, was passiert, wenn ein Teil eines Systems beginnt, unbegrenzt auf Kosten des Gesamtsystems zu wachsen: KREBS.
GESUNDE ZELLEN nehmen Signale des Gesamtorganismus wahr und teilen sich kontrolliert. Sie erfüllen ihre Funktion im Gleichgewicht.
KREBSZELLEN haben die Fähigkeit verloren, Signale des Gesamtorganismus wahrzunehmen.
SIE TEILEN SICH UNKONTROLLIERT, entziehen dem Organismus Ressourcen und verdrängen gesundes Gewebe.
DIE PARALLELEN SIND ERSCHÜTTERND KONKKET:
WENN DER KREBS UNBEHANDELT BLEIBT, FÜHRT ER LANGFRISTIG ZUM TOD DES WIRTS – UND DAMIT AUCH ZUM EIGENEN ENDE.
DAS WIRTSCHAFTSSYSTEM INNENHALB DES ERDSYSTEMS
EIN TEIL DES SYSTEMS WÄCHST UNKONTROLLIERT AUF KOSTEN DES GANZEN.
CO_2
PLASTIK
SCHWERMETALLE RADIOAKTIVE ABFÄLLE
WIE KREBS ZELLEN VERLERNT AUCH UNSERE WIRTSCHAFT, RÜCKKOPPELFEUTEN SIGNALE ZU LESEN, DIE IHR SAGEN: GENUG. HÖR AUF. DAS GLEICHGEWICHT IST GEFÄHRDET.
WIR BRAUCHEN KEINEN ABFALL. WIR BRAUCHEN KREISLÄUFE.
ZIEL: MATERIE UND ENERGIE IN KREISLÄUFEN FÜHREN – NICHT VERSCHWENDEN, NICHT VERUNREINIGEN, SONDERN NUTZEN.

Das Vorbild der Natur: Kreislauf statt Linearität

5. Unkontrolliertes Wachstum: Die Krebsmetapher

Es gibt ein biologisches Bild für das, was passiert, wenn ein Teil eines Systems beginnt, unbegrenzt auf Kosten des Gesamtsystems zu wachsen: Krebs. Krebszellen haben die fundamentale Fähigkeit verloren, die Signale des Gesamtorganismus wahrzunehmen und sich entsprechend zu verhalten. Sie teilen sich unkontrolliert, entziehen dem Organismus Ressourcen und verdrängen gesundes Gewebe. Wenn der Krebs unbehandelt bleibt, führt er langfristig zum Tod des Wirts – und damit auch zum eigenen Ende.

Diese Metapher ist mehr als eine rhetorische Figur. Sie beschreibt präzise, was mit einem ökonomischen System geschieht, das auf unbegrenztem Wachstum in einer begrenzten Welt beruht. Das unkontrollierte Wachstum eines Teils des Systems – in diesem Fall der menschlichen Wirtschaft innerhalb des Erdsystems – führt zu Instabilität und kann unter Umständen zum Zusammenbruch des Gesamtsystems führen.

Die Parallelen sind erschütternd konkret: Wie Krebszellen entziehen wir dem Ökosystem Ressourcen weit über das Maß der natürlichen Regenerationsfähigkeit hinaus. Wie ein maligner Tumor produzieren wir Abfallstoffe – CO_2, Plastik, Schwermetalle, radioaktive Abfälle – die das gesunde Gewebe des Planeten belasten. Und wie beim Krebs geschieht das Wachstum nicht in böser Absicht, sondern weil das System verlernt hat, die rückgekoppelten Signale zu lesen, die ihm sagen: Genug. Hör auf. Das Gleichgewicht ist gefährdet.

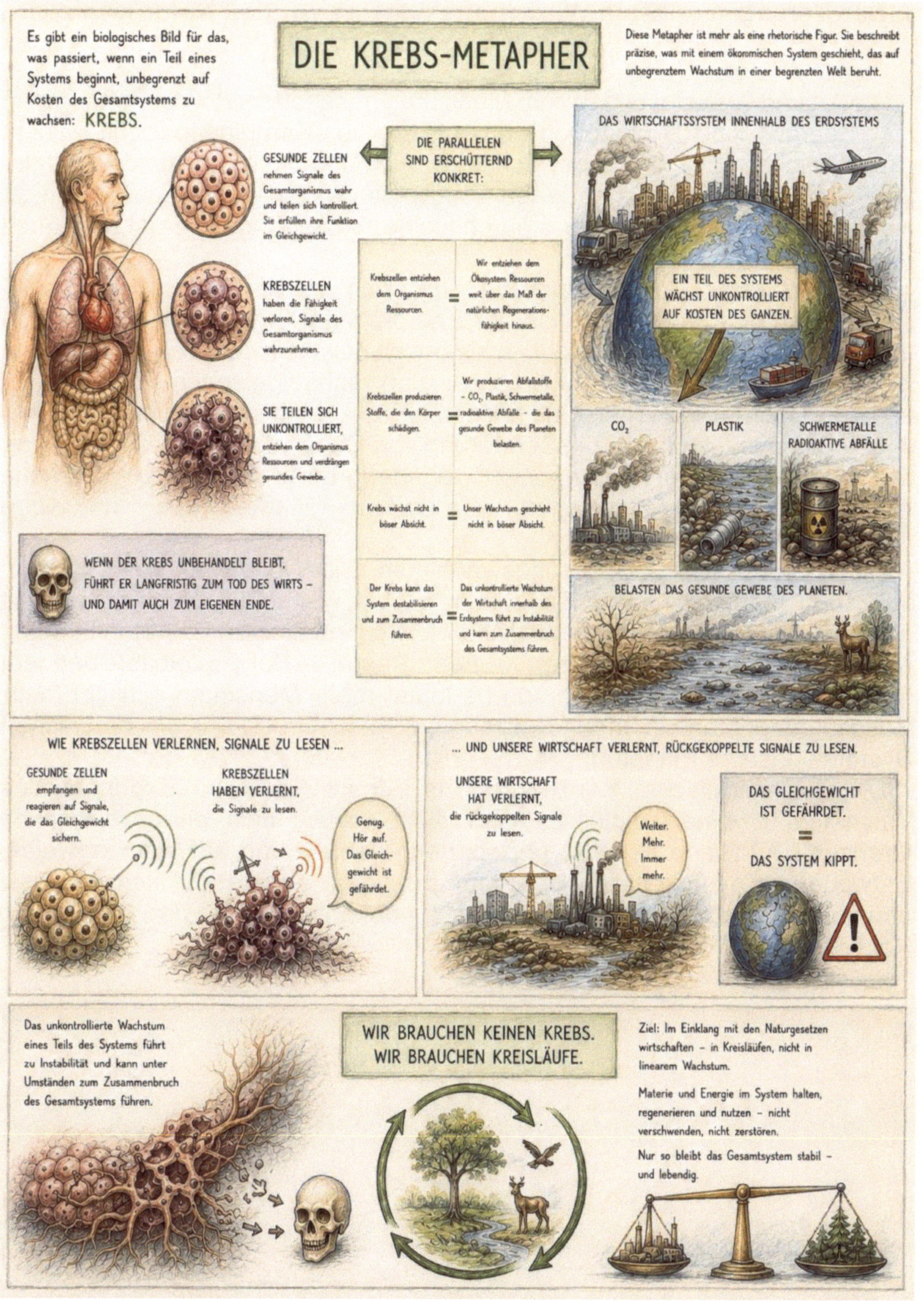

Es gibt ein biologisches Bild für das, was passiert, wenn ein Teil eines Systems beginnt, unbegrenzt auf Kosten des Gesamtsystems zu wachsen: KREBS.
DIE KREBS-METAPHER
Diese Metapher ist mehr als eine rhetorische Figur. Sie beschreibt präzise, was mit einem ökoromischen System geschieht, das auf unbegrenztem Wachstum in einer begrenzten Welt beruht.
GESUNDE ZELLEN nehmen Signale des Gesamtorganismus wahr und teilen sich kontrolliert. Sie erfüllen ihre Funktion im Gleichgewicht.
KREBSZELLEN haben die Fähigkeit verloren, Signale des Gesamtorganismus wahrzunehmen.
SIE TEILEN SICH UNKONTROLLIERT, entziehen dem Organismus Ressourcen und verdrängen gesundes Gewebe.
DIE PARALLELEN SIND ERSCHÜTTERND KONKRET:
Krebszellen entziehen dem Organismus Ressourcen. = Wir entziehen dem Ökosystem Ressourcen weit über das Maß der natürlichen Regenerationsfähigkeit hinaus.
Krebszellen produzieren Stoffe, die den Körper schädigen. = Wir produzieren Abfallstoffe – CO_2, Plastik, Schwermetalle, radioaktive Abfälle – die das gesunde Gewebe des Planeten belasten.
Krebs wächst nicht in böser Absicht. = Unser Wachstum geschieht nicht in böser Absicht.
Der Krebs kann das System destabilisieren und zum Zusammenbruch führen. = Das unkontrollierte Wachstum der Wirtschaft innerhalb des Erdsystems führt zu Instabilität und kann zum Zusammenbruch des Gesamtsystems führen.
DAS WIRTSCHAFTSSYSTEM INNENHALB DES ERDSYSTEMS
EIN TEIL DES SYSTEMS WÄCHST UNKONTROLLIERT AUF KOSTEN DES GANZEN.
CO_2
PLASTIK
SCHWERMETALLE RADIOAKTIVE ABFÄLLE
BELASTEN DAS GESUNDE GEWEBE DES PLANETEN.
WENN DER KREBS UNBEHANDELT BLEIBT, FÜHRT ER LANGFRISTIG ZUM TOD DES WIRTS – UND DAMIT AUCH ZUM EIGENEN ENDE.
WIE KREBSZELLEN VERLERNEN, SIGNALE ZU LESEN ...
GESUNDE ZELLEN empfangen und reagieren auf Signale, die das Gleichgewicht sichern.
KREBSZELLEN HABEN VERLERNT, die Signale zu lesen.
Genug. Hör auf. Das Gleichgewicht ist gefährdet.
... UND UNSERE WIRTSCHAFT VERLERNT, RÜCKGEKOPPELTE SIGNALE ZU LESEN.
UNSERE WIRTSCHAFT HAT VERLERNT, die rückgekoppelten Signale zu lesen.
Weiter. Mehr. Immer mehr.
DAS GLEICHGEWICHT IST GEFÄHRDET.
=
DAS SYSTEM KIPPT.
Das unkontrollierte Wachstum eines Teils des Systems führt zu Instabilität und kann unter Umständen zum Zusammenbruch des Gesamtsystems führen.
WIR BRAUCHEN KEINEN KREBS. WIR BRAUCHEN KREISLÄUFE.
Ziel: Im Einklang mit den Naturgesetzen wirtschaften – in Kreisläufen, nicht in linearem Wachstum.
Materie und Energie im System halten, regenerieren und nutzen – nicht verschwenden, nicht zerstören.
Nur so bleibt das Gesamtsystem stabil – und lebendig.

Unkontrolliertes Wachstum: Die Krebsmetapher

6. Das Versagen unseres Wirtschaftssystems vor den Naturgesetzen

Die Art und Weise, wie das vom Menschen geschaffene Wirtschaftssystem mit Energie und Rohstoffen umgeht – in Kombination mit einem exponentiellen Bevölkerungswachstum – widerspricht in fundamentaler Weise allen zuvor beschriebenen Prinzipien. Und dieser Widerspruch ist nicht marginal oder korrigierbar durch kleine Anpassungen: Er ist strukturell und systemisch.

Unser globales Wirtschaftssystem hat sich in den vergangenen zwei Jahrhunderten auf der Basis fossiler Energieträger entwickelt. Kohle, Erdöl und Erdgas haben es ermöglicht, in historisch beispielloser Weise Wohlstand zu schaffen, Populationen zu ernähren und technologischen Fortschritt zu erzielen. Doch dieser Wohlstand hat einen Preis, der bislang nicht vollständig in den Bilanzen erscheint: die Zerstörung von Ökosystemen, die Erwärmung des Klimas, die Erschöpfung nicht regenerierbarer Ressourcen und die Anhäufung von Abfallstoffen in einem Maße, das natürliche Kreislauffähigkeiten übersteigt.

Hinzu kommt das Bevölkerungswachstum. Die Weltbevölkerung hat sich seit 1800 mehr als verachtfacht und wächst weiterhin – wenn auch mit abnehmender Rate. Jeder zusätzliche Mensch auf diesem Planeten benötigt Nahrung, Energie, Wasser und Raum. Bei gleichbleibendem Ressourcenverbrauch pro Person bedeutet mehr Menschen schlicht mehr Ressourcenentnahme, mehr Emissionen, mehr Druck auf die natürlichen Systeme unseres Planeten.

Die mathematische Konsequenz ist unausweichlich: Exponentielles Wachstum in einer endlichen Welt führt unweigerlich an physikalische Grenzen. Die Frage ist nicht ob, sondern wann – und auf welche Weise. Entweder wir gestalten den Übergang zu einem anderen System bewusst und vorausschauend, oder wir erleben ihn unkontrolliert in Form von Krisen, Konflikten und Zusammenbrüchen.

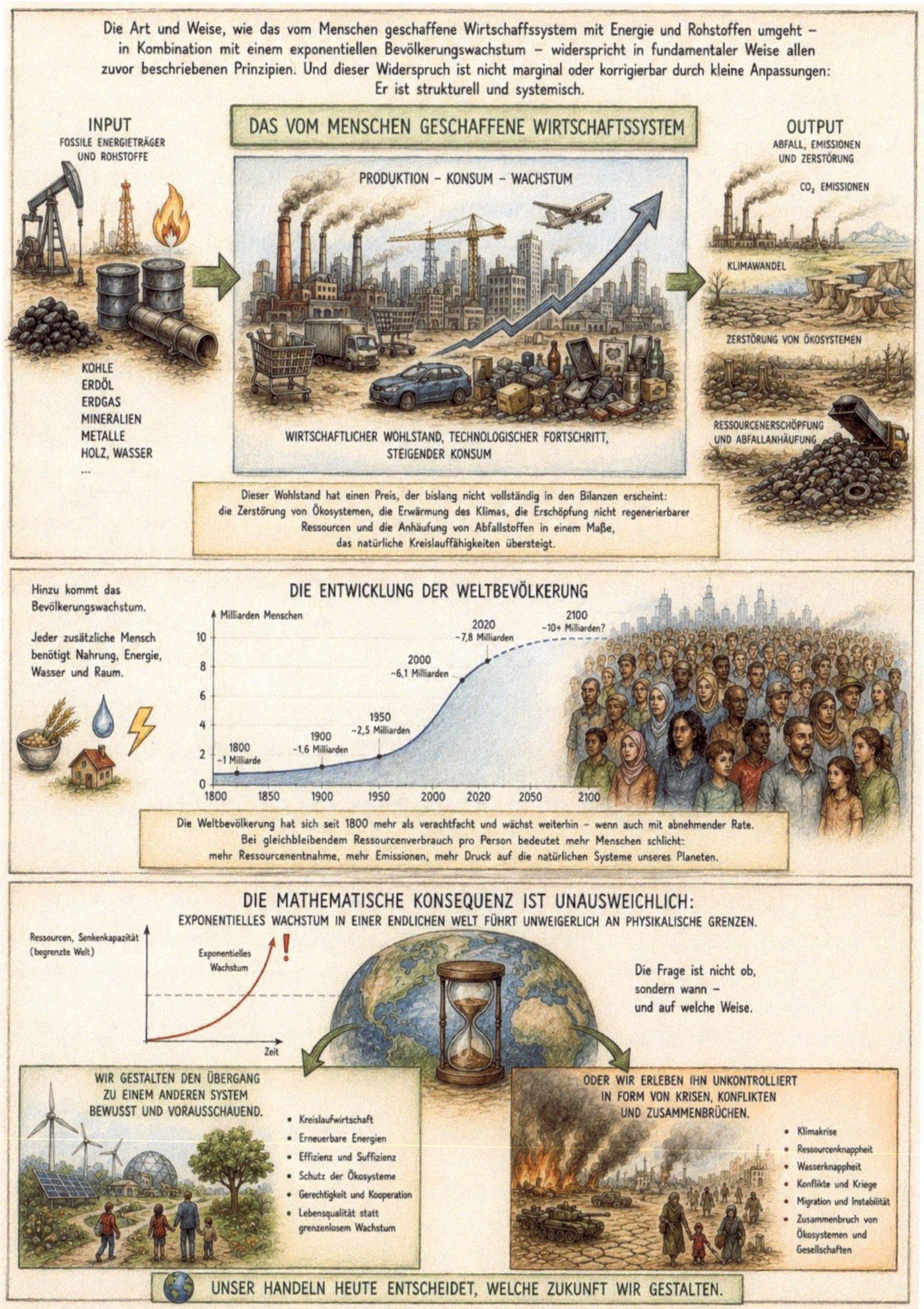

Die Art und Weise, wie das vom Menschen geschaffene Wirtschaffssystem mit Energie und Rohstoffen umgeht – in Kombination mit einem exponentiellen Bevölkerungswachstum – widerspricht in fundamentaler Weise allen zuvor beschriebenen Prinzipien. Und dieser Widerspruch ist nicht marginal oder korrigierbar durch kleine Anpassungen: Er ist strukturell und systemisch.
INPUT
FOSSILE ENERGIETRÄGER UND ROHSTOFFE
KOHLE
ERDÖL
ERDGAS
MINERALIEN
METALLE
HOLZ, WASSER
...
DAS VOM MENSCHEN GESCHAFFENE WIRTSCHAFTSSYSTEM
PRODUKTION – KONSUM – WACHSTUM
WIRTSCHAFTLICHER WOHLSTAND, TECHNOLOGISCHER FORTSCHRITT, STEIGENDER KONSUM
OUTPUT
ABFALL, EMISSIONEN UND ZERSTÖRUNG
CO_2 EMISSIONEN
KLIMAWANDEL
ZERSTÖRUNG VON ÖKOSYSTEMEN
RESSOURCENERSCHÖPFUNG UND ABFALLANHÄUFUNG
Dieser Wohlstand hat einen Preis, der bislang nicht vollständig in den Bilanzen erscheint: die Zerstörung von Ökosystemen, die Erwärmung des Klimas, die Erschöpfung nicht regenerierbarer Ressourcen und die Anhäufung von Abfallstoffen in einem Maße, das natürliche Kreislauffähigkeiten übersteigt.
Hinzu kommt das Bevölkerungswachstum.
Jeder zusätzliche Mensch benötigt Nahrung, Energie, Wasser und Raum.
DIE ENTWICKLUNG DER WELTBEVÖLKERUNG
Milliarden Menschen
10
8
6
4
2
0
1800 ~1 Milliarde
1900 ~1,6 Milliarden
1950 ~2,5 Milliarden
2000 ~6,1 Milliarden
2020 ~7,8 Milliarden
2100 ~10+ Milliarden?
1800 1850 1900 1950 2000 2020 2050 2100
Die Weltbevölkerung hat sich seit 1800 mehr als verachtfacht und wächst weiterhin – wenn auch mit abnehmender Rate. Bei gleichbleibendem Ressourcenverbrauch pro Person bedeutet mehr Menschen schlicht: mehr Ressourcenentnahme, mehr Emissionen, mehr Druck auf die natürlichen Systeme unseres Planeten.
DIE MATHEMATISCHE KONSEQUENZ IST UNAUSWEICHLICH:
EXPONENTIELLES WACHSTUM IN EINER ENDLICHEN WELT FÜHRT UNWEIGERLICH AN PHYSIKALISCHE GRENZEN.
Ressourcen, Senkenkapazität (begrenzte Welt)
Exponentielles Wachstum
!
Zeit
Die Frage ist nicht ob, sondern wann – und auf welche Weise.
WIR GESTALTEN DEN ÜBERGANG ZU EINEM ANDEREN SYSTEM BEWUSST UND VORAUSSCHAUEND.
• Kreislaufwirtschaft
• Erneuerbare Energien
• Effizienz und Suffizienz
• Schutz der Ökosysteme
• Gerechtigkeit und Kooperation
• Lebensqualität statt grenzenlosem Wachstum
ODER WIR ERLEBEN IHN UNKONTROLLIERT IN FORM VON KRISEN, KONFLIKTEN UND ZUSAMMENBRÜCHEN.
• Klimakrise
• Ressourcenknappheit
• Wasserknappheit
• Konflikte und Kriege
• Migration und Instabilität
• Zusammenbruch von Ökosystemen und Gesellschaften
UNSER HANDELN HEUTE ENTSCHEIDET, WELCHE ZUKUNFT WIR GESTALTEN.

Das Versagen unseres Wirtschaftssystems vor den Naturgesetzen

7. Der unausweichliche Schluss: Transformation oder Kollaps

Aus all dem ergibt sich ein Schluss, dem man sich intellektuell ehrlich nicht entziehen kann: Ein „Weiter so" – die Fortsetzung des gegenwärtigen Wirtschaftssystems mit seinen linearen Ressourcenflüssen, seiner fossilen Energiebasis und seinem exponentiellen Wachstumsimperativ – führt zwingend in einen ökonomischen und ökologischen Kollaps.

Das ist keine Panikmache und keine ideologische Aussage. Es ist die logische Konsequenz aus den physikalischen Grundgesetzen, die wir am Anfang dieses Kapitels beschrieben haben. Ein System, das dauerhaft mehr entnimmt als regeneriert werden kann, das Abfälle produziert, die das Ökosystem nicht aufnehmen und verarbeiten kann, und das auf unbegrenztem Wachstum in einer begrenzten Welt besteht, widerspricht den elementarsten Prinzipien stabiler Systeme.

Doch genau hier liegt auch die große Chance dieses Buches – und des Konzepts, das in ihm vorgestellt wird. Die ökologische Wasserstoffwirtschaft ist kein utopischer Traum, sondern ein konkreter technischer und wirtschaftlicher Weg, unser Energiesystem so umzugestalten, dass es den Naturgesetzen gehorcht statt sie zu ignorieren. Wasserstoff, gewonnen aus erneuerbaren Energiequellen und in der Biosphäre vorhandenen Wasserstoffverbindungen, kann als Energieträger dienen, der den Kreislaufgedanken der Natur aufgreift: Er wird generiert, genutzt und gibt dabei nur Wasser ab – aus dem er erneut gewonnen werden kann.

Der Weg dahin erfordert ein grundlegendes Umdenken: in der Energiepolitik, in der Wirtschaft, in der Technologie und nicht zuletzt in den Köpfen der Menschen. Er erfordert die Bereitschaft, unbequeme Wahrheiten anzuerkennen und auf ihrer Basis neue Lösungen zu entwickeln. Dieses Buch möchte dazu einen Beitrag leisten – nicht als Katastrophenszenario, sondern als konstruktiver Aufbruch zu einem System, das mit den Gesetzen unseres Planeten im Einklang steht.

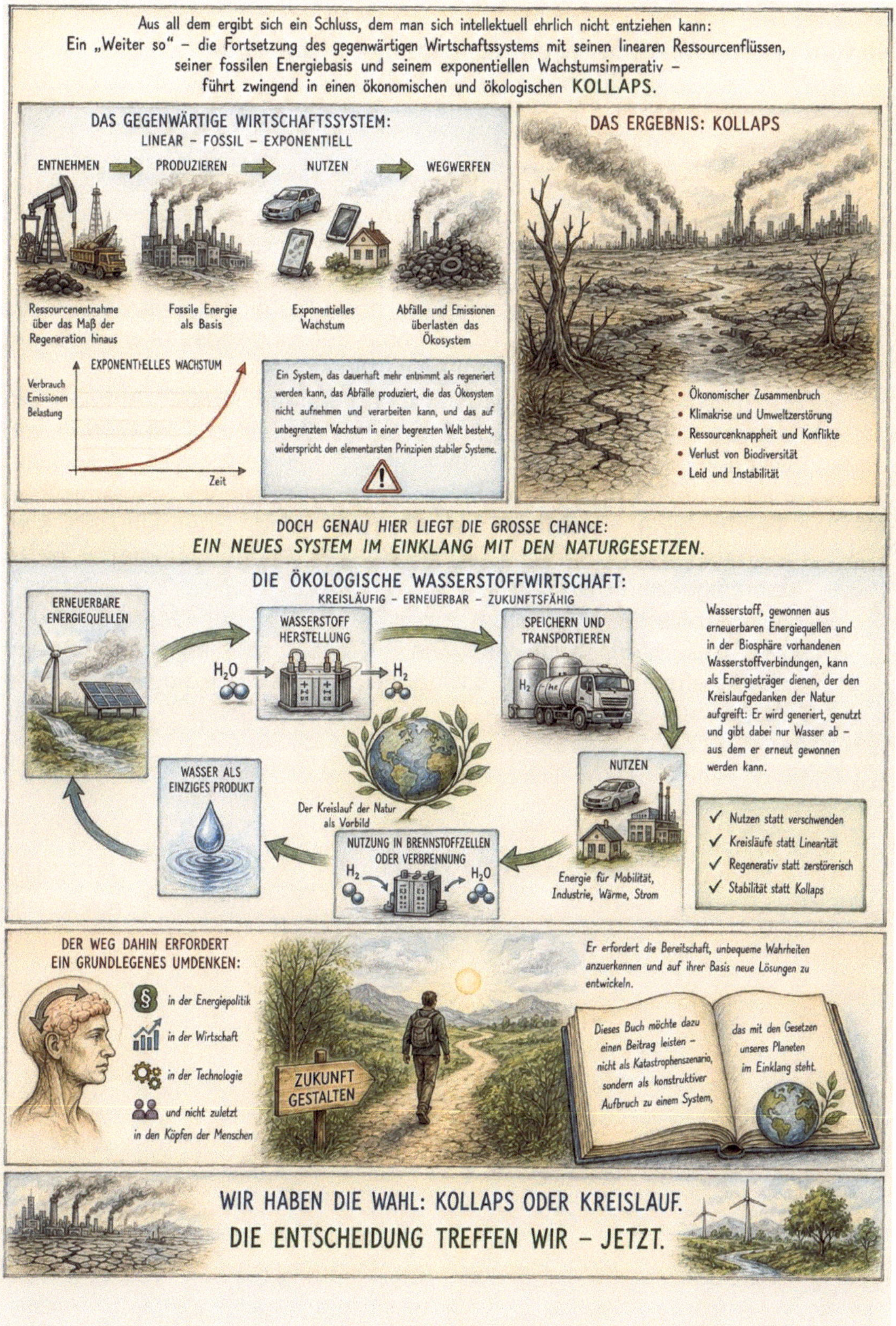
Aus all dem ergibt sich ein Schluss, dem man sich intellektuell ehrlich nicht entziehen kann:
Ein „Weiter so" – die Fortsetzung des gegenwärtigen Wirtschaftssystems mit seinen linearen Ressourcenflüssen, seiner fossilen Energiebasis und seinem exponentiellen Wachstumsimperativ – führt zwingend in einen ökonomischen und ökologischen KOLLAPS.
DAS GEGENWÄRTIGE WIRTSCHAFTSSYSTEM:
LINEAR – FOSSIL – EXPONENTIELL
ENTNEHMEN
PRODUZIEREN
NUTZEN
WEGWERFEN
Ressourcenentnahme über das Maß der Regeneration hinaus
Fossile Energie als Basis
Exponentielles Wachstum
Abfälle und Emissionen überlasten das Ökosystem
EXPONENTIELLES WACHSTUM
Verbrauch
Emissionen
Belastung
Zeit
Ein System, das dauerhaft mehr entnimmt als regeneriert werden kann, das Abfälle produziert, die das Ökosystem nicht aufnehmen und verarbeiten kann, und das auf unbegrenztem Wachstum in einer begrenzten Welt besteht, widerspricht den elementarsten Prinzipien stabiler Systeme.
DAS ERGEBNIS: KOLLAPS
Ökonomischer Zusammenbruch
Klimakrise und Umweltzerstörung
Ressourcenknappheit und Konflikte
Verlust von Biodiversität
Leid und Instabilität
DOCH GENAU HIER LIEGT DIE GROSSE CHANCE:
EIN NEUES SYSTEM IM EINKLANG MIT DEN NATURGESETZEN.
DIE ÖKOLOGISCHE WASSERSTOFFWIRTSCHAFT:
KREISLÄUFIG – ERNEUERBAR – ZUKUNFTSFÄHIG
ERNEUERBARE ENERGIEQUELLEN
WASSERSTOFF HERSTELLUNG
H2O
H2
SPEICHERN UND TRANSPORTIEREN
NUTZEN
Energie für Mobilität, Industrie, Wärme, Strom
NUTZUNG IN BRENNSTOFFZELLEN ODER VERBRENNUNG
WASSER ALS EINZIGES PRODUKT
Der Kreislauf der Natur als Vorbild
Wasserstoff, gewonnen aus erneuerbaren Energiequellen und in der Biosphäre vorhandenen Wasserstoffverbindungen, kann als Energieträger dienen, der den Kreislaufgedanken der Natur aufgreift: Er wird generiert, genutzt und gibt dabei nur Wasser ab – aus dem er erneut gewonnen werden kann.
✓ Nutzen statt verschwenden
✓ Kreisläufe statt Linearität
✓ Regenerativ statt zerstörerisch
✓ Stabilität statt Kollaps
DER WEG DAHIN ERFORDERT EIN GRUNDLEGENES UMDENKEN:
in der Energiepolitik
in der Wirtschaft
in der Technologie
und nicht zuletzt in den Köpfen der Menschen
ZUKUNFT GESTALTEN
Er erfordert die Bereitschaft, unbequeme Wahrheiten anzuerkennen und auf ihrer Basis neue Lösungen zu entwickeln.
Dieses Buch möchte dazu einen Beitrag leisten – nicht als Katastrophenszenario, sondern als konstruktiver Aufbruch zu einem System,
das mit den Gesetzen unseres Planeten im Einklang steht.
WIR HABEN DIE WAHL: KOLLAPS ODER KREISLAUF.
DIE ENTSCHEIDUNG TREFFEN WIR – JETZT.

Der unausweichliche Schluss: Transformation oder Kollaps

Die fünf unumstößlichen Grundprinzipien im Überblick

- Energie kann weder erzeugt noch vernichtet werden – sie kann nur genutzt und umgewandelt werden. Was wir „Energieerzeugung" nennen, ist stets die Umformung vorhandener Energie in nutzbare Formen.
- Materie kann weder erschaffen noch vernichtet werden – sie verändert nur ihre Form. Die Summe der Eingangsstoffe entspricht immer der Summe der Ausgangsstoffe.
- Es gibt kein echtes Wachstum und keinen echten Abfall. Was wächst, nimmt von woanders. Was als „Abfall" gilt, ist Materie am falschen Ort.
- Intakte Ökosysteme befinden sich in einem dynamischen Gleichgewicht, in dem alle Massen- und Energieflüsse sich ausbalancieren. Jedes Produkt ist das Ausgangsmaterial eines nachfolgenden Prozesses.
- Unkontrolliertes Wachstum eines Teils führt zur Destabilisierung des gesamten Systems. Ein „Weiter so" im bestehenden Wirtschaftsmodell führt zwingend in den ökologischen und ökonomischen Kollaps.

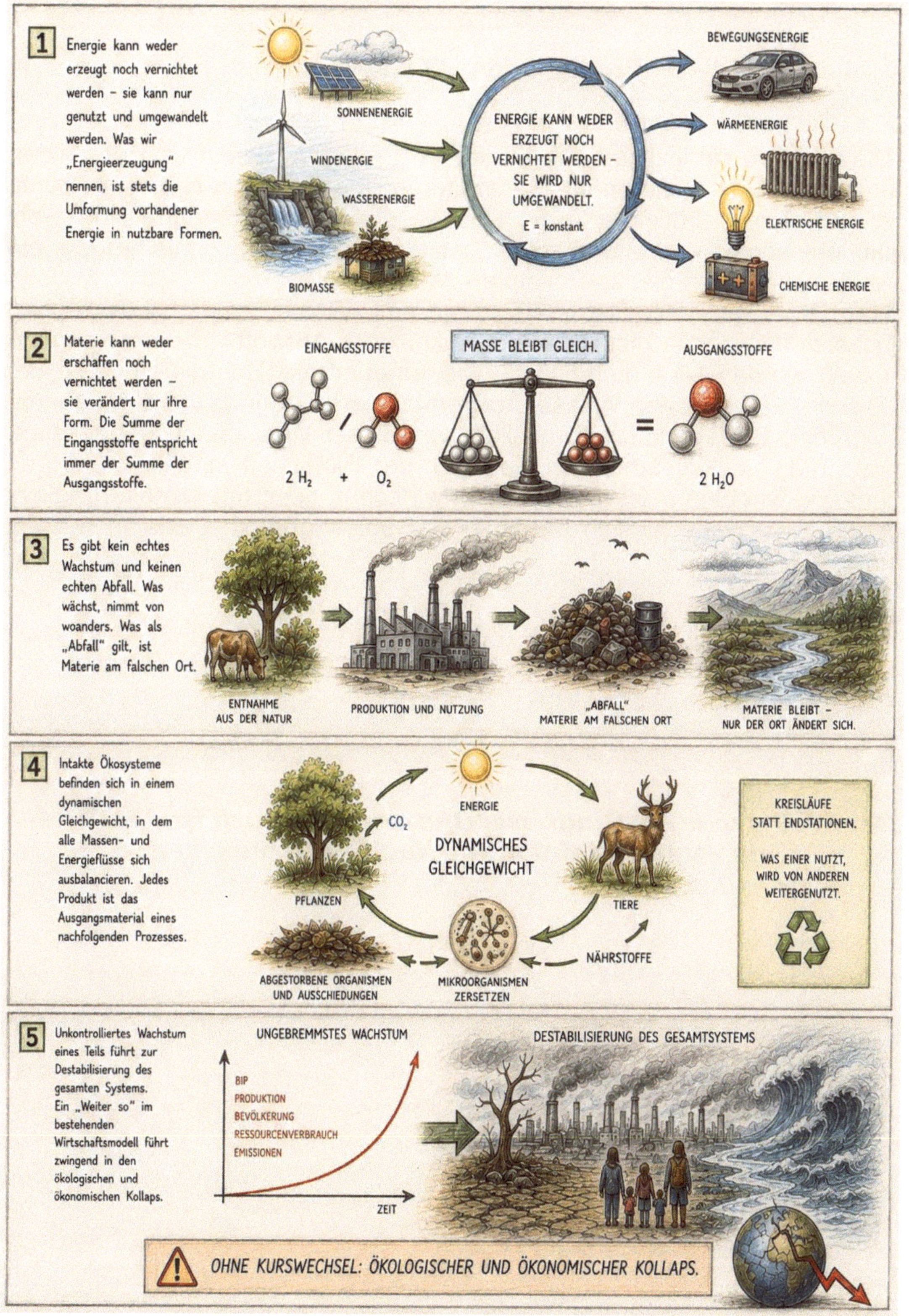
1
Energie kann weder erzeugt noch vernichtet werden – sie kann nur genutzt und umgewandelt werden. Was wir „Energieerzeugung" nennen, ist stets die Umformung vorhandener Energie in nutzbare Formen.
SONNENENERGIE
WINDENERGIE
WASSERENERGIE
BIOMASSE
ENERGIE KANN WEDER ERZEUGT NOCH VERNICHTET WERDEN – SIE WIRD NUR UMGEWANDELT.
E = konstant
BEWEGUNGSENERGIE
WÄRMEENERGIE
ELEKTRISCHE ENERGIE
CHEMISCHE ENERGIE
2
Materie kann weder erschaffen noch vernichtet werden – sie verändert nur ihre Form. Die Summe der Eingangsstoffe entspricht immer der Summe der Ausgangsstoffe.
EINGANGSSTOFFE
MASSE BLEIBT GLEICH.
AUSGANGSSTOFFE
2 H_2 + O_2
=
2 H_2O
3
Es gibt kein echtes Wachstum und keinen echten Abfall. Was wächst, nimmt von woanders. Was als „Abfall" gilt, ist Materie am falschen Ort.
ENTNAHME AUS DER NATUR
PRODUKTION UND NUTZUNG
„ABFALL" MATERIE AM FALSCHEN ORT
MATERIE BLEIBT – NUR DER ORT ÄNDERT SICH.
4
Intakte Ökosysteme befinden sich in einem dynamischen Gleichgewicht, in dem alle Massen- und Energieflüsse sich ausbalancieren. Jedes Produkt ist das Ausgangsmaterial eines nachfolgenden Prozesses.
ENERGIE
CO_2
DYNAMISCHES GLEICHGEWICHT
PFLANZEN
TIERE
NÄHRSTOFFE
ABGESTORBENE ORGANISMEN UND AUSSCHEIDUNGEN
MIKROORGANISMEN ZERSETZEN
KREISLÄUFE STATT ENDSTATIONEN.
WAS EINER NUTZT, WIRD VON ANDEREN WEITERGENUTZT.
5
Unkontrolliertes Wachstum eines Teils führt zur Destabilisierung des gesamten Systems. Ein „Weiter so" im bestehenden Wirtschaftsmodell führt zwingend in den ökologischen und ökonomischen Kollaps.
UNGEBREMMSTES WACHSTUM
BIP
PRODUKTION
BEVÖLKERUNG
RESSOURCENVERBRAUCH
EMISSIONEN
ZEIT
DESTABILISIERUNG DES GESAMTSYSTEMS
OHNE KURSWECHSEL: ÖKOLOGISCHER UND ÖKONOMISCHER KOLLAPS.

Die fünf unumstößlichen Grundprinzipien im Überblick

Ausblick: Was dieser Prolog für das Weitere bedeutet

Die fünf Grundprinzipien, die in diesem Prolog dargelegt wurden, bilden das axiomatische Fundament aller weiteren Überlegungen in diesem Buch. Sie sind nicht diskutierbar – sie sind gegeben. Was dagegen sehr wohl diskutiert werden kann und muss, ist die Frage: Wie gestalten wir ein Energiesystem, das diesen Prinzipien gehorcht?

Das Konzept der Defossilisierung auf Basis einer ökologischen Wasserstoffwirtschaft gibt darauf eine konkrete Antwort. In den folgenden Kapiteln werden wir untersuchen, wie erneuerbare Energien und in der Biosphäre vorhandenen Wasserstoffverbindungen genutzt werden können, um grünen Wasserstoff herzustellen; wie dieser Wasserstoff gespeichert, transportiert und in sämtlichen Sektoren der Wirtschaft eingesetzt werden kann; und wie eine solche Wasserstoffwirtschaft nicht nur klimaverträglich, sondern auch wirtschaftlich tragfähig und sozial gerecht gestaltet werden kann.

Der Prolog war die Diagnose. Das restliche Buch ist die Therapie – und die Einladung, an ihr mitzuwirken.

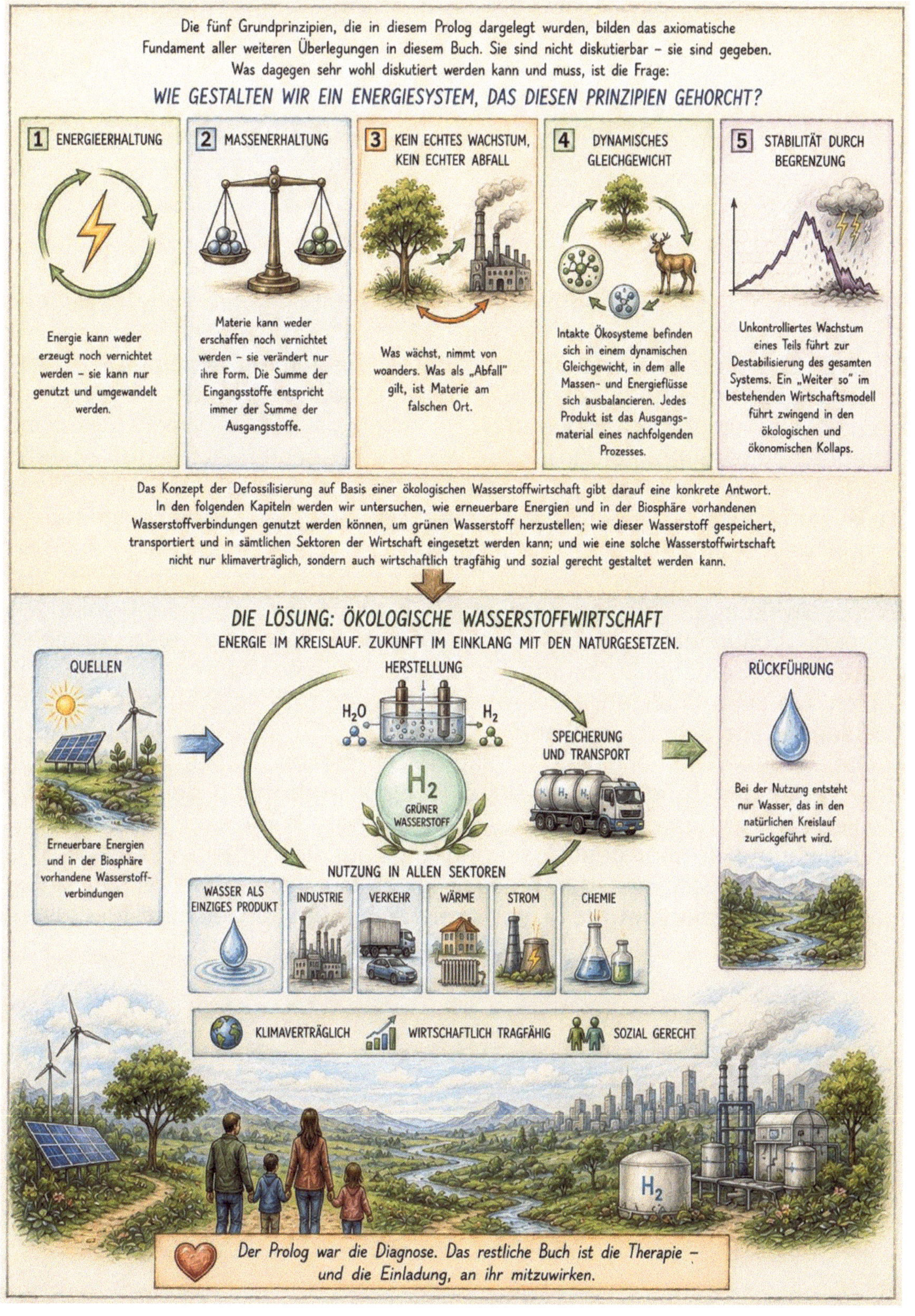
Die fünf Grundprinzipien, die in diesem Prolog dargelegt wurden, bilden das axiomatische Fundament aller weiteren Überlegungen in diesem Buch. Sie sind nicht diskutierbar – sie sind gegeben. Was dagegen sehr wohl diskutiert werden kann und muss, ist die Frage:
WIE GESTALTEN WIR EIN ENERGIESYSTEM, DAS DIESEN PRINZIPIEN GEHORCHT?
1 ENERGIEERHALTUNG
Energie kann weder erzeugt noch vernichtet werden – sie kann nur genutzt und umgewandelt werden.
2 MASSENERHALTUNG
Materie kann weder erschaffen noch vernichtet werden – sie verändert nur ihre Form. Die Summe der Eingangsstoffe entspricht immer der Summe der Ausgangsstoffe.
3 KEIN ECHTES WACHSTUM, KEIN ECHTER ABFALL
Was wächst, nimmt von woanders. Was als „Abfall" gilt, ist Materie am falschen Ort.
4 DYNAMISCHES GLEICHGEWICHT
Intakte Ökosysteme befinden sich in einem dynamischen Gleichgewicht, in dem alle Massen- und Energieflüsse sich ausbalancieren. Jedes Produkt ist das Ausgangsmaterial eines nachfolgenden Prozesses.
5 STABILITÄT DURCH BEGRENZUNG
Unkontrolliertes Wachstum eines Teils führt zur Destabilisierung des gesamten Systems. Ein „Weiter so" im bestehenden Wirtschaftsmodell führt zwingend in den ökologischen und ökonomischen Kollaps.
Das Konzept der Defossilisierung auf Basis einer ökologischen Wasserstoffwirtschaft gibt darauf eine konkrete Antwort. In den folgenden Kapiteln werden wir untersuchen, wie erneuerbare Energien und in der Biosphäre vorhandenen Wasserstoffverbindungen genutzt werden können, um grünen Wasserstoff herzustellen; wie dieser Wasserstoff gespeichert, transportiert und in sämtlichen Sektoren der Wirtschaft eingesetzt werden kann; und wie eine solche Wasserstoffwirtschaft nicht nur klimaverträglich, sondern auch wirtschaftlich tragfähig und sozial gerecht gestaltet werden kann.
DIE LÖSUNG: ÖKOLOGISCHE WASSERSTOFFWIRTSCHAFT
ENERGIE IM KREISLAUF. ZUKUNFT IM EINKLANG MIT DEN NATURGESETZEN.
QUELLEN
Erneuerbare Energien und in der Biosphäre vorhandene Wasserstoffverbindungen
HERSTELLUNG
H_2O
H_2
H_2
GRÜNER WASSERSTOFF
SPEICHERUNG UND TRANSPORT
RÜCKFÜHRUNG
Bei der Nutzung entsteht nur Wasser, das in den natürlichen Kreislauf zurückgeführt wird.
NUTZUNG IN ALLEN SEKTOREN
WASSER ALS EINZIGES PRODUKT
INDUSTRIE
VERKEHR
WÄRME
STROM
CHEMIE
KLIMAVERTRÄGLICH
WIRTSCHAFTLICH TRAGFÄHIG
SOZIAL GERECHT
H_2
Der Prolog war die Diagnose. Das restliche Buch ist die Therapie – und die Einladung, an ihr mitzuwirken.

Ausblick: Was dieser Prolog für das Weitere bedeutet

Kapitel 1: Zur Situation – Eine systemische Bestandsaufnahme

„Der Mensch ist nicht der Krönung der Schöpfung – er ist ihr bisher wildestes Experiment."

Der Prolog dieses Buches hat uns mit den unabdingbaren physikalischen Gesetzen vertraut gemacht, die jede ernsthafte Auseinandersetzung mit unserer Energiezukunft als unverrückbares Fundament akzeptieren muss: Energie und Materie können weder erzeugt noch vernichtet, sondern nur genutzt und umgewandelt werden. Es gibt kein echtes Wachstum ohne entsprechende Schrumpfung anderswo, keinen echten Abfall, nur Materie am falschen Ort zur falschen Zeit. Und unkontrolliertes Wachstum eines Teilsystems führt unweigerlich zur Destabilisierung des Gesamtsystems.

Nun stellt sich die Frage: Wie sieht die konkrete Ausgangslage aus, mit der wir es zu tun haben? Welche Systeme, Ströme, Abhängigkeiten und Wechselwirkungen müssen wir verstehen, bevor wir überhaupt anfangen können, Lösungen zu entwerfen? Dieses Kapitel ist eine ehrliche, systemische Bestandsaufnahme. Es wird unbequeme Wahrheiten benennen – nicht um zu entmutigen, sondern weil nur eine präzise Diagnose zu einer wirksamen Therapie führen kann.

Drei große Themenblöcke strukturieren dieses Kapitel: Erstens die energiewirtschaftliche Ausgangslage Deutschlands nach dem Atom- und Kohleausstieg; zweitens die Rückführung komplexer Stoff- und Energieströme in einen geschlossenen Kreislauf; und drittens der historische Bogen, der erklärt, wie der Mensch als biologische Spezies zu einem geologischen Faktor wurde – und welche Konsequenzen das für unsere Gegenwart hat.

„Der Mensch ist nicht der Krönung der Schöpfung – er ist ihr bisher wildestes Experiment."
Der Prolog dieses Buches hat uns mit den unabdingbaren physikalischen Gesetzen vertraut gemacht, die jede ernsthafte Auseinandersetzung mit unserer Energiezukunft als unverrückbares Fundament akzeptieren muss: Energie und Materie können weder erzeugt noch vernichtet, sondern nur genutzt und umgewandelt werden. Es gibt kein echtes Wachstum ohne entsprechende Schrumpfung anderswo, keinen echten Abfall, nur Materie am falschen Ort zur falschen Zeit. Und unkontrolliertes Wachstum eines Teilsystems führt unweigerlich zur Destabilisierung des Gesamtsystems.
Nun stellt sich die Frage: Wie sieht die konkrete Ausgangslage aus, mit der wir es zu tun haben?
Welche Systeme, Ströme, Abhängigkeiten und Wechselwirkungen müssen wir verstehen, bevor wir überhaupt anfangen können, Lösungen zu entwerfen?
Dieses Kapitel ist eine ehrliche, systemische Bestandsaufnahme. Es wird unbequeme Wahrheiten benennen – nicht um zu entmutigen, sondern weil nur eine präzise Diagnose zu einer wirksamen Therapie führen kann.
Drei große Themenblöcke strukturieren dieses Kapitel:
1 DIE ENERGIEWIRTSCHAFTLICHE AUSGANGSLAGE DEUTSCHLANDS NACH DEM ATOM- UND KOHLEAUSSTIEG
Versorgungssicherheit
Erneuerbare Energien im Ausbau
Importabhängigkeiten
Infrastruktur und Netze
Sektorkopplung als Schlüssel
CHANCEN
RISIKEN
2 DIE RÜCKFÜHRUNG KOMPLEXER STOFF- UND ENERGIESTRÖME IN EINEN GESCHLOSSENEN KREISLAUF
ROHSTOFFE
PRODUKTE
ENERGIE
RECYCLING AUFBEREITUNG
NUTZUNG
ABFALL = RESSOURCE
• Kreislaufwirtschaft als Grundprinzip
• Verlängerung von Stoffnutzung
• Design for Circularity
• Energetische Effizienz und Suffizienz
• Abfallvermeidung statt -verlagerung
3 DER HISTORISCHE BOGEN: WIE DER MENSCH ZU EINEM GEOLOGISCHEN FAKTOR WURDE – UND WAS DAS BEDEUTET
VORINDUSTRIELLE ZEIT
Mensch als Teil der Biosphäre
INDUSTRIELLE REVOLUTION
Fossile Energien verändern die Welt
20. JAHRHUNDERT
Exponentielles Wachstum, Globalisierung
ANTHROPOZÄN
Der Mensch als geologischer Faktor
• Klimawandel
• Artenverlust
• Versauerung der Ozeane
• Stoffeinträge (Stickstoff, Phosphor, ...)
WISSEN IST DIE BASIS. VERSTEHEN IST DER SCHLÜSSEL. HANDELN IST DIE VERANTWORTUNG.
Nur wenn wir die Systeme verstehen, können wir sie verändern – und eine lebenswerte Zukunft gestalten.
ZUKUNFT GESTALTEN

Zur Situation – Eine systemische Bestandsaufnahme

1.1 Die energiewirtschaftliche Ausgangslage: Zwischen Ausstieg und Anspruch

Deutschland hat in den vergangenen Jahrzehnten zwei der folgenreichsten energiepolitischen Entscheidungen der jüngeren Geschichte getroffen: den Ausstieg aus der Kernenergie und den Ausstieg aus der Kohleverstromung. Beide Entscheidungen sind, jede für sich, mit erheblichen politischen, wirtschaftlichen und gesellschaftlichen Debatten verbunden. Gemeinsam stellen sie das Energiesystem des Landes vor eine Herausforderung von historischem Ausmaß.

Die zentrale und oft zu wenig beachtete Konsequenz dieser Doppelentscheidung lautet: Der lokal generierte „grüne Strom“ aus Wind, Sonne und anderen erneuerbaren Quellen wird auf absehbare Zeit nicht einmal den direkten Strombedarf der deutschen Volkswirtschaft decken können – geschweige denn ausreichend Strom für eine massiv wachsende Elektromobilität und vor allem für die Generierung von „grünem Wasserstoff“ im industriellen Maßstab zur Verfügung stellen.

Diese Aussage ist keine Kritik an der Energie- und Klimapolitik, sondern eine nüchterne Feststellung auf Basis physikalischer und technischer Realitäten. Erneuerbare Energien sind fluktuierend: Die Sonne scheint nicht immer, der Wind weht nicht immer dort und dann, wo und wann Energie gebraucht wird. Speicherkapazitäten – insbesondere in Form von Batteriesystemen, Pumpspeicherwerken und eben Wasserstoff – sind noch lange nicht in dem Ausmaß vorhanden, das nötig wäre, um diese Fluktuationen vollständig auszugleichen. Der Ausbau erneuerbarer Kapazitäten schreitet zwar voran, doch er hinkt dem Bedarf strukturell hinterher.

Was das konkret bedeutet: Eine Wasserstoffwirtschaft, die auf dem Prinzip der ökologischen Defossilisierung aufbaut, kann nicht allein auf lokal generierten grünen Strom basieren. Sie wird auf Importe angewiesen sein – aus sonnenreichen Regionen Nordafrikas, von windstarken Küsten Norwegens, Schottlands oder Patagoniens, aus solareichen Gebieten des Nahen Ostens oder Australiens. Die gute Nachricht: Die Erde hat reichlich Potenzial für erneuerbare Energie – ein Vielfaches dessen, was die gesamte Menschheit je verbrauchen wird. Die schlechte Nachricht: Die Infrastruktur für Generierung, Transport und Nutzung muss erst noch in großem Stil aufgebaut werden.

Hinzu kommt eine oft übersehene Dimension des Energiesystems: Derzeit arbeiten etliche Kohlekraftwerke nicht nur zur Stromgenerierung, sondern gleichzeitig als Mitverbrennungsanlagen für nicht recyclefähige Prozess- und Produktrückstände. Darunter fallen insbesondere Holzabfälle, Restholz aus Produktion und Forstwirtschaft sowie Kunststoffe, die aus technischen oder wirtschaftlichen Gründen nicht einer herkömmlichen Verwertung zugeführt werden können. Diese Materialien werden derzeit einfach „mitverbrannt“ – eine Entsorgungslösung, die den Namen „Verwertung“ nur bedingt verdient. Mit dem Ausstieg aus der Kohleverstromung entfällt diese Mitverbrennungsoption. Die betroffenen Stoff- und Materialströme müssen dann alternativ behandelt, verwertet oder umgewandelt werden. Das ist kein Randproblem: Die jährlichen Mengen an organischen Reststoffen, Altkunststoffen, Prozessabfällen und Biomassefraktionen, die gegenwärtig über die Kohlemitverbrennung „entsorgt“ werden, sind erheblich. Eine zukunftsfähige Kreislaufwirtschaft muss für all diese Ströme Antworten finden, die dem Kreislaufgedanken gerecht werden – nicht als Verbrennung, sondern als Rohstoffrückgewinnung und Weiternutzung.

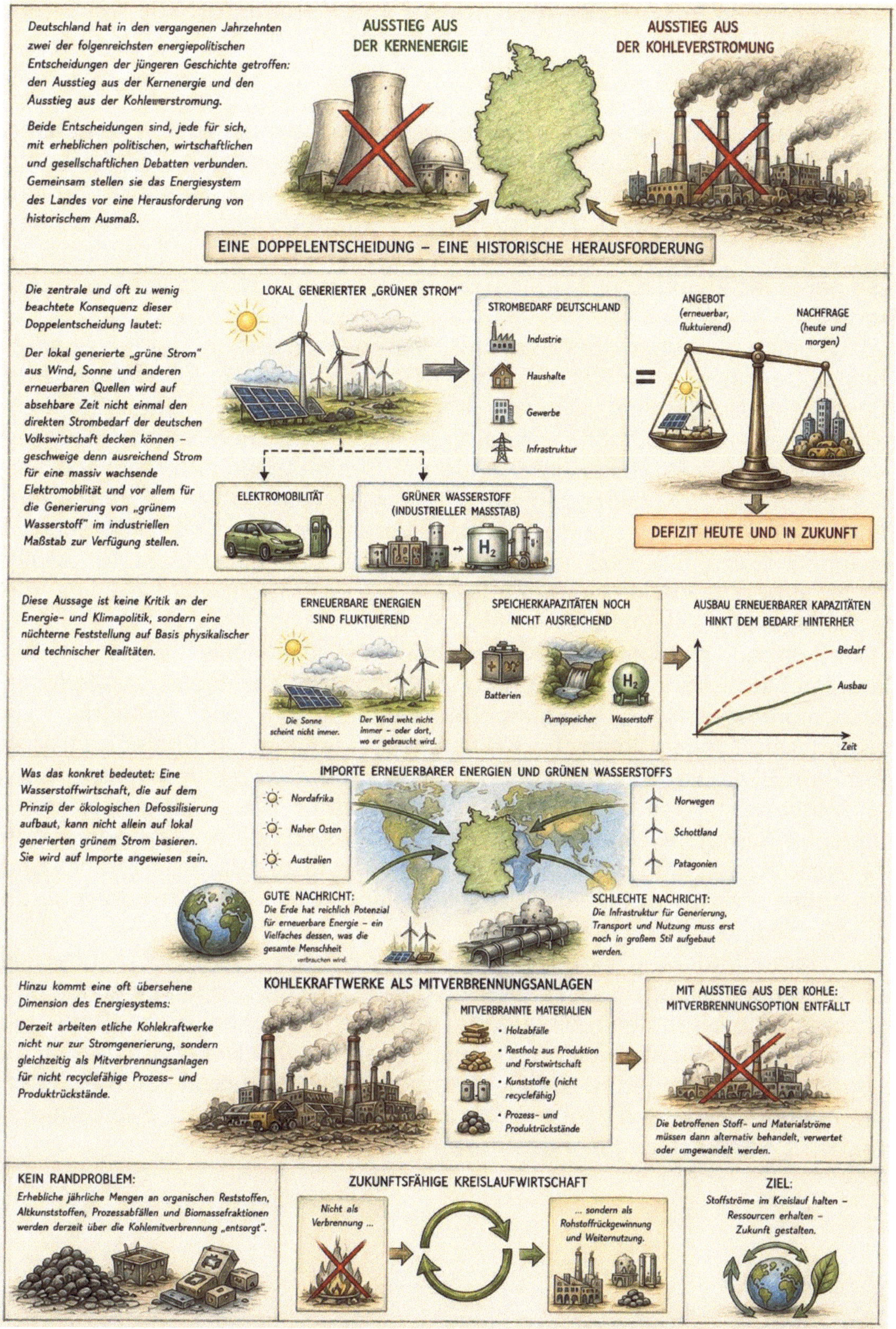

Deutschland hat in den vergangenen Jahrzehnten zwei der folgenreichsten energiepolitischen Entscheidungen der jüngeren Geschichte getroffen: den Ausstieg aus der Kernenergie und den Ausstieg aus der Kohleverstromung.
Beide Entscheidungen sind, jede für sich, mit erheblichen politischen, wirtschaftlichen und gesellschaftlichen Debatten verbunden. Gemeinsam stellen sie das Energiesystem des Landes vor eine Herausforderung von historischem Ausmaß.
AUSSTIEG AUS DER KERNENERGIE
AUSSTIEG AUS DER KOHLEVERSTROMUNG
EINE DOPPELENTSCHEIDUNG – EINE HISTORISCHE HERAUSFORDERUNG
Die zentrale und oft zu wenig beachtete Konsequenz dieser Doppelentscheidung lautet:
Der lokal generierte „grüne Strom" aus Wind, Sonne und anderen erneuerbaren Quellen wird auf absehbare Zeit nicht einmal den direkten Strombedarf der deutschen Volkswirtschaft decken können – geschweige denn ausreichend Strom für eine massiv wachsende Elektromobilität und vor allem für die Generierung von „grünem Wasserstoff" im industriellen Maßstab zur Verfügung stellen.
LOKAL GENERIERTER „GRÜNER STROM"
STROMBEDARF DEUTSCHLAND
Industrie
Haushalte
Gewerbe
Infrastruktur
ANGEBOT (erneuerbar, fluktuierend)
NACHFRAGE (heute und morgen)
ELEKTROMOBILITÄT
GRÜNER WASSERSTOFF (INDUSTRIELLER MASSSTAB)
DEFIZIT HEUTE UND IN ZUKUNFT
Diese Aussage ist keine Kritik an der Energie- und Klimapolitik, sondern eine nüchterne Feststellung auf Basis physikalischer und technischer Realitäten.
ERNEUERBARE ENERGIEN SIND FLUKTUIEREND
Die Sonne scheint nicht immer.
Der Wind weht nicht immer – oder dort, wo er gebraucht wird.
SPEICHERKAPAZITÄTEN NOCH NICHT AUSREICHEND
Batterien
Pumpspeicher
Wasserstoff
AUSBAU ERNEUERBARER KAPAZITÄTEN HINKT DEM BEDARF HINTERHER
Bedarf
Ausbau
Zeit
Was das konkret bedeutet: Eine Wasserstoffwirtschaft, die auf dem Prinzip der ökologischen Defossilisierung aufbaut, kann nicht allein auf lokal generierten grünem Strom basieren. Sie wird auf Importe angewiesen sein.
IMPORTE ERNEUERBARER ENERGIEN UND GRÜNEN WASSERSTOFFS
Nordafrika
Naher Osten
Australien
Norwegen
Schottland
Patagonien
GUTE NACHRICHT: Die Erde hat reichlich Potenzial für erneuerbare Energie – ein Vielfaches dessen, was die gesamte Menschheit verbrauchen wird.
SCHLECHTE NACHRICHT: Die Infrastruktur für Generierung, Transport und Nutzung muss erst noch in großem Stil aufgebaut werden.
Hinzu kommt eine oft übersehene Dimension des Energiesystems:
Derzeit arbeiten etliche Kohlekraftwerke nicht nur zur Stromgenerierung, sondern gleichzeitig als Mitverbrennungsanlagen für nicht recyclefähige Prozess- und Produktrückstände.
KOHLEKRAFTWERKE ALS MITVERBRENNUNGSANLAGEN
MITVERBRANNTE MATERIALIEN
• Holzabfälle
• Restholz aus Produktion und Forstwirtschaft
• Kunststoffe (nicht recyclefähig)
• Prozess- und Produktrückstände
MIT AUSSTIEG AUS DER KOHLE: MITVERBRENNUNGSOPTION ENTFÄLLT
Die betroffenen Stoff- und Materialströme müssen dann alternativ behandelt, verwertet oder umgewandelt werden.
KEIN RANDPROBLEM:
Erhebliche jährliche Mengen an organischen Reststoffen, Altkunststoffen, Prozessabfällen und Biomassefraktionen werden derzeit über die Kohlemitverbrennung „entsorgt".
ZUKUNFTSFÄHIGE KREISLAUFWIRTSCHAFT
Nicht als Verbrennung ...
... sondern als Rohstoffrückgewinnung und Weiternutzung.
ZIEL:
Stoffströme im Kreislauf halten – Ressourcen erhalten – Zukunft gestalten.

Die energiewirtschaftliche Ausgangslage: Zwischen Ausstieg und Anspruch

1.2 Verborgene Potenziale: Wasserstoff und Kohlenstoff aus Reststoffen

Hier eröffnet sich eine der spannendsten und am wenigsten genutzten Möglichkeiten der Energiewende: Alle vorgenannten Stoff- und Materialströme – Altkunststoffe, Biomasse, Prozessabfälle, nicht recycelfähige organische Reststoffe – verfügen über ein erhebliches Potenzial an Wasserstoff und Kohlenstoffverbindungen. Dieses Potenzial ist in seiner Qualität und Konzentration durchaus auf dem Niveau von Erdöl und Erdgas.

Das klingt zunächst überraschend, ist aber chemisch gut begründet: Kunststoffe sind im Grunde aus Erdgas und Erdöl hergestellte Kohlenwasserstoffketten. Wenn wir diese Kunststoffe thermochemisch aufschließen – etwa durch Pyrolyse, Vergasung oder chemisches Recycling – erhalten wir als Produkte unter anderem Synthesegas (ein Gemisch aus Wasserstoff und Kohlenmonoxid), das weiterverarbeitet werden kann. Ebenso lässt sich aus Biomasse über Vergasungsverfahren Wasserstoff gewinnen. Holzabfälle und organische Reststoffe sind also nicht nur „Müll", der irgendwie beseitigt werden muss – sie sind Rohstoffreservoirs, die erschlossen werden können.

Der dabei gewonnene Kohlenstoff ist gleichfalls wertvoll. Als Chemierohstoff kann er in der Grundstoffchemie eingesetzt werden, als Kohlenstoffträger für Hochtemperaturprozesse in der Industrie, als Ausgangsstoff für synthetische Kraftstoffe (sogenannte E-Fuels) oder – in Form von Biokohle (Pflanzenkohle) – als Bodenverbesserungsmittel in der Landwirtschaft, das gleichzeitig Kohlenstoff dauerhaft aus dem atmosphärischen Kreislauf entzieht. Die Vision einer durchgängigen Kohlenstoffwirtschaft, die fossile Kohlenstoffquellen durch biogene und sekundäre ersetzt, ist technisch möglich und wirtschaftlich bei geeigneten Rahmenbedingungen realisierbar.

Die Herausforderung liegt nicht in der Chemie oder der Physik, sondern in der Systemgestaltung: Wie schaffen wir die logistischen, regulatorischen und wirtschaftlichen Rahmenbedingungen, die es ermöglichen, diese Stoff- und Energieströme tatsächlich in geschlossene Kreislaufführungen zu integrieren? Wie sorgen wir dafür, dass der „Abfall" von heute zum Rohstoff von morgen wird, und zwar nicht in Einzelprojekten und Pilotanlagen, sondern systemisch und in industriellem Maßstab?

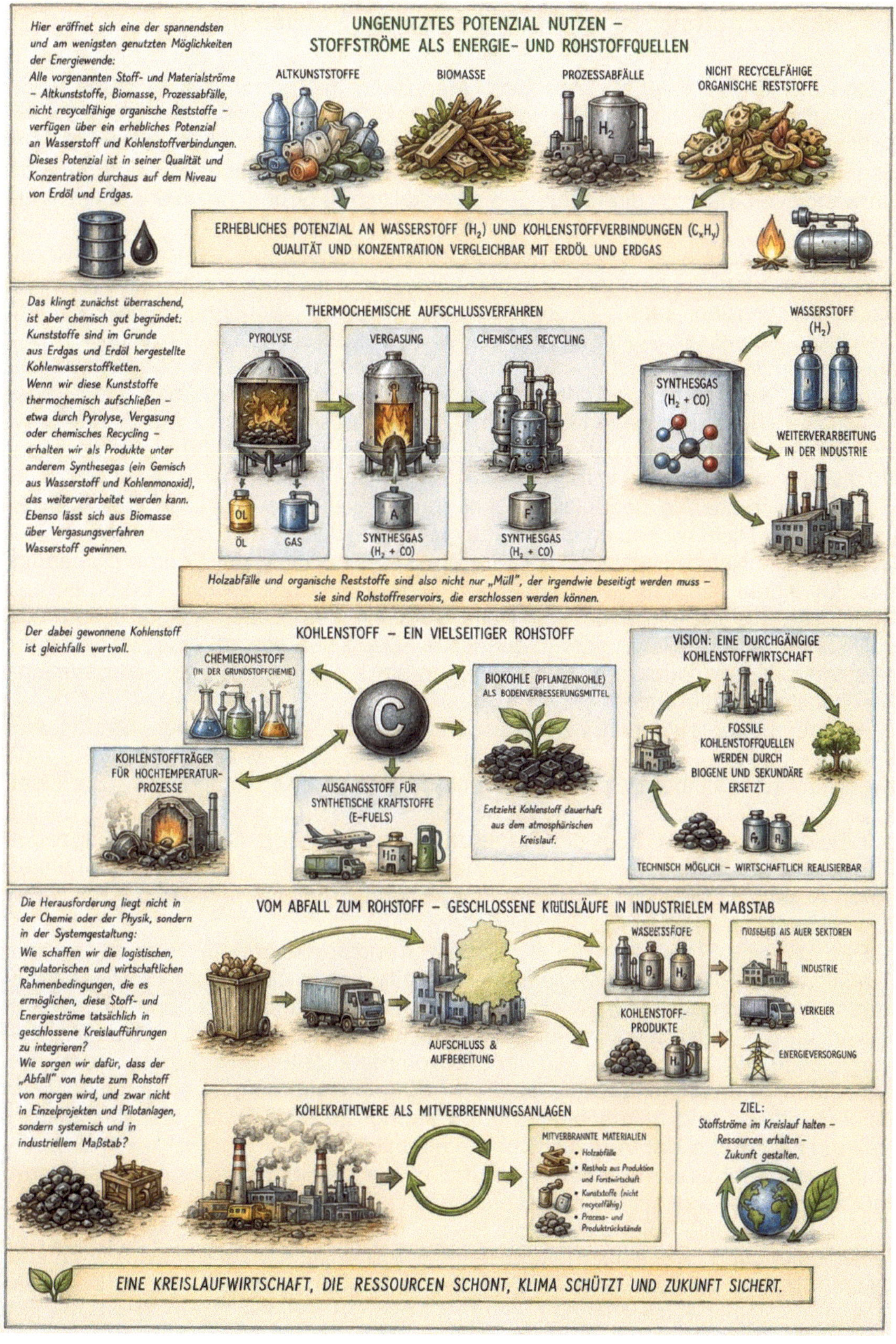
Hier eröffnet sich eine der spannendsten und am wenigsten genutzten Möglichkeiten der Energiewende:
Alle vorgenannten Stoff- und Materialströme – Altkunststoffe, Biomasse, Prozessabfälle, nicht recycelfähige organische Reststoffe – verfügen über ein erhebliches Potenzial an Wasserstoff und Kohlenstoffverbindungen. Dieses Potenzial ist in seiner Qualität und Konzentration durchaus auf dem Niveau von Erdöl und Erdgas.
UNGENUTZTES POTENZIAL NUTZEN – STOFFSTRÖME ALS ENERGIE- UND ROHSTOFFQUELLEN
ALTKUNSTSTOFFE
BIOMASSE
PROZESSABFÄLLE
NICHT RECYCELFÄHIGE ORGANISCHE RESTSTOFFE
H_2
ERHEBLICHES POTENZIAL AN WASSERSTOFF (H_2) UND KOHLENSTOFFVERBINDUNGEN (C_xH_y)
QUALITÄT UND KONZENTRATION VERGLEICHBAR MIT ERDÖL UND ERDGAS
Das klingt zunächst überraschend, ist aber chemisch gut begründet: Kunststoffe sind im Grunde aus Erdgas und Erdöl hergestellte Kohlenwasserstoffketten. Wenn wir diese Kunststoffe thermochemisch aufschließen – etwa durch Pyrolyse, Vergasung oder chemisches Recycling – erhalten wir als Produkte unter anderem Synthesegas (ein Gemisch aus Wasserstoff und Kohlenmonoxid), das weiterverarbeitet werden kann. Ebenso lässt sich aus Biomasse über Vergasungsverfahren Wasserstoff gewinnen.
THERMOCHEMISCHE AUFSCHLUSSVERFAHREN
PYROLYSE
VERGASUNG
CHEMISCHES RECYCLING
ÖL
GAS
SYNTHESEGAS (H_2 + CO)
SYNTHESEGAS (H_2 + CO)
SYNTHESEGAS (H_2 + CO)
WASSERSTOFF (H_2)
WEITERVERARBEITUNG IN DER INDUSTRIE
Holzabfälle und organische Reststoffe sind also nicht nur „Müll", der irgendwie beseitigt werden muss – sie sind Rohstoffreservoirs, die erschlossen werden können.
Der dabei gewonnene Kohlenstoff ist gleichfalls wertvoll.
KOHLENSTOFF – EIN VIELSEITIGER ROHSTOFF
CHEMIEROHSTOFF (IN DER GRUNDSTOFFCHEMIE)
C
BIOKOHLE (PFLANZENKOHLE) ALS BODENVERBESSERUNGSMITTEL
Entzieht Kohlenstoff dauerhaft aus dem atmosphärischen Kreislauf.
KOHLENSTOFFTRÄGER FÜR HOCHTEMPERATUR-PROZESSE
AUSGANGSSTOFF FÜR SYNTHETISCHE KRAFTSTOFFE (E-FUELS)
VISION: EINE DURCHGÄNGIGE KOHLENSTOFFWIRTSCHAFT
FOSSILE KOHLENSTOFFQUELLEN WERDEN DURCH BIOGENE UND SEKUNDÄRE ERSETZT
TECHNISCH MÖGLICH – WIRTSCHAFTLICH REALISIERBAR
Die Herausforderung liegt nicht in der Chemie oder der Physik, sondern in der Systemgestaltung:
Wie schaffen wir die logistischen, regulatorischen und wirtschaftlichen Rahmenbedingungen, die es ermöglichen, diese Stoff- und Energieströme tatsächlich in geschlossene Kreislaufführungen zu integrieren?
Wie sorgen wir dafür, dass der „Abfall" von heute zum Rohstoff von morgen wird, und zwar nicht in Einzelprojekten und Pilotanlagen, sondern systemisch und in industriellem Maßstab?
VOM ABFALL ZUM ROHSTOFF – GESCHLOSSENE KRIISLÄUFE IN INDUSTRIELEM MAẞSTAB
AUFSCHLUSS & AUFBEREITUNG
H_2
KOHLENSTOFF-PRODUKTE
INDUSTRIE
VERKEIER
ENERGIEVERSORGUNG
KOHLEKRATHTWERE ALS MITVERBRENNUNGSANLAGEN
MITVERBRANNTE MATERIALIEN
• Holzabfälle
• Restholz aus Produktion und Forstwirtschaft
• Kunststoffe (nicht recycelfähig)
• Process- und Produktrückstände
ZIEL:
Stoffströme im Kreislauf halten – Ressourcen erhalten – Zukunft gestalten.
EINE KREISLAUFWIRTSCHAFT, DIE RESSOURCEN SCHONT, KLIMA SCHÜTZT UND ZUKUNFT SICHERT.

Verborgene Potenziale: Wasserstoff und Kohlenstoff aus Reststoffen

1.3 Sektorkopplung: Nicht Option, sondern Notwendigkeit

Um die Defossilisierung des von Menschen geprägten Ökosystems Erde voranzutreiben, reicht es nicht, einzelne Sektoren zu optimieren. Es ist eine Sektorkopplung nötig, die weit über das heute übliche Maß hinausgeht. Dieser Begriff klingt zunächst nach Verwaltungssprache, beschreibt aber eine tiefgreifende Notwendigkeit, die sich direkt aus den physikalischen Grundprinzipien des Prologs ableitet.

Alle Sektoren eines Systems sind miteinander gekoppelt – nicht weil wir sie koppeln, sondern weil in einem System kein Sektor isoliert für sich existieren und betrachtet werden kann. Strom, Wärme, Mobilität, Industrie, Landwirtschaft, Gebäude, Abwasser, Abfallwirtschaft – all diese Bereiche sind physikalisch und chemisch miteinander verbunden. Energie und Materie fließen von einem in den anderen. Abwärme der Industrie heizt Gebäude. Klärgas aus der Abwasserbehandlung generiert Strom. Überschussstrom aus Windparks kann Wasserstoff generieren, der wiederum in der Industrie, im Verkehr oder zur Rückverstromung genutzt wird.

Das entscheidende gedankliche Umkehrmanöver, das hier vollzogen werden muss, lautet: Nicht wir setzen die Systemgrenzen – das System selbst setzt uns die Grenzen. Die Natur kennt keine Sektorgrenzen, kein „Das ist für Energie zuständig, das für Abfall, das für Landwirtschaft." Sie kennt nur Flüsse: Energie- und Stoffflüsse, die kontinuierlich durch alle Bereiche des Systems zirkulieren. Jede politische, wirtschaftliche oder planerische Grenzziehung ist eine menschliche Abstraktion – und wird zum Problem, wenn sie so starr wird, dass sie natürliche Kreislaufflüsse unterbricht.

Konkret bedeutet das: Eine reine „Energiewende", die nur den Stromsektor betrachtet, ist nicht ausreichend. Genauso wenig genügt eine Kreislaufwirtschaftspolitik, die nur Verpackungen und Konsumgüter im Blick hat, aber industrielle Prozessabfälle außen vor lässt. Oder eine Mobilitätswende, die nur auf Elektroautos setzt, aber die Frage der Antriebsenergie für Schiffe, Flugzeuge und Schwerlasttransporte nicht beantwortet. Jede dieser Teillösungen optimiert einen Ausschnitt des Systems, schafft aber neue Probleme anderswo – eben weil das System in Wirklichkeit zusammenhängt.

Die Effizienz-Frage verdient in diesem Kontext besondere Aufmerksamkeit. Traditionelle Wirkungsgradvergleiche – Wie effizient ist ein Elektroauto gegenüber einem Verbrennungsmotor? Wie effizient ist Wasserstoff gegenüber direkter Elektrizität? – betrachten immer nur Ausschnitte eines größeren Systems. Sie vergleichen oft Prozesse, die in vollkommen unterschiedlichen Kontexten stattfinden, mit unterschiedlichen Eingangsströmen, unterschiedlichen Nebenprodukte und unterschiedlichen Systemgrenzen. Das ist, wie das Bild so treffend beschreibt, der Vergleich von Äpfeln mit Birnen.

In einer gesamtsystemischen Betrachtung, wie sie die Defossilisierung erfordert, müssen alle Aspekte eines Prozesses berücksichtigt werden: nicht nur der Prozess selbst, sondern alle Vorprozesse (die Herstellung von Anlagen und Materialien, die Gewinnung von Rohstoffen) und alle Folgeprozesse (die Entsorgung, die Weiternutzung von Abwärme und Nebenprodukten, die Wirkung auf andere Sektoren). Selbst weitreichende Lebenszyklus-Analysen (Life Cycle Assessments), die heute als Goldstandard der ökologischen Bewertung gelten, erfüllen diese Forderung in der Regel nicht – denn auch sie betrachten einen konkreten Systemausschnitt, nicht das Gesamtsystem in seiner ganzen Komplexität und Vernetzung.

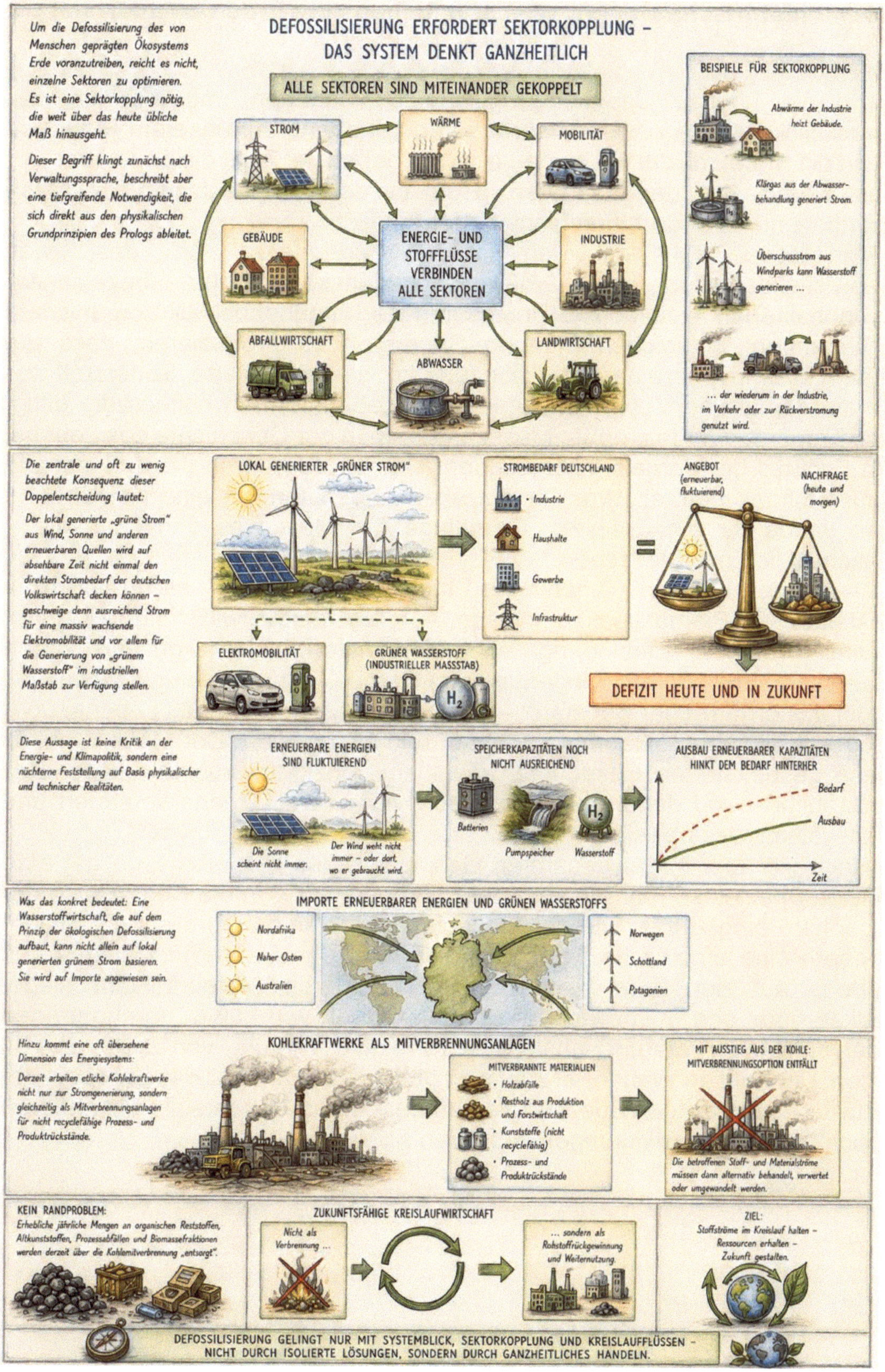
Um die Defossilisierung des von Menschen geprägten Ökosystems Erde voranzutreiben, reicht es nicht, einzelne Sektoren zu optimieren. Es ist eine Sektorkopplung nötig, die weit über das heute übliche Maß hinausgeht.
Dieser Begriff klingt zunächst nach Verwaltungssprache, beschreibt aber eine tiefgreifende Notwendigkeit, die sich direkt aus den physikalischen Grundprinzipien des Prologs ableitet.
DEFOSSILISIERUNG ERFORDERT SEKTORKOPPLUNG – DAS SYSTEM DENKT GANZHEITLICH
ALLE SEKTOREN SIND MITEINANDER GEKOPPELT
STROM
WÄRME
MOBILITÄT
GEBÄUDE
ENERGIE- UND STOFFFLÜSSE VERBINDEN ALLE SEKTOREN
INDUSTRIE
ABFALLWIRTSCHAFT
ABWASSER
LANDWIRTSCHAFT
BEISPIELE FÜR SEKTORKOPPLUNG
Abwärme der Industrie heizt Gebäude.
Klärgas aus der Abwasserbehandlung generiert Strom.
Überschussstrom aus Windparks kann Wasserstoff generieren …
… der wiederum in der Industrie, im Verkehr oder zur Rückverstromung genutzt wird.
Die zentrale und oft zu wenig beachtete Konsequenz dieser Doppelentscheidung lautet:
Der lokal generierte „grüne Strom“ aus Wind, Sonne und anderen erneuerbaren Quellen wird auf absehbare Zeit nicht einmal den direkten Strombedarf der deutschen Volkswirtschaft decken können – geschweige denn ausreichend Strom für eine massiv wachsende Elektromobilität und vor allem für die Generierung von „grünem Wasserstoff“ im industriellen Maßstab zur Verfügung stellen.
LOKAL GENERIERTER „GRÜNER STROM“
STROMBEDARF DEUTSCHLAND
Industrie
Haushalte
Gewerbe
Infrastruktur
ANGEBOT (erneuerbar, fluktuierend)
NACHFRAGE (heute und morgen)
ELEKTROMOBILITÄT
GRÜNER WASSERSTOFF (INDUSTRIELLER MASSSTAB)
DEFIZIT HEUTE UND IN ZUKUNFT
Diese Aussage ist keine Kritik an der Energie- und Klimapolitik, sondern eine nüchterne Feststellung auf Basis physikalischer und technischer Realitäten.
ERNEUERBARE ENERGIEN SIND FLUKTUIEREND
Die Sonne scheint nicht immer.
Der Wind weht nicht immer – oder dort, wo er gebraucht wird.
SPEICHERKAPAZITÄTEN NOCH NICHT AUSREICHEND
Batterien
Pumpspeicher
Wasserstoff
AUSBAU ERNEUERBARER KAPAZITÄTEN HINKT DEM BEDARF HINTERHER
Bedarf
Ausbau
Zeit
Was das konkret bedeutet: Eine Wasserstoffwirtschaft, die auf dem Prinzip der ökologischen Defossilisierung aufbaut, kann nicht allein auf lokal generierten grünem Strom basieren. Sie wird auf Importe angewiesen sein.
IMPORTE ERNEUERBARER ENERGIEN UND GRÜNEN WASSERSTOFFS
Nordafrika
Naher Osten
Australien
Norwegen
Schottland
Patagonien
Hinzu kommt eine oft übersehene Dimension des Energiesystems:
Derzeit arbeiten etliche Kohlekraftwerke nicht nur zur Stromgenerierung, sondern gleichzeitig als Mitverbrennungsanlagen für nicht recyclefähige Prozess- und Produktrückstände.
KOHLEKRAFTWERKE ALS MITVERBRENNUNGSANLAGEN
MITVERBRANNTE MATERIALIEN
Holzabfälle
Restholz aus Produktion und Forstwirtschaft
Kunststoffe (nicht recyclefähig)
Prozess- und Produktrückstände
MIT AUSSTIEG AUS DER KOHLE: MITVERBRENNUNGSOPTION ENTFÄLLT
Die betroffenen Stoff- und Materialströme müssen dann alternativ behandelt, verwertet oder umgewandelt werden.
KEIN RANDPROBLEM:
Erhebliche jährliche Mengen an organischen Reststoffen, Altkunststoffen, Prozessabfällen und Biomassefraktionen werden derzeit über die Kohlemitverbrennung „entsorgt“.
ZUKUNFTSFÄHIGE KREISLAUFWIRTSCHAFT
Nicht als Verbrennung …
… sondern als Rohstoffrückgewinnung und Weiternutzung.
ZIEL:
Stoffströme im Kreislauf halten – Ressourcen erhalten – Zukunft gestalten.
DEFOSSILISIERUNG GELINGT NUR MIT SYSTEMBLICK, SEKTORKOPPLUNG UND KREISLAUFFLÜSSEN – NICHT DURCH ISOLIERTE LÖSUNGEN, SONDERN DURCH GANZHEITLICHES HANDELN.

Sektorkopplung: Nicht Option, sondern Notwendigkeit

1.4 Der historische Bogen: Wie „Das Leben" die Erde verändert hat

Um die heutige Situation wirklich zu verstehen, müssen wir weit zurückblicken – bis zu den Ursprüngen des Lebens auf unserem Planeten. Denn die Krise, mit der wir es heute zu tun haben, ist nicht die erste ihrer Art. Das Leben hat den Planeten Erde in seiner Geschichte mehrfach grundlegend verändert, und nicht immer friedlich.

Vor etwa 2,4 Milliarden Jahren ereignete sich das, was Geowissenschaftler als „Große Oxidationskatastrophe" bezeichnen: Cyanobakterien – einfachste Photosynthese betreibende Mikroorganismen – begannen, in solchen Mengen Sauerstoff zu produzieren, dass die gesamte Atmosphäre der Erde sich fundamental veränderte. Sauerstoff war für die damals herrschenden anaeroben Lebensformen hochgradig giftig. Das Ergebnis war das größte Massensterben in der Geschichte des Lebens: Ein Großteil der damals existierenden Arten wurde durch das freigesetzte Sauerstoffgas getötet. Was für die alten Lebensformen eine Katastrophe war, wurde für die Erde zur Grundlage für alles, was danach folgte – einschließlich uns Menschen.

Das Leben hat den Planeten also nicht nur besiedelt – es hat ihn aktiv gestaltet. Biomasseakkumulation, Gesteinsverwitterung durch Pflanzenwurzeln, Einbindung von Kohlenstoff in Kalkgestein durch Meeresorganismen, die Entstehung von Humus, Torf, Kohle und schließlich Erdöl aus organischer Substanz – all das sind Leistungen des Lebens, über erdgeschichtliche Zeiträume aufgebaut und akkumuliert. Der Mensch hat all diese gespeicherten Ressourcen in einem winzigen Bruchteil dieser Zeit verbraucht – und dabei die Atmosphäre verändert, Ozeane versauert und Ökosysteme destabilisiert.

Noch nie aber in der gesamten Geschichte des Planeten Erde hat eine einzige Spezies so massiv, so gezielt und so schnell in die Regelkreise der Biosphäre eingegriffen wie der Mensch. Das ist keine moralische Anklage, sondern eine empirische Feststellung. Frühere große Veränderungen des Lebens auf der Erde – Massensterben durch Meteoriteneinschläge, Vulkanismus oder Klimaveränderungen – waren von außen herangetragen oder entstanden als unbeabsichtigte kollektive Wirkung von Millionen von Arten. Der heutige Wandel ist zum weit überwiegenden Teil das Ergebnis der Aktivität einer einzigen Spezies, die darüber hinaus – anders als alle anderen – sich über ihre Auswirkungen im Klaren sein kann.

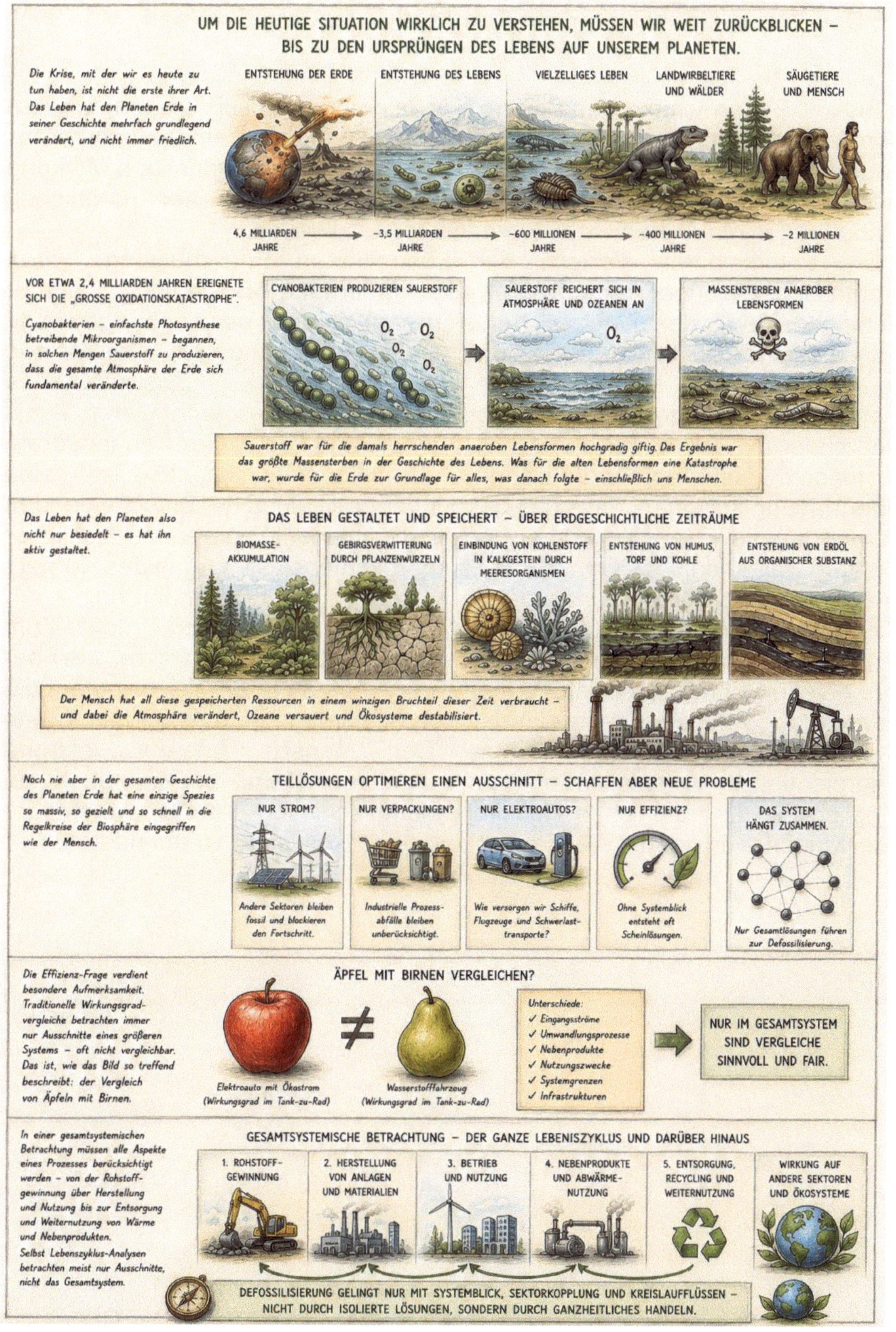

UM DIE HEUTIGE SITUATION WIRKLICH ZU VERSTEHEN, MÜSSEN WIR WEIT ZURÜCKBLICKEN – BIS ZU DEN URSPRÜNGEN DES LEBENS AUF UNSEREM PLANETEN.
Die Krise, mit der wir es heute zu tun haben, ist nicht die erste ihrer Art. Das Leben hat den Planeten Erde in seiner Geschichte mehrfach grundlegend verändert, und nicht immer friedlich.
ENTSTEHUNG DER ERDE
ENTSTEHUNG DES LEBENS
VIELZELLIGES LEBEN
LANDWIRBELTIERE UND WÄLDER
SÄUGETIERE UND MENSCH
4,6 MILLIARDEN JAHRE
~3,5 MILLIARDEN JAHRE
~600 MILLIONEN JAHRE
~400 MILLIONEN JAHRE
~2 MILLIONEN JAHRE
VOR ETWA 2,4 MILLIARDEN JAHREN EREIGNETE SICH DIE „GROSSE OXIDATIONSKATASTROPHE".
Cyanobakterien – einfachste Photosynthese betreibende Mikroorganismen – begannen, in solchen Mengen Sauerstoff zu produzieren, dass die gesamte Atmosphäre der Erde sich fundamental veränderte.
CYANOBAKTERIEN PRODUZIEREN SAUERSTOFF
O2
SAUERSTOFF REICHERT SICH IN ATMOSPHÄRE UND OZEANEN AN
MASSENSTERBEN ANAEROBER LEBENSFORMEN
Sauerstoff war für die damals herrschenden anaeroben Lebensformen hochgradig giftig. Das Ergebnis war das größte Massensterben in der Geschichte des Lebens. Was für die alten Lebensformen eine Katastrophe war, wurde für die Erde zur Grundlage für alles, was danach folgte – einschließlich uns Menschen.
Das Leben hat den Planeten also nicht nur besiedelt – es hat ihn aktiv gestaltet.
DAS LEBEN GESTALTET UND SPEICHERT – ÜBER ERDGESCHICHTLICHE ZEITRÄUME
BIOMASSE-AKKUMULATION
GEBIRGSVERWITTERUNG DURCH PFLANZENWURZELN
EINBINDUNG VON KOHLENSTOFF IN KALKGESTEIN DURCH MEERESORGANISMEN
ENTSTEHUNG VON HUMUS, TORF UND KOHLE
ENTSTEHUNG VON ERDÖL AUS ORGANISCHER SUBSTANZ
Der Mensch hat all diese gespeicherten Ressourcen in einem winzigen Bruchteil dieser Zeit verbraucht – und dabei die Atmosphäre verändert, Ozeane versauert und Ökosysteme destabilisiert.
Noch nie aber in der gesamten Geschichte des Planeten Erde hat eine einzige Spezies so massiv, so gezielt und so schnell in die Regelkreise der Biosphäre eingegriffen wie der Mensch.
TEILLÖSUNGEN OPTIMIEREN EINEN AUSSCHNITT – SCHAFFEN ABER NEUE PROBLEME
NUR STROM?
Andere Sektoren bleiben fossil und blockieren den Fortschritt.
NUR VERPACKUNGEN?
Industrielle Prozess-abfälle bleiben unberücksichtigt.
NUR ELEKTROAUTOS?
Wie versorgen wir Schiffe, Flugzeuge und Schwerlast-transporte?
NUR EFFIZIENZ?
Ohne Systemblick entsteht oft Scheinlösungen.
DAS SYSTEM HÄNGT ZUSAMMEN.
Nur Gesamtlösungen führen zur Defossilisierung.
Die Effizienz-Frage verdient besondere Aufmerksamkeit. Traditionelle Wirkungsgrad-vergleiche betrachten immer nur Ausschnitte eines größeren Systems – oft nicht vergleichbar. Das ist, wie das Bild so treffend beschreibt: der Vergleich von Äpfeln mit Birnen.
ÄPFEL MIT BIRNEN VERGLEICHEN?
≠
Elektroauto mit Ökostrom (Wirkungsgrad im Tank-zu-Rad)
Wasserstofffahrzeug (Wirkungsgrad im Tank-zu-Rad)
Unterschiede:
✓ Eingangsströme
✓ Umwandlungsprozesse
✓ Nebenprodukte
✓ Nutzungszwecke
✓ Systemgrenzen
✓ Infrastrukturen
NUR IM GESAMTSYSTEM SIND VERGLEICHE SINNVOLL UND FAIR.
In einer gesamtsystemischen Betrachtung müssen alle Aspekte eines Prozesses berücksichtigt werden – von der Rohstoff-gewinnung über Herstellung und Nutzung bis zur Entsorgung und Weiternutzung von Wärme und Nebenprodukten. Selbst Lebenszyklus-Analysen betrachten meist nur Ausschnitte, nicht das Gesamtsystem.
GESAMTSYSTEMISCHE BETRACHTUNG – DER GANZE LEBENISZYKLUS UND DARÜBER HINAUS
1. ROHSTOFF-GEWINNUNG
2. HERSTELLUNG VON ANLAGEN UND MATERIALIEN
3. BETRIEB UND NUTZUNG
4. NEBENPRODUKTE UND ABWÄRME-NUTZUNG
5. ENTSORGUNG, RECYCLING UND WEITERNUTZUNG
WIRKUNG AUF ANDERE SEKTOREN UND ÖKOSYSTEME
DEFOSSILISIERUNG GELINGT NUR MIT SYSTEMBLICK, SEKTORKOPPLUNG UND KREISLAUFFLÜSSEN – NICHT DURCH ISOLIERTE LÖSUNGEN, SONDERN DURCH GANZHEITLICHES HANDELN.

Der historische Bogen: Wie „Das Leben" die Erde verändert hat

1.5 Das Feuer: Der erste große Schritt aus den Regelkreisen

Bis zur Beherrschung des Feuers war auch der Mensch wie jede andere Spezies unweigerlich in die Regelkreise seiner Umwelt eingebunden. Das Feuer änderte alles. Es war der erste und in seiner langfristigen Wirkung vielleicht entscheidendste Schritt auf dem Weg aus der natürlichen Einbettung in ein System selbstgemachter Kunstwelten.

Die unmittelbaren Vorteile der kontrollierten Feuernutzung waren dramatisch: Wärme ermöglichte die dauerhafte Besiedlung kälterer Regionen, die für den menschlichen Körper allein nicht bewohnbar gewesen wären. Feuer als Lichtquelle und Schutzbarriere gegen Fressfeinde verschob die Machtverhältnisse in der Tierwelt massiv zugunsten des Menschen. Und der Aufschluss von Nahrungsmitteln durch Garen – die Denaturierung von Eiweißen und die Aufspaltung komplexer Koh-lehydrate – machte Nahrung verdaulicher und caloriendichter. Es ist keine Übertreibung zu sagen, dass das gekochte Essen eines der entscheidenden Stimuli für die Entwicklung größerer und leistungsfähigerer menschlicher Gehirne war – denn das Gehirn ist das energieintensivste Organ des Körpers und profitiert überproportional von einer energiedichteren Ernährung.

Das Feuer war aber auch der Beginn eines fundamentalen Bruchs: Zum ersten Mal konnte eine biologische Spezies aktiv Energie einsetzen, die über ihre eigene Stoffwechselleistung hinausging. Alle anderen Tiere sind auf die Energie angewiesen, die ihr eigener Körper durch Nahrungsaufnahme und Stoffwechsel bereitstellen kann. Der Mensch begann, externe Energiequellen zu erschließen und zu nutzen. Damit begann auch die Möglichkeit, die natürlichen Rückkoppelungsschleifen des Ökosystems zu überwinden – und damit die Möglichkeit, das Ökosystem zu überlasten.

DAS FEUER – DER ERSTE SCHRITT AUS DER NATÜRLICHEN EINBETTUNG
Bis zur Beherrschung des Feuers war auch der Mensch wie jede andere Spezies unweigerlich in die Regelkreise seiner Umwelt eingebunden.
Das Feuer änderte alles. Es war der erste und in seiner langfristigen Wirkung vielleicht entscheidendste Schritt auf dem Weg aus der natürlichen Einbettung in ein System selbstgemachter Kunstwelten.
VOR DEM FEUER
Eingebunden in die Regelkreise der Natur
MIT DEM FEUER
Beginn der Selbstgestaltung und Loslösung aus der natürlichen Einbettung
DAS FEUER: SCHLÜSSEL ZUR ENTKOPPLUNG UND NEUE QUELLE NUTZBARER ENERGIE
NATÜRLICHE ENERGIEGRENZE
Nur die Energie, die der eigene Körper durch Nahrung und Stoffwechsel bereitstellen kann.
NUTZUNG EXTERNER ENERGIEQUELLEN
Erschließung und Nutzung von Energie, die über die eigene Stoffwechselleistung hinausgeht.
DIE UNMITTELBAREN VORTEILE DES FEUERS
WÄRME
Ermöglichte die dauerhafte Besiedlung kälterer Regionen, die für den menschlichen Körper allein nicht bewohnbar gewesen wären.
LICHT UND SCHUTZ
Feuer als Lichtquelle und Schutzbarriere gegen Fressfeinde verschob die Machtverhältnisse in der Tierwelt massiv zugunsten des Menschen.
GEGARTES ESSEN
Aufschluss von Nahrungsmitteln durch Garen – Denaturierung von Eiweißen und Aufspaltung komplexer Kohlenhydrate – machte Nahrung verdaulicher und caloriedichter.
STIMULUS FÜR DAS GEHIRN
Gekochtes Essen lieferte mehr Energie bei geringerem Verdauungsaufwand – eine der entscheidenden Grundlagen für die Entwicklung größerer und leistungsfähigerer Gehirne.
Das Gehirn ist das energieintensivste Organ des Körpers und profitiert überproportional von einer energiedichteren Ernährung.
DER FUNDAMENTALE BRUCH
Mölt wit, aber in der gesamten Geschictes die Menscen Ents hös sem änargr Spezies an boriten zu gerzits und ar erherich in die Regelkreise des Gzoplèirn singegeften mit der Mensch.
DER MENSCH
Begann, externe Energiequellen zu erschließen und zu nutzen.
EXTERNE ENERGIEQUELLEN
Holz (Feuerholz)
Pflanzenmaterial
Tierknochen und -fett
Später: Kohle, Erdöl, Erdgas, Kernenergie, etc.
NEUE MÖGLICHKEITEN
• Speichern von Energie
• Transport von Energie
• Umwandlung in neue Formen
• Schaffung von Kunstwelten
• Technologischer Fortschritt jenseits natürlicher Grenzen
Damit begann auch die Möglichkeit, die natürlichen Rückkopplungsschleifen des Ökosystems zu überwinden – und damit die Möglichkeit, das Ökosystem zu überlasten.
Die Effizienz-Frage verdient besondere Aufmerksamkeit. Traditionelle Wirkungsgradvergleiche betrachten immer nur Ausschnitte eines größeren Systems – oft nicht vergleichbar. Das ist, wie das Bild so treffend beschreibt: der Vergleich.
ÄPFEL MIT BIRNEN VERGLEICHEN?
≠
Elektroauto mit Ökostrom (Wirkungsgrad im Tank-zu-Rad)
Wasserstofffahrzeug (Wirkungsgrad im Tank-zu-Rad)
Unterschiede:
✓ Eingangsströme
✓ Umwandlungsprozesse
✓ Nebenprodukte
✓ Nutzungszwecke
✓ Systemgrenzen
✓ Infrastrukturen
NUR IM GESAMTSYSTEM SIND VERGLEICHE SINNVOLL UND FAIR.
In einer gesamtsystemischen Betrachtung müssen alle Aspekte eines Prozesses berücksichtigt werden – von der Rohstoffgewinnung über Herstellung und Nutzung bis zur Entsorgung und Weiternutzung von Wärme und Nebenprodukten.
GESAMTSYSTEMISCHE BETRACHTUNG – DER GANZE LEBENSZYKLUS UND DARÜBER HINAUS
1. ROHSTOFF-GEWINNUNG
2. HERSTELLUNG VON ANLAGEN UND MATERIALIEN
3. BETRIEB UND NUTZUNG
4. NEBENPRODUKTE UND ABWÄRME-NUTZUNG
5. ENTSORGUNG, RECYCLING UND WEITERNUTZUNG
WIRKUNG AUF ANDERE SEKTOREN UND ÖKOSYSTEME
DEFOSSILISIERUNG GELINGT NUR MIT SYSTEMBLICK, SEKTORKOPPLUNG UND KREISLAUFFLÜSSEN – NICHT DURCH ISOLIERTE LÖSUNGEN, SONDERN DURCH GANZHEITLICHES HANDELN.

Das Feuer: Der erste große Schritt aus den Regelkreisen

1.6 Die Erschaffung von Kunstwelten: Triumph und Hypothek zugleich

Was folgte auf das Feuer, war eine zunehmend beschleunigte Abfolge technologischer und kultureller Innovationen, die den Menschen immer weiter von den Zwängen der natürlichen Selektion befreiten. Kleidung aus Tierfellen und später aus gewebten Fasern ermöglichte es, Kälte ohne physiologische Spezialisierung zu überstehen. Ackerbau und Viehzucht entkoppelten die menschliche Ernährung von der Schwankungsanfälligkeit des natürlichen Nahrungsangebots und ermöglichten das Entstehen von Siedlungen, Städten und schließlich Zivilisationen.

Die zentrale Leistung des Menschen – die in der Naturgeschichte tatsächlich ohne Parallele ist – besteht darin, fast ohne biologische Spezialisierung den gesamten Planeten besiedelt und in seinem Sinne umgestaltet zu haben. Während andere Spezies über Jahrtausende und Jahrmillionen evolutionäre Anpassungen entwickeln, um in spezifischen Ökosystemen zu überleben – Eisbären in arktischen Regionen, Kamele in Wüsten, Tiefseetiere in der Finsternis der Ozeane – hat der Mensch keinen dieser Wege beschritten. Er hat sich die Umgebung angepasst, nicht sich der Umgebung.

Dieser Triumph der menschlichen Intelligenz und Anpassungsfähigkeit ist gleichzeitig die Quelle unserer größten Herausforderung. Denn je mehr wir die Umgebung nach unseren Bedürfnissen gestaltet haben, desto weiter haben wir uns von den natürlichen Rückkopplungsschleifen entfernt, die in intakten Ökosystemen für Stabilität sorgen. Moderne Lebens- und Wirtschaftswelten können in ihrer Extremform tatsächlich fast vollständig losgelöst von lokaler Ökologie existieren: Klimatisierte Hochhäuser in Wüstenstädten, Unterseekabel und Satellitenkommunikation, Nahrungsmitteltransporte über Tausende von Kilometern, künstlich beleuchtete Glashäuser in nordischen Breiten – all das sind Ausdruck einer Technologie, die mit ausreichend Energieeinsatz fast jede natürliche Raumbegrenzung überwinden kann.

Der Baustoff und die Energie für diese Kunstwelten stammt – und das ist der Kern des Problems – zum weit überwiegenden Teil aus fossilen Quellen: Kalkstein, Erz, Kohle, Erdöl und Erdgas, die über Jahrmillionen in der Erdkruste gespeichert wurden und nun in wenigen Jahrhunderten genutzt werden. Die dabei freigesetzten Verbindungen – allen voran Kohlendioxid – erhöhen die Konzentration eines Treibhausgases in der Atmosphäre, das in den letzten 800.000 Jahren (soweit wir durch Eisbohrkerne zurückschauen können) nicht annähernd so hohe Werte erreicht hat wie heute. Die Konsequenzen – steigende Temperaturen, veränderte Niederschlagsmuster, steigende Meeresspiegel, häufigere Extremereignisse – sind nicht Prophezeiungen, sondern beobachtbare Realität.

VOM FEUER ZUR KUNSTWELT – DIE ENTKOPPLUNG VON NATÜRLICHEN ZWÄNGEN
Was folgte auf das Feuer, war eine zunehmend beschleunigte Abfolge technologischer und kultureller Innovationen, die den Menschen immer weiter von den Zwängen der natürlichen Selektion befreiten.
FEUER
KLEIDUNG
aus Tierfellen und gewebten Fasern
ACKERBAU
Entkopplung von der natürlichen Nahrung
VIEHZUCHT
Planbare Nahrungsquellen und Arbeitskraft
SIEDLUNGEN
Dörfer, Städte, schließlich Zivilisationen
Der Mensch befreite sich Schritt für Schritt von den unmittelbaren Zwängen der natürlichen Selektion und schuf die Grundlage für komplexe Gesellschaften und Kulturen.
EINZIGARTIGE LEISTUNG: BESIEDLUNG UND UMGESTALTUNG DES GESAMTEN PLANETEN
Während andere Spezies über Jahrtausende evolutionäre Anpassungen für spezifische Ökosysteme entwickeln, hat der Mensch sich die Umgebung angepasst, nicht sich der Umgebung.
SPEZIALISIERTE ANPASSUNG ANDERER SPEZIES
EISBÄREN
in arktischen Regionen
KAMELE
in Wüsten
TIEFSEETIERE
in der Finsternis der Ozeane
Evolutionäre Anpassung über Jahrtausende und Jahrmillionen an spezifische Lebensräume
DER MENSCH
Keine biologische Spezialisierung – aber Besiedlung aller Lebensräume auf der Erde
BESIEDLUNG ALLER LEBENSRÄUME
Arktis
Wüsten
Tiefsee
Dschungel
Hochgebirge
Polare Stationen
Anpassung der Umgebung an menschliche Bedürfnisse – nicht biologische Evolution, sondern Technologie und Kultur
ENTKOPPLUNG VON LOKALER ÖKOLOGIE DURCH ENERGIE UND TECHNOLOGIE
Moderne Lebens- und Wirtschaftswelten können in ihrer Extremform fast vollständig losgelöst von lokaler Ökologie existieren.
KLIMATISIERTE HOCHHÄUSER IN WÜSTENSTÄDTEN
UNTERSEEKABEL UND SATELLITENKOMMUNIKATION
NAHRUNGSMITTELTRANSPORTE ÜBER TAUSENDE KILOMETER
KÜNSTLICH BELEUCHTETE GLASHÄUSER IN NORDISCHEN BREITEN
Technologie ermöglicht es, fast jede natürliche Raumbegrenzung zu überwinden – sofern ausreichend Energie zur Verfügung steht.
BAUSTOFFE UND ENERGIE AUS FOSSILEN QUELLEN – DER KERN DES PROBLEMS
Unsere Kunstwelten entstehen aus Rohstoffen und Energie, die über Jahrmillionen in der Erdkruste gespeichert wurden und nun in wenigen Jahrhunderten verbraucht werden.
KALKSTEIN
ERZ
KOHLE
ERDÖL
ERDGAS
Die Verbrennung dieser fossilen Rohstoffe setzt gespeicherten Kohlenstoff frei – vor allem in Form von Kohlendioxid (CO_2).
CO_2
Erhöhte CO_2-Konzentration in der Atmosphäre – höher als je zuvor in den letzten 800.000 Jahren.
DIE FOLGEN: BEOBACHTBAR UND REAL
Die Konsequenzen sind keine Prophezeiungen – sie sind bereits messbar und betreffen alle Regionen der Erde.
STEIGENDE TEMPERATUREN
VERÄNDERTE NIEDERSCHLAGSMUSTER
STEIGENDE MEERESSPIEGEL
HÄUFIGERE EXTREMEREIGNISSE
DIE HERAUSFORDERUNG UNSERER ZEIT:
DIE ENERGETISCHE BASIS UNSERER KUNSTWELT ZU VERÄNDERN – IN EINEM SYSTEM, DAS MIT DEN GESETZEN DER NATUR IM NATUR EINKLANG STEHT.
Wir haben die Fähigkeit entwickelt, die natürlichen Grenzen zu überwinden – nun müssen wir die Weisheit Grenzen nicht zu übanetaren Grenzen nicht zu überschreiten.

Die Erschaffung von Kunstwelten: Triumph und Hypothek zugleich

1.7 Das Paradox der Moderne: Intelligenz ohne Ökologiebewusstsein

Es ist das große Paradox der Moderne: Die einzige Spezies, die in der Lage ist, die Auswirkungen ihres Handelns auf das Gesamtsystem zu erkennen, zu analysieren und zu antizipieren, ist gleichzeitig die einzige Spezies, die das Gesamtsystem in einem solchen Maße destabilisiert. Wir wissen um den Klimawandel – und heizen weiter. Wir wissen um den Verlust der Biodiversität – und roden weiter. Wir wissen um die Begrenztheit fossiler Ressourcen – und fördern weiter.

Dieses Paradox lässt sich nicht allein durch Unwissenheit oder bösen Willen erklären. Es hat tiefere Ursachen: in der Struktur unserer wirtschaftlichen Anreize, die kurzfristige Gewinne belohnen und langfristige Kosten externalisieren; in der Architektur unserer politischen Systeme, die auf Wahlzyklen ausgerichtet sind und nicht auf geologische Zeiträume; in unserer evolutionsbedingten kognitiven Ausstattung, die für das Erkennen unmittelbarer Bedrohungen optimiert ist, nicht für das Verständnis schleichender systemischer Veränderungen.

Und doch: Die Tatsache, dass wir dieses Paradox erkennen können, ist auch die Grundlage unserer einzigen Chance. Denn die Lösung des Problems erfordert genau jene Fähigkeiten, die den Menschen auszeichnen: vorausschauendes Denken, systemisches Verstehen, technologische Kreativität und die Fähigkeit zur kollektiven Koordination über große Gruppen und weite Zeiträume hinweg. Das Feuer hat uns aus den natürlichen Regelkreisen herausgeführt; die bewusste Gestaltung unserer Energie- und Stoffsysteme kann uns dabei helfen, neue, mächtigere Regelkreise zu etablieren, die mit dem Planeten in Einklang sind statt gegen ihn.

DAS GROSSE PARADOX DER MODERNE
EINZIGE SPEZIES, DIE ...
✓ Auswirkungen ihres Handelns erkennt
✓ analysiert
✓ antizipiert
✓ Lösungen entwickeln kann
EINZIGE SPEZIES, DIE ...
✓ das Gesamtsystem in einem solchen Maße destabilisiert
WIR WISSEN – UND TUN TROTZDEM
Wir wissen um den Klimawandel ...
Wir wissen um den Verlust der Biodiversität ...
... und heizen weiter.
Wir wissen um die Begrenztheit fossiler Ressourcen ...
... und fördern weiter.
DAS FEUER: SCHLÜSSEL ZUR ENTKOPPLUNG UND NEUE QUELLE NUTZBARER ENERGIE
NATÜRLICHE ENERGIEGRENZE
Nur die Energie, die der eigene Körper durch Nahrung und Stoffwechsel bereitstellen kann.
NUTZUNG EXTERNER ENERGIEQUELLEN
Erschließung und Nutzung von Energie, die über die eigene Stoffwechselleistung hinausgeht.
DIE UNMITTELBAREN VORTEILE DES FEUERS
WÄRME
Ermöglichte die dauerhafte Besiedlung kälterer Regionen, die für den menschlichen Körper allein nicht bewohnbar gewesen wären.
LICHT UND SCHUTZ
Feuer als Lichtquelle und Schutzbarriere gegen Fressfeinde verschob die Machtverhältnisse in der Tierwelt massiv zugunsten des Menschen.
GEGARTES ESSEN
Aufschluss von Nahrungsmitteln durch Garen – Denaturierung von Eiweißen und Aufspaltung komplexer Kohlenhydrate – machte Nahrung verdaulicher und caloriedichter.
STIMULUS FÜR DAS GEHIRN
Gekochtes Essen lieferte mehr Energie bei geringerem Verdauungsaufwand – eine der entscheidenden Grundlagen für die Entwicklung größerer und leistungsfähigerer Gehirne.
Das Gehirn ist das energieintensivste Organ des Körpers und profitiert überproportional von einer energiedichteren Ernährung.
DER FUNDAMENTALE BRUCH
ALLE ANDEREN TIERE
Auf die Energie angewiesen, die der eigene Körper durch Nahrungsaufnahme und Stoffwechsel bereitstellen kann.
DER MENSCH
Begann, externe Energiequellen zu erschließen und zu nutzen.
EXTERNE ENERGIEQUELLEN
Holz (Feuerholz)
Pflanzenmaterial
Tierknochen und -fett
Später: Kohle, Erdöl, Erdgas, Kernenergie, etc.
NEUE MÖGLICHKEITEN
• Speichern von Energie
• Transport von Energie
• Umwandlung in neue Formen
• Schaffung von Kunstwelten
• Technologischer Fortschritt jenseits natürlicher Grenzen
Damit begann auch die Möglichkeit, die natürlichen Rückkopplungsschleifen des Ökosystems zu überwinden – und damit die Möglichkeit, das Ökosystem zu überlasten.
BAUSTOFFE UND ENERGIE AUS FOSSILEN QUELLEN – DER KERN DES PROBLEMS
Unsere Kunstwelten entstehen aus Rohstoffen und Energie, die über Jahrmillionen in der Erdkruste gespeichert wurden und nun in wenigen Jahrhunderten verbraucht werden.
KALKSTEIN
ERZ
KOHLE
ERDÖL
ERDGAS
Die Verbrennung dieser fossilen Rohstoffe setzt gespeicherten Kohlenstoff frei – vor allem in Form von Kohlendioxid (CO_2).
DIE FOLGEN: BEOBACHTBAR UND REAL
Die Konsequenzen sind keine Prophezeiungen – sie sind bereits messbar und betreffen alle Regionen.
STEIGENDE TEMPERATUREN
VERÄNDERTE NIEDERSCHLAGSMUSTER
STEIGENDE MEERESSPIEGEL
HÄUFIGERE EXTREMEREIGNISSE
Erhöhte CO_2-Konzentration in der Atmosphäre – höher als je zuvor in den letzten 800.000 Jahren.
DIE ZUKUNFT IST NICHT VORBESTIMMT – ABER SIE HÄNGT VON UNSERER ENTSCHEIDUNG AB.
WISSEN VERPFLICHTET. HANDELN VERÄNDERT.

Das große Paradox der Moderne

1.8 Fazit: Was die Bestandsaufnahme bedeutet

Die Bestandsaufnahme dieses Kapitels hat mehrere Schichten von Komplexität aufgedeckt, die bei einer oberflächlichen Betrachtung der Energiewende oft unsichtbar bleiben. Auf der unmittelbaren energiewirtschaftlichen Ebene: Der Atom- und Kohleausstieg schafft eine Versorgungslücke, die durch erneuerbare Energien allein in Deutschland nicht kurzfristig geschlossen werden kann und die sowohl Importe als auch eine massive Effizienzsteigerung und Sektorkopplung erfordert.

Auf der Ebene der Stoff- und Materialströme: Was heute als Abfall gilt – Altkunststoffe, Biomasse, Prozessreststoffe – ist morgen ein wertvoller Rohstoff für Wasserstoff und Kohlenstoffverbindungen. Die Entwicklung von Technologien und Infrastrukturen zur Erschließung dieses Potenzials ist ein zentraler Baustein einer echten Kreislaufwirtschaft.

Auf der historischen und systemischen Ebene: Die heutige Krise ist nicht das Ergebnis eines plötzlichen Versagens, sondern die Konsequenz einer langen Entwicklung, in der der Mensch schrittweise die natürlichen Rückkopplungsmechanismen überwunden und damit auch außer Kraft gesetzt hat. Ein Weg zurück in ein präindustrielles Leben ist weder möglich noch wünschenswert – der Weg vorwärts führt durch eine bewusste, systemische Neugestaltung unserer Energie- und Stoffwirtschaft.

Die ökologische Wasserstoffwirtschaft, die in diesem Buch vorgestellt wird, ist ein konkreter Ansatz für genau diese Neugestaltung. Sie ist kein Allheilmittel und keine Einzellösung, sondern ein zentrales Element in einem System von Maßnahmen, die zusammen die Defossilisierung ermöglichen können. In den folgenden Kapiteln werden wir dieses System Schritt für Schritt entfalten – von den technischen Grundlagen der Wasserstoffgenerierung und -nutzung über die wirtschaftlichen Rahmenbedingungen bis hin zu den politischen und gesellschaftlichen Voraussetzungen einer erfolgreichen Transformation.

Die Diagnose ist gestellt. Die Werkzeuge liegen bereit. Es ist Zeit, mit dem Bauen zu beginnen.

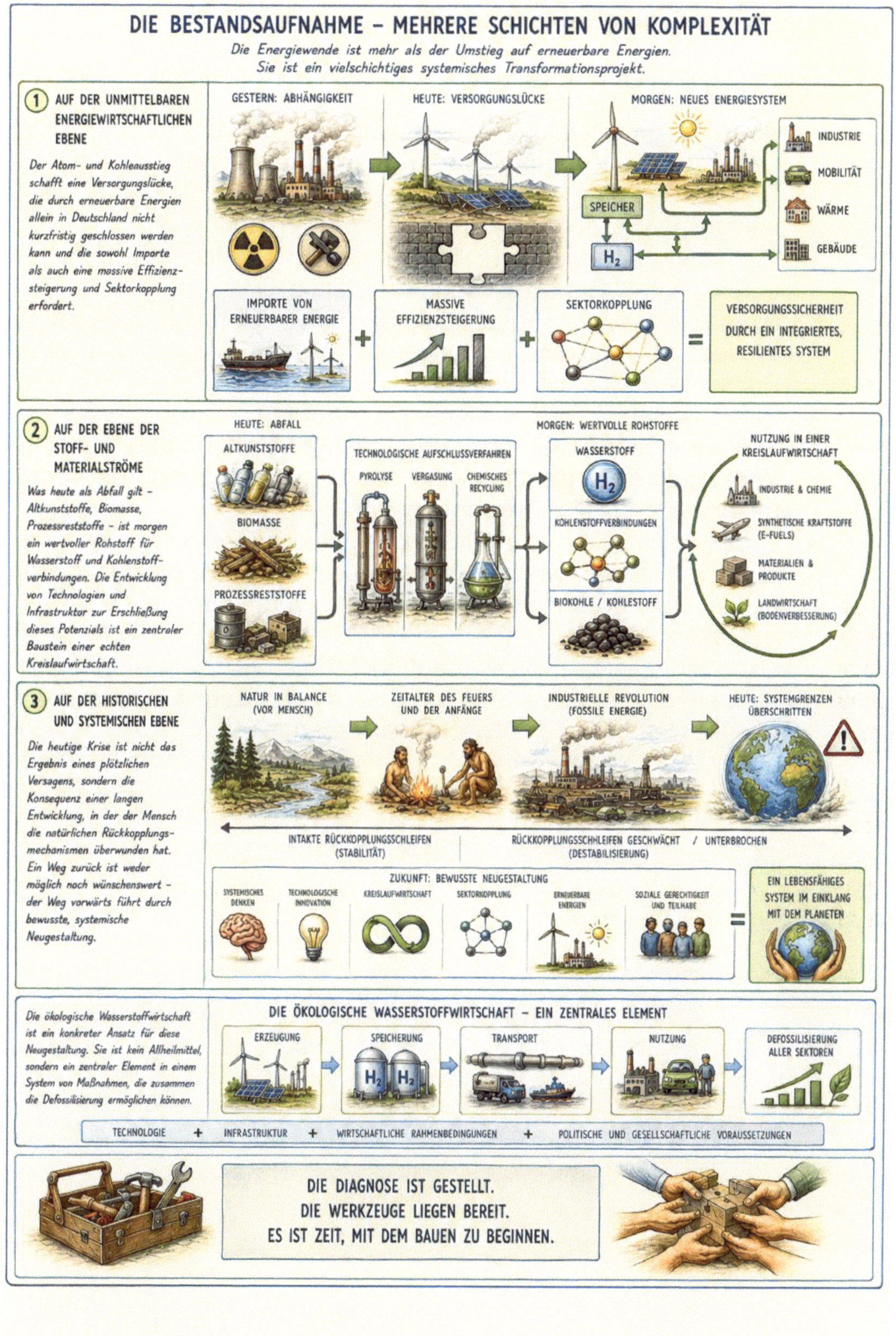
DIE BESTANDSAUFNAHME – MEHRERE SCHICHTEN VON KOMPLEXITÄT
Die Energiewende ist mehr als der Umstieg auf erneuerbare Energien.
Sie ist ein vielschichtiges systemisches Transformationsprojekt.
1 AUF DER UNMITTELBAREN ENERGIEWIRTSCHAFTLICHEN EBENE
Der Atom- und Kohleausstieg schafft eine Versorgungslücke, die durch erneuerbare Energien allein in Deutschland nicht kurzfristig geschlossen werden kann und die sowohl Importe als auch eine massive Effizienzsteigerung und Sektorkopplung erfordert.
GESTERN: ABHÄNGIGKEIT
HEUTE: VERSORGUNGSLÜCKE
MORGEN: NEUES ENERGIESYSTEM
SPEICHER
H2
INDUSTRIE
MOBILITÄT
WÄRME
GEBÄUDE
IMPORTE VON ERNEUERBARER ENERGIE
+
MASSIVE EFFIZIENZSTEIGERUNG
+
SEKTORKOPPLUNG
=
VERSORGUNGSSICHERHEIT DURCH EIN INTEGRIERTES, RESILIENTES SYSTEM
2 AUF DER EBENE DER STOFF- UND MATERIALSTRÖME
Was heute als Abfall gilt – Altkunststoffe, Biomasse, Prozessreststoffe – ist morgen ein wertvoller Rohstoff für Wasserstoff und Kohlenstoffverbindungen. Die Entwicklung von Technologien und Infrastruktur zur Erschließung dieses Potenzials ist ein zentraler Baustein einer echten Kreislaufwirtschaft.
HEUTE: ABFALL
ALTKUNSTSTOFFE
BIOMASSE
PROZESSRESTSTOFFE
TECHNOLOGISCHE AUFSCHLUSSVERFAHREN
PYROLYSE
VERGASUNG
CHEMISCHES RECYCLING
MORGEN: WERTVOLLE ROHSTOFFE
WASSERSTOFF
H2
KOHLENSTOFFVERBINDUNGEN
BIOKOHLE / KOHLESTOFF
NUTZUNG IN EINER KREISLAUFWIRTSCHAFT
INDUSTRIE & CHEMIE
SYNTHETISCHE KRAFTSTOFFE (E-FUELS)
MATERIALIEN & PRODUKTE
LANDWIRTSCHAFT (BODENVERBESSERUNG)
3 AUF DER HISTORISCHEN UND SYSTEMISCHEN EBENE
Die heutige Krise ist nicht das Ergebnis eines plötzlichen Versagens, sondern die Konsequenz einer langen Entwicklung, in der der Mensch die natürlichen Rückkopplungsmechanismen überwunden hat. Ein Weg zurück ist weder möglich noch wünschenswert – der Weg vorwärts führt durch bewusste, systemische Neugestaltung.
NATUR IN BALANCE (VOR MENSCH)
ZEITALTER DES FEUERS UND DER ANFÄNGE
INDUSTRIELLE REVOLUTION (FOSSILE ENERGIE)
HEUTE: SYSTEMGRENZEN ÜBERSCHRITTEN
INTAKTE RÜCKKOPPLUNGSSCHLEIFEN (STABILITÄT)
RÜCKKOPPLUNGSSCHLEIFEN GESCHWÄCHT / UNTERBROCHEN (DESTABILISIERUNG)
ZUKUNFT: BEWUSSTE NEUGESTALTUNG
SYSTEMISCHES DENKEN
TECHNOLOGISCHE INNOVATION
KREISLAUFWIRTSCHAFT
SEKTORKOPPLUNG
ERNEUERBARE ENERGIEN
SOZIALE GERECHTIGKEIT UND TEILHABE
=
EIN LEBENSFÄHIGES SYSTEM IM EINKLANG MIT DEM PLANETEN
Die ökologische Wasserstoffwirtschaft ist ein konkreter Ansatz für diese Neugestaltung. Sie ist kein Allheilmittel, sondern ein zentraler Element in einem System von Maßnahmen, die zusammen die Defossilisierung ermöglichen können.
DIE ÖKOLOGISCHE WASSERSTOFFWIRTSCHAFT – EIN ZENTRALES ELEMENT
ERZEUGUNG
SPEICHERUNG
H2 H2
TRANSPORT
NUTZUNG
DEFOSSILISIERUNG ALLER SEKTOREN
TECHNOLOGIE + INFRASTRUKTUR + WIRTSCHAFTLICHE RAHMENBEDINGUNGEN + POLITISCHE UND GESELLSCHAFTLICHE VORAUSSETZUNGEN
DIE DIAGNOSE IST GESTELLT.
DIE WERKZEUGE LIEGEN BEREIT.
ES IST ZEIT, MIT DEM BAUEN ZU BEGINNEN.

Fazit: Was die Bestandsaufnahme bedeutet

Kernaussagen dieses Kapitels im Überblick

- Der Atom- und Kohleausstieg schafft eine strukturelle Energielücke: Lokal generierter grüner Strom wird auf absehbare Zeit weder den Direktbedarf noch die zusätzliche Nachfrage durch Elektromobilität und grüne Wasserstoffgenerierung decken können.
- Die Mitverbrennung von Reststoffen in Kohlekraftwerken muss durch echte Kreislauflösungen ersetzt werden. Altkunststoffe, Biomasse und Prozessabfälle sind Rohstoffreservoirs für Wasserstoff und Kohlenstoffverbindungen – vergleichbar in ihrer Dichte mit Erdöl und Erdgas.
- Eine echte Defossilisierung erfordert eine systemische Sektorkopplung weit über das heutige Maß hinaus. Klassische Wirkungsgradvergleiche sind dafür ungeeignet; es braucht gesamtsystemische Bewertungsansätze.
- Der Mensch ist die einzige Spezies, die das Gesamtsystem Erde so massiv verändert wie heute – und gleichzeitig die einzige, die dazu in der Lage wäre, diesen Wandel zu verstehen und bewusst zu gestalten.
- Die ökologische Wasserstoffwirtschaft ist kein Einzelrezept, sondern ein zentrales Element einer systemischen Transformation, die alle Sektoren der Wirtschaft erfassen muss.

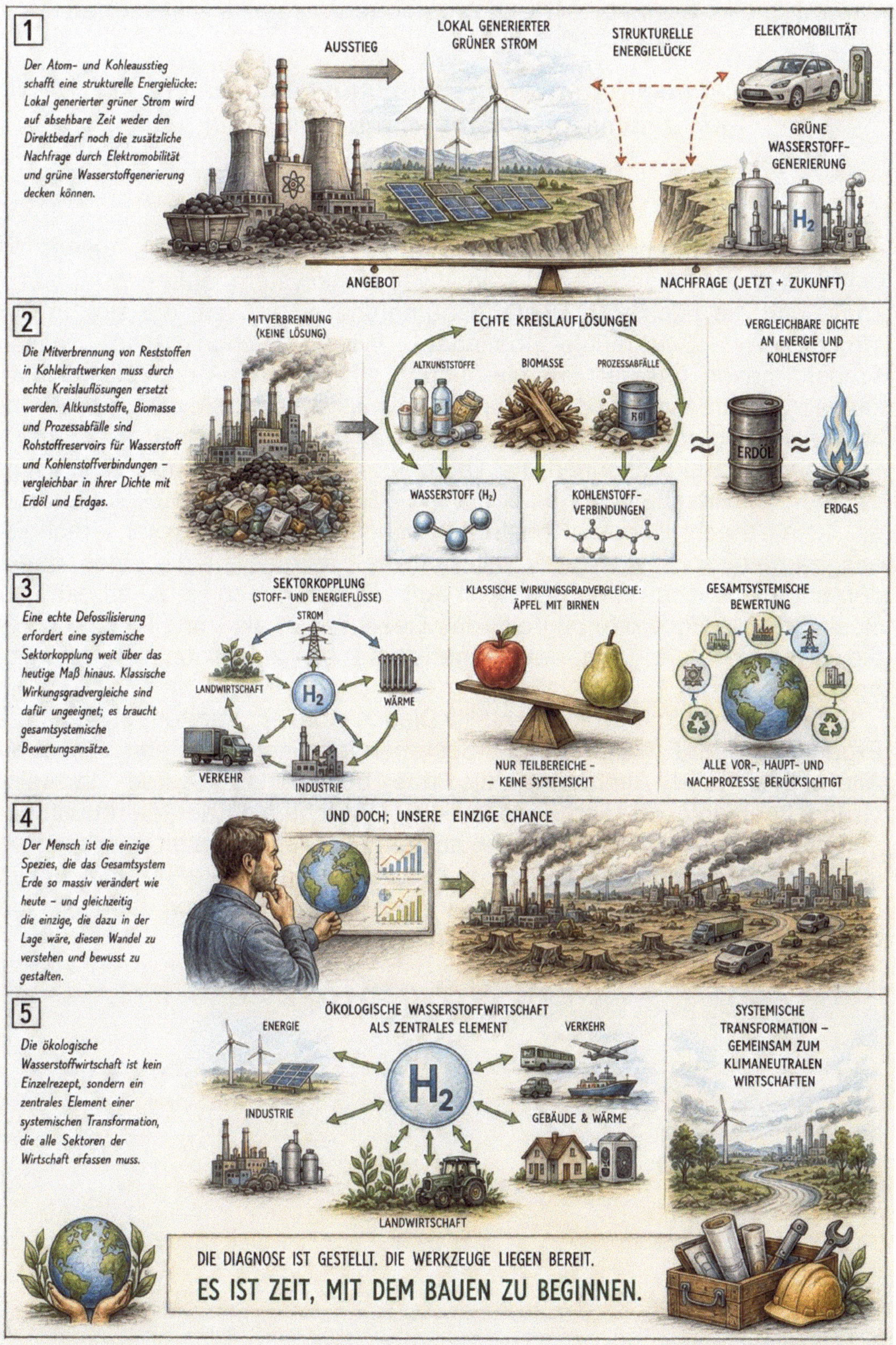
1
Der Atom- und Kohleausstieg schafft eine strukturelle Energielücke: Lokal generierter grüner Strom wird auf absehbare Zeit weder den Direktbedarf noch die zusätzliche Nachfrage durch Elektromobilität und grüne Wasserstoffgenerierung decken können.
AUSSTIEG
LOKAL GENERIERTER GRÜNER STROM
STRUKTURELLE ENERGIELÜCKE
ELEKTROMOBILITÄT
GRÜNE WASSERSTOFF-GENERIERUNG
ANGEBOT
NACHFRAGE (JETZT + ZUKUNFT)
2
Die Mitverbrennung von Reststoffen in Kohlekraftwerken muss durch echte Kreislauflösungen ersetzt werden. Altkunststoffe, Biomasse und Prozessabfälle sind Rohstoffreservoirs für Wasserstoff und Kohlenstoffverbindungen – vergleichbar in ihrer Dichte mit Erdöl und Erdgas.
MITVERBRENNUNG (KEINE LÖSUNG)
ECHTE KREISLAUFLÖSUNGEN
ALTKUNSTSTOFFE
BIOMASSE
PROZESSABFÄLLE
WASSERSTOFF (H_2)
KOHLENSTOFF-VERBINDUNGEN
VERGLEICHBARE DICHTE AN ENERGIE UND KOHLENSTOFF
ERDÖL
ERDGAS
3
Eine echte Defossilisierung erfordert eine systemische Sektorkopplung weit über das heutige Maß hinaus. Klassische Wirkungsgradvergleiche sind dafür ungeeignet; es braucht gesamtsystemische Bewertungsansätze.
SEKTORKOPPLUNG (STOFF- UND ENERGIEFLÜSSE)
STROM
LANDWIRTSCHAFT
H_2
WÄRME
VERKEHR
INDUSTRIE
KLASSISCHE WIRKUNGSGRADVERGLEICHE: ÄPFEL MIT BIRNEN
NUR TEILBEREICHE – KEINE SYSTEMSICHT
GESAMTSYSTEMISCHE BEWERTUNG
ALLE VOR-, HAUPT- UND NACHPROZESSE BERÜCKSICHTIGT
4
Der Mensch ist die einzige Spezies, die das Gesamtsystem Erde so massiv verändert wie heute – und gleichzeitig die einzige, die dazu in der Lage wäre, diesen Wandel zu verstehen und bewusst zu gestalten.
UND DOCH; UNSERE EINZIGE CHANCE
5
Die ökologische Wasserstoffwirtschaft ist kein Einzelrezept, sondern ein zentrales Element einer systemischen Transformation, die alle Sektoren der Wirtschaft erfassen muss.
ÖKOLOGISCHE WASSERSTOFFWIRTSCHAFT ALS ZENTRALES ELEMENT
ENERGIE
VERKEHR
H_2
INDUSTRIE
GEBÄUDE & WÄRME
LANDWIRTSCHAFT
SYSTEMISCHE TRANSFORMATION – GEMEINSAM ZUM KLIMANEUTRALEN WIRTSCHAFTEN
DIE DIAGNOSE IST GESTELLT. DIE WERKZEUGE LIEGEN BEREIT.
ES IST ZEIT, MIT DEM BAUEN ZU BEGINNEN.

Kernaussagen dieses Kapitels im Überblick

Kapitel 2: Das Konzept – Die ökologische Wasserstoffwirtschaft

„Es ist nicht genug zu wissen – man muss auch anwenden. Es ist nicht genug zu wollen – man muss auch tun."

Johann Wolfgang von Goethe

Die vorangegangenen Kapitel haben das Fundament gelegt: die physikalischen Gesetze, die kein Wirtschaftssystem außer Kraft setzen kann, und die nüchterne Bestandsaufnahme einer Welt, die sich in einer strukturellen Zwickmühle befindet. Wir brauchen eine massive Transformation unserer Energie- und Stoffwirtschaft – und zwar nicht in kleinen Schritten, die an den Rändern optimieren, sondern als grundlegende Neugestaltung des gesamten Systems. Das ist die Diagnose.

Dieses Kapitel präsentiert die Therapie: das Konzept einer ökologischen Wasserstoffwirtschaft, wie es von VAWT-Engineering entwickelt wurde. Es ist kein theoretisches Konstrukt, sondern ein konkreter, technisch ausgearbeiteter Entwurf für ein alternatives Energiesystem – eines, das auf den unumstößlichen Naturgesetzen aufbaut statt gegen sie zu arbeiten, das Reststoffe als Rohstoffe begreift, das Dezentralität als Vorteil nutzt und das die gesamte Kette von der Generierung bis zur Nutzung systemisch betrachtet.

Es sei von Anfang an klargestellt: Dieses Konzept versteht sich nicht als Ergänzung oder Erweiterung des bestehenden Energiesystems. Es ist eine Alternative. Eine Alternative, die das bestehende System in seinen Grundzügen ablösen kann – und in vielen Hinsichten effizienter, robuster und nachhaltiger ist als das, was wir heute kennen. Diese Klarheit ist wichtig, weil sie die Größe des Denkens vorgibt, das nötig ist: Es geht nicht um das Feinjustieren einer Maschine, die in die falsche Richtung fährt. Es geht darum, eine neue Maschine zu bauen.

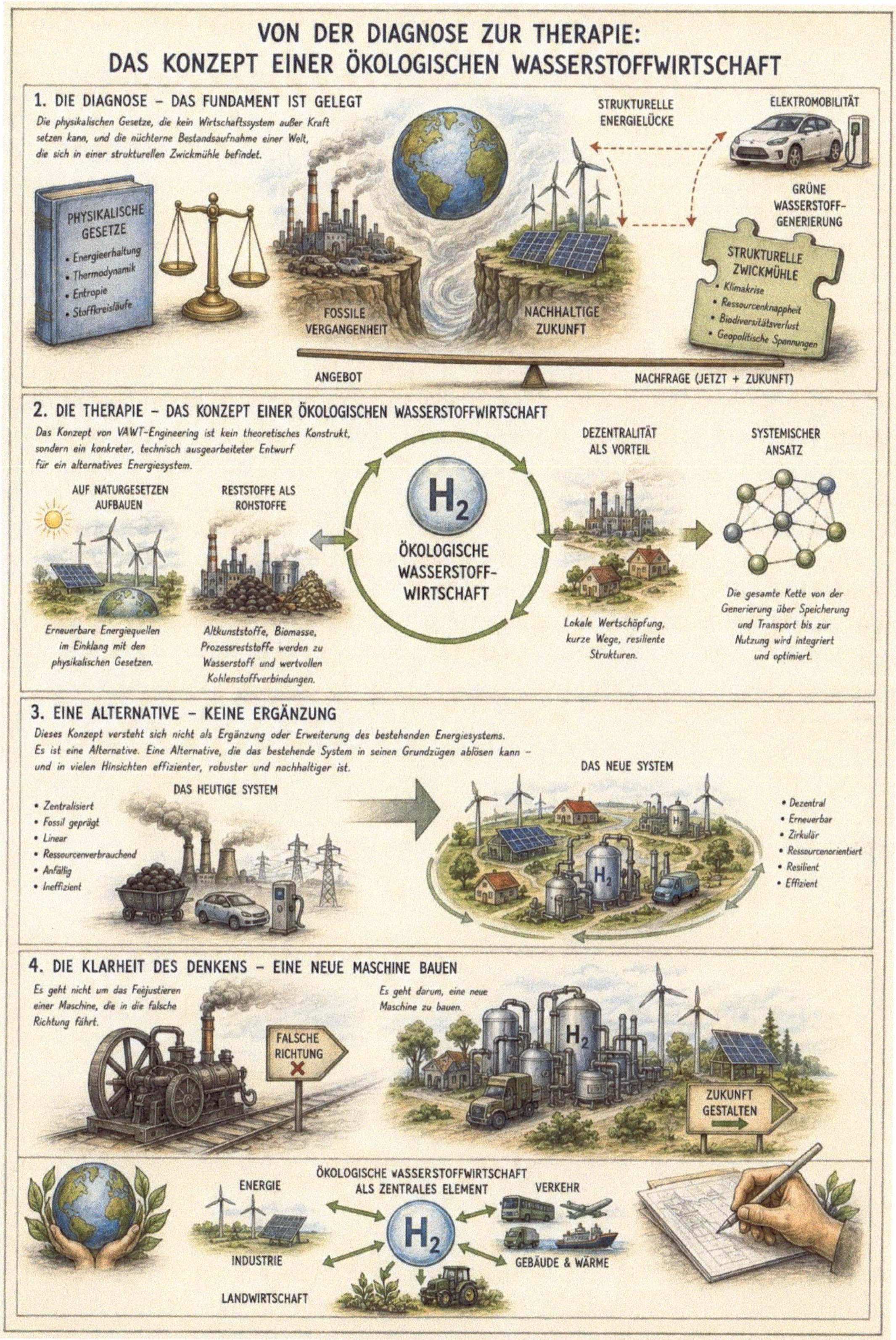
VON DER DIAGNOSE ZUR THERAPIE:
DAS KONZEPT EINER ÖKOLOGISCHEN WASSERSTOFFWIRTSCHAFT
1. DIE DIAGNOSE – DAS FUNDAMENT IST GELEGT
Die physikalischen Gesetze, die kein Wirtschaftssystem außer Kraft setzen kann, und die nüchterne Bestandsaufnahme einer Welt, die sich in einer strukturellen Zwickmühle befindet.
PHYSIKALISCHE GESETZE
• Energieerhaltung
• Thermodynamik
• Entropie
• Stoffkreisläufe
FOSSILE VERGANGENHEIT
NACHHALTIGE ZUKUNFT
STRUKTURELLE ENERGIELÜCKE
ELEKTROMOBILITÄT
GRÜNE WASSERSTOFF-GENERIERUNG
STRUKTURELLE ZWICKMÜHLE
• Klimakrise
• Ressourcenknappheit
• Biodiversitätsverlust
• Geopolitische Spannungen
ANGEBOT
NACHFRAGE (JETZT + ZUKUNFT)
2. DIE THERAPIE – DAS KONZEPT EINER ÖKOLOGISCHEN WASSERSTOFFWIRTSCHAFT
Das Konzept von VAWT-Engineering ist kein theoretisches Konstrukt, sondern ein konkreter, technisch ausgearbeiteter Entwurf für ein alternatives Energiesystem.
AUF NATURGESETZEN AUFBAUEN
Erneuerbare Energiequellen im Einklang mit den physikalischen Gesetzen.
RESTSTOFFE ALS ROHSTOFFE
Altkunststoffe, Biomasse, Prozessreststoffe werden zu Wasserstoff und wertvollen Kohlenstoffverbindungen.
H2
ÖKOLOGISCHE WASSERSTOFF-WIRTSCHAFT
DEZENTRALITÄT ALS VORTEIL
Lokale Wertschöpfung, kurze Wege, resiliente Strukturen.
SYSTEMISCHER ANSATZ
Die gesamte Kette von der Generierung über Speicherung und Transport bis zur Nutzung wird integriert und optimiert.
3. EINE ALTERNATIVE – KEINE ERGÄNZUNG
Dieses Konzept versteht sich nicht als Ergänzung oder Erweiterung des bestehenden Energiesystems. Es ist eine Alternative. Eine Alternative, die das bestehende System in seinen Grundzügen ablösen kann – und in vielen Hinsichten effizienter, robuster und nachhaltiger ist.
DAS HEUTIGE SYSTEM
• Zentralisiert
• Fossil geprägt
• Linear
• Ressourcenverbrauchend
• Anfällig
• Ineffizient
DAS NEUE SYSTEM
• Dezentral
• Erneuerbar
• Zirkulär
• Ressourcenorientiert
• Resilient
• Effizient
4. DIE KLARHEIT DES DENKENS – EINE NEUE MASCHINE BAUEN
Es geht nicht um das Feijustieren einer Maschine, die in die falsche Richtung fährt.
FALSCHE RICHTUNG
Es geht darum, eine neue Maschine zu bauen.
ZUKUNFT GESTALTEN
ÖKOLOGISCHE WASSERSTOFFWIRTSCHAFT ALS ZENTRALES ELEMENT
ENERGIE
VERKEHR
INDUSTRIE
GEBÄUDE & WÄRME
LANDWIRTSCHAFT

Das Konzept – Die ökologische Wasserstoffwirtschaft

2.1 Jenseits der Elektrolyse: Ein pluraler Ansatz zur Wasserstoffgewinnung

In der öffentlichen Debatte über grünen Wasserstoff dominiert derzeit ein Verfahren: die Elektrolyse. Dabei wird Wasser mithilfe von elektrischem Strom – idealerweise aus erneuerbaren Quellen gewonnen – in seine Bestandteile Wasserstoff und Sauerstoff aufgespalten. Dieses Verfahren ist technisch ausgereift, skalierbar und produziert tatsächlich emissionsfreien Wasserstoff, wenn der eingesetzte Strom aus erneuerbaren Quellen stammt. Es ist ein wichtiger Baustein der künftigen Wasserstoffwirtschaft.

Aber es wäre ein gefährlicher Fehler, sich ausschließlich auf diesen einen Weg zu verlassen. Denn die Elektrolyse hat eine fundamentale Einschränkung: Sie ist immer so grün wie der Strom, mit dem sie betrieben wird. Und wie im ersten Kapitel ausführlich dargelegt, wird der lokal in Deutschland generierte erneuerbare Strom auf absehbare Zeit nicht ausreichen, um den gesamten Strombedarf zu decken – geschweige denn um darüber hinaus noch in großem Maßstab Elektrolyseure zu betreiben.

Das ökologische Wasserstoffwirtschaftssystem, das in diesem Buch vorgestellt wird, verfolgt daher einen pluralen Ansatz: Es kombiniert mehrere Verfahren zur Wasserstoffgenerierung, die sich gegenseitig ergänzen und gemeinsam ein robusteres und ressourceneffizienteres Gesamtsystem ergeben. Diese Verfahren lassen sich in drei Kategorien einteilen:

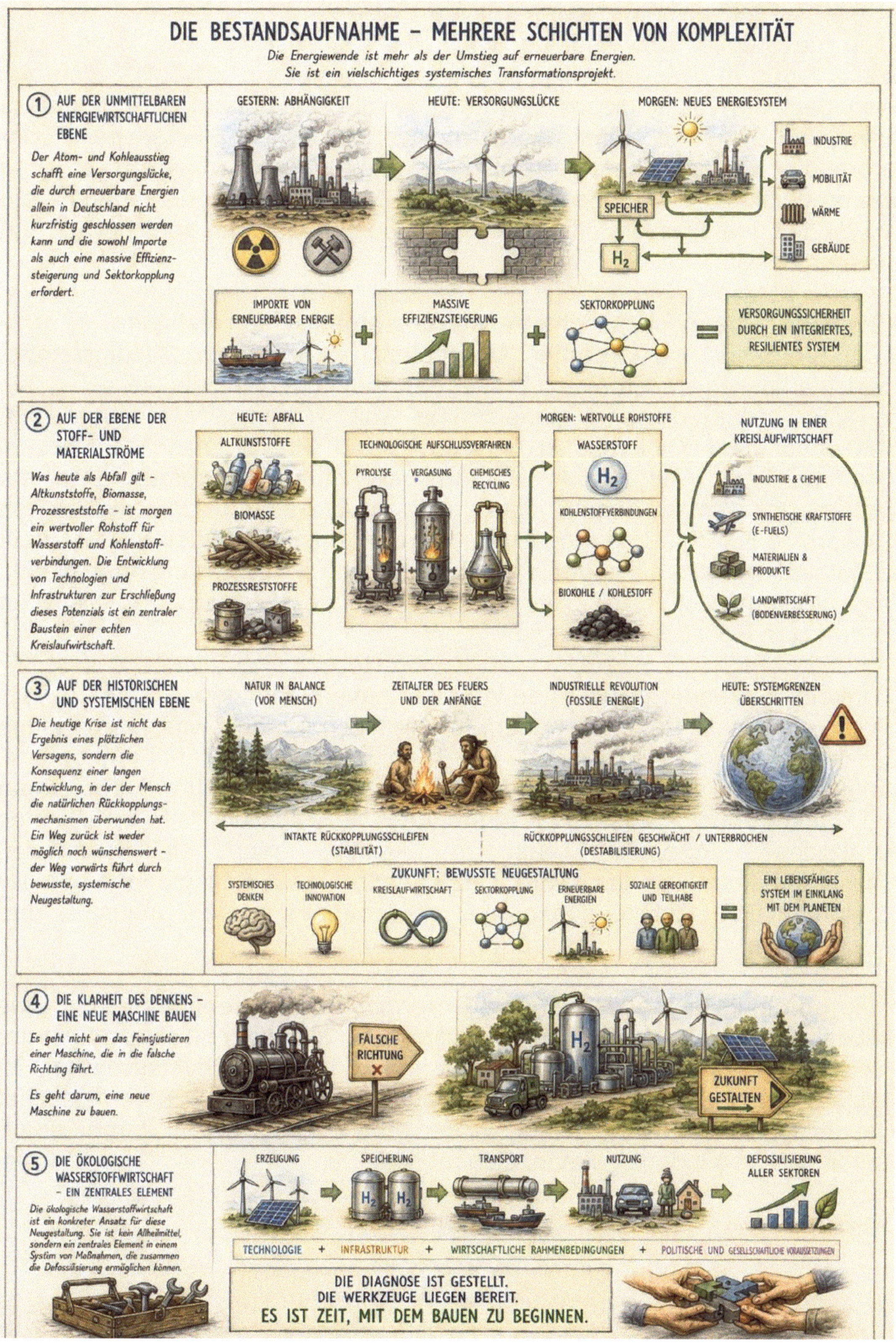
DIE BESTANDSAUFNAHME – MEHRERE SCHICHTEN VON KOMPLEXITÄT
Die Energiewende ist mehr als der Umstieg auf erneuerbare Energien.
Sie ist ein vielschichtiges systemisches Transformationsprojekt.
1 AUF DER UNMITTELBAREN ENERGIEWIRTSCHAFTLICHEN EBENE
Der Atom- und Kohleausstieg schafft eine Versorgungslücke, die durch erneuerbare Energien allein in Deutschland nicht kurzfristig geschlossen werden kann und die sowohl Importe als auch eine massive Effizienzsteigerung und Sektorkopplung erfordert.
GESTERN: ABHÄNGIGKEIT
HEUTE: VERSORGUNGSLÜCKE
MORGEN: NEUES ENERGIESYSTEM
SPEICHER
H2
INDUSTRIE
MOBILITÄT
WÄRME
GEBÄUDE
IMPORTE VON ERNEUERBARER ENERGIE
+
MASSIVE EFFIZIENZSTEIGERUNG
+
SEKTORKOPPLUNG
=
VERSORGUNGSSICHERHEIT DURCH EIN INTEGRIERTES, RESILIENTES SYSTEM
2 AUF DER EBENE DER STOFF- UND MATERIALSTRÖME
Was heute als Abfall gilt – Altkunststoffe, Biomasse, Prozessreststoffe – ist morgen ein wertvoller Rohstoff für Wasserstoff und Kohlenstoffverbindungen. Die Entwicklung von Technologien und Infrastrukturen zur Erschließung dieses Potenzials ist ein zentraler Baustein einer echten Kreislaufwirtschaft.
HEUTE: ABFALL
ALTKUNSTSTOFFE
BIOMASSE
PROZESSRESTSTOFFE
TECHNOLOGISCHE AUFSCHLUSSVERFAHREN
PYROLYSE
VERGASUNG
CHEMISCHES RECYCLING
MORGEN: WERTVOLLE ROHSTOFFE
WASSERSTOFF
H2
KOHLENSTOFFVERBINDUNGEN
BIOKOHLE / KOHLESTOFF
NUTZUNG IN EINER KREISLAUFWIRTSCHAFT
INDUSTRIE & CHEMIE
SYNTHETISCHE KRAFTSTOFFE (E-FUELS)
MATERIALIEN & PRODUKTE
LANDWIRTSCHAFT (BODENVERBESSERUNG)
3 AUF DER HISTORISCHEN UND SYSTEMISCHEN EBENE
Die heutige Krise ist nicht das Ergebnis eines plötzlichen Versagens, sondern die Konsequenz einer langen Entwicklung, in der der Mensch die natürlichen Rückkopplungsmechanismen überwunden hat. Ein Weg zurück ist weder möglich noch wünschenswert – der Weg vorwärts führt durch bewusste, systemische Neugestaltung.
NATUR IN BALANCE (VOR MENSCH)
ZEITALTER DES FEUERS UND DER ANFÄNGE
INDUSTRIELLE REVOLUTION (FOSSILE ENERGIE)
HEUTE: SYSTEMGRENZEN ÜBERSCHRITTEN
INTAKTE RÜCKKOPPLUNGSSCHLEIFEN (STABILITÄT)
RÜCKKOPPLUNGSSCHLEIFEN GESCHWÄCHT / UNTERBROCHEN (DESTABILISIERUNG)
ZUKUNFT: BEWUSSTE NEUGESTALTUNG
SYSTEMISCHES DENKEN
TECHNOLOGISCHE INNOVATION
KREISLAUFWIRTSCHAFT
SEKTORKOPPLUNG
ERNEUERBARE ENERGIEN
SOZIALE GERECHTIGKEIT UND TEILHABE
=
EIN LEBENSFÄHIGES SYSTEM IM EINKLANG MIT DEM PLANETEN
4 DIE KLARHEIT DES DENKENS – EINE NEUE MASCHINE BAUEN
Es geht nicht um das Feinjustieren einer Maschine, die in die falsche Richtung fährt.
Es geht darum, eine neue Maschine zu bauen.
FALSCHE RICHTUNG
H2
ZUKUNFT GESTALTEN
5 DIE ÖKOLOGISCHE WASSERSTOFFWIRTSCHAFT – EIN ZENTRALES ELEMENT
Die ökologische Wasserstoffwirtschaft ist ein konkreter Ansatz für diese Neugestaltung. Sie ist kein Allheilmittel, sondern ein zentrales Element in einem System von Maßnahmen, die zusammen die Defossilisierung ermöglichen können.
ERZEUGUNG
SPEICHERUNG
H2
H2
TRANSPORT
NUTZUNG
DEFOSSILISIERUNG ALLER SEKTOREN
TECHNOLOGIE + INFRASTRUKTUR + WIRTSCHAFTLICHE RAHMENBEDINGUNGEN + POLITISCHE UND GESELLSCHAFTLICHE VORAUSSETZUNGEN
DIE DIAGNOSE IST GESTELLT.
DIE WERKZEUGE LIEGEN BEREIT.
ES IST ZEIT, MIT DEM BAUEN ZU BEGINNEN.

Jenseits der Elektrolyse

Erstens: Elektrolyse mit regenerativem Strom.

Die dezentrale Umwandlung von Überschussstrom aus Wind- und Solaranlagen in Wasserstoff per Elektrolyse bleibt ein zentrales Element. Besonders wertvoll ist dieses Verfahren für die Nutzung von Strom, der zu Zeiten und an Orten anfällt, wo er nicht direkt ins Netz eingespeist oder verbraucht werden kann – also in Zeiten von „Netzstress“ und Überproduktion, die ohne Speicherung verloren gingen. Durch die Umwandlung in Wasserstoff wird dieser Überschussstrom speicherbar und transportierbar.

Zweitens: Thermochemische Verwertung organischer Reststoffe.

Die Vergasung organischer Materialien – Biomasse, Altkunststoffe, Klärschlamm, Prozessreststoffe aus der Industrie, Holzabfälle – ist ein Verfahren, das diese Materialströme mit hohem Wirkungsgrad in Wasserstoff und Kohlendioxid umsetzt. Dabei wird organisches Material zusammen mit Wasser (als Dampf) bei hohen Temperaturen in ein Synthesegas umgewandelt, das nach Aufbereitung den benötigten Wasserstoff liefert. Dieses Verfahren hat den entscheidenden Vorteil, dass es Materialien nutzt, die ohnehin anfallen und deren Verwertung ohne diesen Weg problematisch wäre. Hier schließt sich der Kreislauf: Abfallströme werden zum Rohstoff für Energie.

Drittens: Sekundärnutzung von Wasserstoffverbindungen.

Viele industrielle Prozesse generieren als Nebenprodukt wasserstoffreiche Gasströme oder Verbindungen, die bislang kaum oder nur suboptimal genutzt werden. Die Sekundärnutzung dieser Ströme – ihre Aufbereitung und Einspeisung in das Wasserstoffnetz – erschließt ein erhebliches zusätzliches Potenzial, das in keiner „rein elektrolytischen“ Wasserstoffstrategie erfasst wird. Dazu gehören etwa Koksofengas aus der Stahlproduktion, Raffineriegase aus der petrochemischen Industrie und andere prozessbedingte Gasströme.

Die Kombination dieser drei Quellen ergibt ein Wasserstoffangebot, das weit diversifizierter, resilienter und letztlich auch günstiger ist als ein System, das sich auf einen einzigen Produktionsweg verlässt. Diversifizierung ist übrigens kein Luxus, sondern eine Grundbedingung für die Systemstabilität – auch das lehrt uns die Natur, in der stabile Ökosysteme immer durch Vielfalt und Redundanz gekennzeichnet sind.

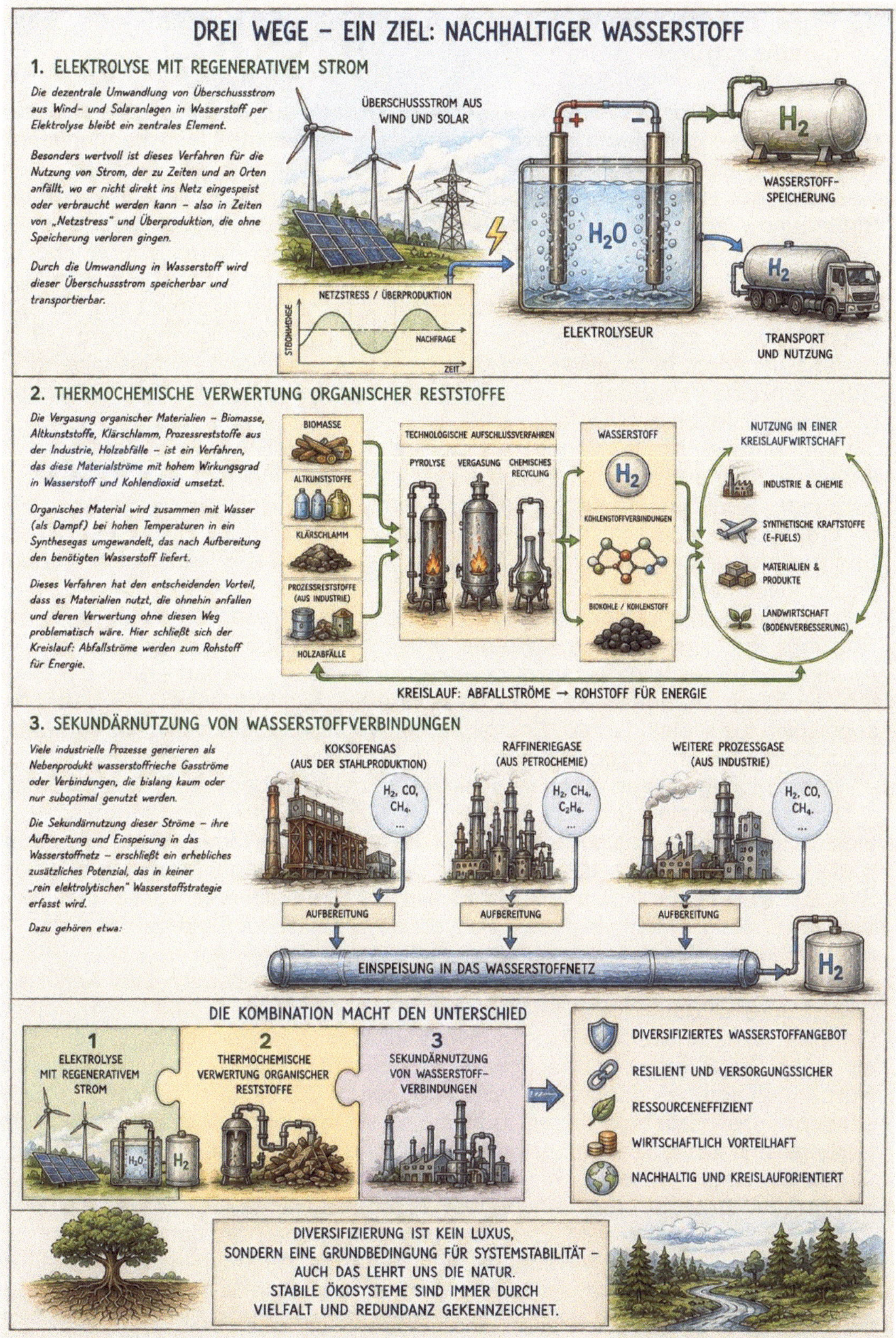

DREI WEGE – EIN ZIEL: NACHHALTIGER WASSERSTOFF
1. ELEKTROLYSE MIT REGENERATIVEM STROM
Die dezentrale Umwandlung von Überschussstrom aus Wind- und Solaranlagen in Wasserstoff per Elektrolyse bleibt ein zentrales Element.
Besonders wertvoll ist dieses Verfahren für die Nutzung von Strom, der zu Zeiten und an Orten anfällt, wo er nicht direkt ins Netz eingespeist oder verbraucht werden kann – also in Zeiten von „Netzstress" und Überproduktion, die ohne Speicherung verloren gingen.
Durch die Umwandlung in Wasserstoff wird dieser Überschussstrom speicherbar und transportierbar.
ÜBERSCHUSSSTROM AUS WIND UND SOLAR
NETZSTRESS / ÜBERPRODUKTION
NACHFRAGE
ZEIT
H_2O
ELEKTROLYSEUR
H_2
WASSERSTOFF-SPEICHERUNG
H_2
TRANSPORT UND NUTZUNG
2. THERMOCHEMISCHE VERWERTUNG ORGANISCHER RESTSTOFFE
Die Vergasung organischer Materialien – Biomasse, Altkunststoffe, Klärschlamm, Prozessreststoffe aus der Industrie, Holzabfälle – ist ein Verfahren, das diese Materialströme mit hohem Wirkungsgrad in Wasserstoff und Kohlendioxid umsetzt.
Organisches Material wird zusammen mit Wasser (als Dampf) bei hohen Temperaturen in ein Synthesegas umgewandelt, das nach Aufbereitung den benötigten Wasserstoff liefert.
Dieses Verfahren hat den entscheidenden Vorteil, dass es Materialien nutzt, die ohnehin anfallen und deren Verwertung ohne diesen Weg problematisch wäre. Hier schließt sich der Kreislauf: Abfallströme werden zum Rohstoff für Energie.
BIOMASSE
ALTKUNSTSTOFFE
KLÄRSCHLAMM
PROZESSRESTSTOFFE (AUS INDUSTRIE)
HOLZABFÄLLE
TECHNOLOGISCHE AUFSCHLUSSVERFAHREN
PYROLYSE
VERGASUNG
CHEMISCHES RECYCLING
WASSERSTOFF
H_2
KOHLENSTOFFVERBINDUNGEN
BIOKOHLE / KOHLENSTOFF
NUTZUNG IN EINER KREISLAUFWIRTSCHAFT
INDUSTRIE & CHEMIE
SYNTHETISCHE KRAFTSTOFFE (E-FUELS)
MATERIALIEN & PRODUKTE
LANDWIRTSCHAFT (BODENVERBESSERUNG)
KREISLAUF: ABFALLSTRÖME → ROHSTOFF FÜR ENERGIE
3. SEKUNDÄRNUTZUNG VON WASSERSTOFFVERBINDUNGEN
Viele industrielle Prozesse generieren als Nebenprodukt wasserstoffreiche Gasströme oder Verbindungen, die bislang kaum oder nur suboptimal genutzt werden.
Die Sekundärnutzung dieser Ströme – ihre Aufbereitung und Einspeisung in das Wasserstoffnetz – erschließt ein erhebliches zusätzliches Potenzial, das in keiner „rein elektrolytischen" Wasserstoffstrategie erfasst wird.
Dazu gehören etwa:
KOKSOFENGAS (AUS DER STAHLPRODUKTION)
H_2, CO, CH_4, ...
RAFFINERIEGASE (AUS PETROCHEMIE)
H_2, CH_4, C_2H_6, ...
WEITERE PROZESSGASE (AUS INDUSTRIE)
H_2, CO, CH_4, ...
AUFBEREITUNG
AUFBEREITUNG
AUFBEREITUNG
EINSPEISUNG IN DAS WASSERSTOFFNETZ
H_2
DIE KOMBINATION MACHT DEN UNTERSCHIED
1 ELEKTROLYSE MIT REGENERATIVEM STROM
2 THERMOCHEMISCHE VERWERTUNG ORGANISCHER RESTSTOFFE
3 SEKUNDÄRNUTZUNG VON WASSERSTOFF-VERBINDUNGEN
DIVERSIFIZIERTES WASSERSTOFFANGEBOT
RESILIENT UND VERSORGUNGSSICHER
RESSOURCENEFFIZIENT
WIRTSCHAFTLICH VORTEILHAFT
NACHHALTIG UND KREISLAUFORIENTIERT
DIVERSIFIZIERUNG IST KEIN LUXUS, SONDERN EINE GRUNDBEDINGUNG FÜR SYSTEMSTABILITÄT – AUCH DAS LEHRT UNS DIE NATUR. STABILE ÖKOSYSTEME SIND IMMER DURCH VIELFALT UND REDUNDANZ GEKENNZEICHNET.

Ein pluraler Ansatz zur Wasserstoffgewinnung

2.2 Dezentral statt zentral: Die Brennstoffzelle als Herzstück der Energieversorgung

Das heutige Energiesystem ist in seiner Grundstruktur zentralistisch organisiert: Großkraftwerke generieren Strom, der über weitverzweigte Hochspannungsnetze zu den Endverbrauchern transportiert wird. Wärme wird separat durch Gasheizungen, Fern-wärme oder Elektroheizungen generiert. Diese Trennung von Strom- und Wärmeversorgung, kombiniert mit dem Transport über weite Strecken, ist systemimmanent ineffizient: Erhebliche Mengen an Energie gehen bei der Übertragung und Umwandlung verloren, ohne je beim Verbraucher anzukommen.

Das Konzept der ökologischen Wasserstoffwirtschaft kehrt diese Logik um. Statt Energie zentral zu generieren und zu verteilen, wird sie dezentral am Ort des Bedarfs generiert: in Industrie und Gewerbe, im Handel und – entscheidend – in jedem einzelnen Haushalt. Das Herzstück dieser dezentralen Energieversorgung ist die Brennstoffzelle.

Eine Brennstoffzelle generiert durch die elektrochemische Reaktion von Wasserstoff und Sauerstoff gleichzeitig Strom und Wärme – mit Wasser als einzigem Reaktionsprodukt. Sie ist damit das genaue Gegenteil eines Verbrennungsmotors: leise, emissionsfrei am Einsatzort, hocheffizient in der Energieumwandlung und in ihrer Größe skalierbar von der Haushaltsanwendung bis zur industriellen Anlage.

Der entscheidende Vorteil der dezentralen Brennstoffzellenversorgung liegt in der Nutzung der generierten Wärme. In nahezu allen Klimazonen und Anwendungsbereichen übersteigt der thermische Energiebedarf – also der Bedarf für Heizung, Warmwasser, Prozesswärme, Kühlprozesse – den nicht substituierbaren elektrischen Energiebedarf deutlich. Elektrischer Strom wird in bestimmten Anwendungen zwingend benötigt: für Beleuchtung, Elektronik, Antriebe – Wärme hingegen kann durch verschiedene Energieträger bereitgestellt werden.

Nun generiert eine Brennstoffzelle in etwa zu gleichen Teilen thermische und elektrische Energie. Das bedeutet: Wenn die anfallende Wärme vollständig genutzt wird – was in einem dezentralen, am Ort des Bedarfs integrierten System möglich ist – fällt elektrischer Strom im Überschuss an. Dieser Überschussstrom ist keine Verschwendung; er kann in das lokale Netz eingespeist, für Elektromobilität genutzt oder erneut zur Elektrolyse von Wasserstoff verwendet werden.

Was bedeutet das für die Gesamteffizienz des Systems? Die Antwort ist beeindruckend: Durch die dezentrale Generierung von Wärme und Strom direkt am Ort des Bedarfs werden Transportverluste des heutigen Netzes weitgehend eliminiert. Die Effizienz der gesamten Energiekette – von der Generierung bis zur Nutzung – kann sich dadurch nahezu verdoppeln. Das ist kein theoretischer Wert, sondern das Ergebnis einer nüchternen Bilanzierung: Was heute durch Leitungsverluste, Übertragungsinfrastruktur und die fehlende Wärmenutzung in Großkraftwerken verloren geht, wird in einem dezentralen Brennstoffzellensystem zu nutzbarer Energie.

Das Konzept der projektierten Wasserstoffwirtschaft ist daher im Kern eine **wärmegeführte Energiewirtschaft**. Nicht Strom ist der primäre Output, auf den das System optimiert wird – sondern Wärme, weil Wärme den größten Teil des Energiebedarfs ausmacht. Der Strom kommt als wertvolles Nebenprodukt hinzu. Diese konzeptionelle Verschiebung ist fundamental: Sie dreht die Logik des heutigen zentralen Stromsystems um und passt das Energiesystem an die tatsächlichen Bedürfnisse seiner Nutzer an.

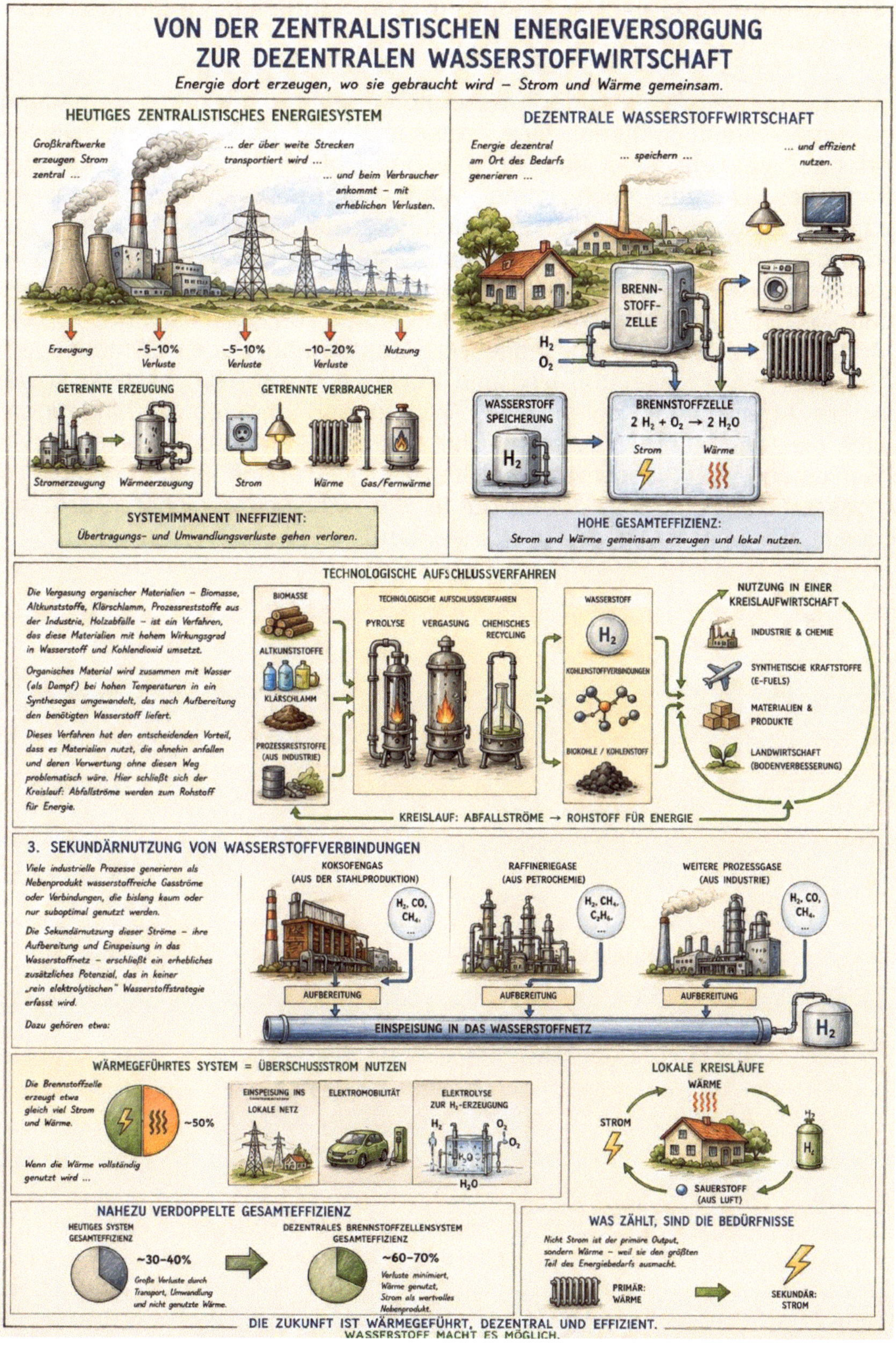

VON DER ZENTRALISTISCHEN ENERGIEVERSORGUNG ZUR DEZENTRALEN WASSERSTOFFWIRTSCHAFT
Energie dort erzeugen, wo sie gebraucht wird – Strom und Wärme gemeinsam.
HEUTIGES ZENTRALISTISCHES ENERGIESYSTEM
Großkraftwerke erzeugen Strom zentral ...
... der über weite Strecken transportiert wird ...
... und beim Verbraucher ankommt – mit erheblichen Verlusten.
Erzeugung
-5–10% Verluste
-5–10% Verluste
-10–20% Verluste
Nutzung
GETRENNTE ERZEUGUNG
Stromerzeugung
Wärmeerzeugung
GETRENNTE VERBRAUCHER
Strom
Wärme
Gas/Fernwärme
SYSTEMIMMANENT INEFFIZIENT:
Übertragungs- und Umwandlungsverluste gehen verloren.
DEZENTRALE WASSERSTOFFWIRTSCHAFT
Energie dezentral am Ort des Bedarfs generieren ...
... speichern ...
... und effizient nutzen.
BRENN-STOFF-ZELLE
H_2
O_2
WASSERSTOFF SPEICHERUNG
H_2
BRENNSTOFFZELLE
$2 H_2 + O_2 \rightarrow 2 H_2O$
Strom
Wärme
HOHE GESAMTEFFIZIENZ:
Strom und Wärme gemeinsam erzeugen und lokal nutzen.
TECHNOLOGISCHE AUFSCHLUSSVERFAHREN
Die Vergasung organischer Materialien – Biomasse, Altkunststoffe, Klärschlamm, Prozessreststoffe aus der Industrie, Holzabfälle – ist ein Verfahren, das diese Materialien mit hohem Wirkungsgrad in Wasserstoff und Kohlendioxid umsetzt.
Organisches Material wird zusammen mit Wasser (als Dampf) bei hohen Temperaturen in ein Synthesegas umgewandelt, das nach Aufbereitung den benötigten Wasserstoff liefert.
Dieses Verfahren hat den entscheidenden Vorteil, dass es Materialien nutzt, die ohnehin anfallen und deren Verwertung ohne diesen Weg problematisch wäre. Hier schließt sich der Kreislauf: Abfallströme werden zum Rohstoff für Energie.
BIOMASSE
ALTKUNSTSTOFFE
KLÄRSCHLAMM
PROZESSRESTSTOFFE (AUS INDUSTRIE)
TECHNOLOGISCHE AUFSCHLUSSVERFAHREN
PYROLYSE
VERGASUNG
CHEMISCHES RECYCLING
WASSERSTOFF
H_2
KOHLENSTOFFVERBINDUNGEN
BIOKOHLE / KOHLENSTOFF
NUTZUNG IN EINER KREISLAUFWIRTSCHAFT
INDUSTRIE & CHEMIE
SYNTHETISCHE KRAFTSTOFFE (E-FUELS)
MATERIALIEN & PRODUKTE
LANDWIRTSCHAFT (BODENVERBESSERUNG)
KREISLAUF: ABFALLSTRÖME → ROHSTOFF FÜR ENERGIE
3. SEKUNDÄRNUTZUNG VON WASSERSTOFFVERBINDUNGEN
Viele industrielle Prozesse generieren als Nebenprodukt wasserstoffreiche Gasströme oder Verbindungen, die bislang kaum oder nur suboptimal genutzt werden.
Die Sekundärnutzung dieser Ströme – ihre Aufbereitung und Einspeisung in das Wasserstoffnetz – erschließt ein erhebliches zusätzliches Potenzial, das in keiner „rein elektrolytischen" Wasserstoffstrategie erfasst wird.
Dazu gehören etwa:
KOKSOFENGAS (AUS DER STAHLPRODUKTION)
H_2, CO, CH_4, ...
RAFFINERIEGASE (AUS PETROCHEMIE)
H_2, CH_4, C_2H_6, ...
WEITERE PROZESSGASE (AUS INDUSTRIE)
H_2, CO, CH_4, ...
AUFBEREITUNG
AUFBEREITUNG
AUFBEREITUNG
EINSPEISUNG IN DAS WASSERSTOFFNETZ
H_2
WÄRMEGEFÜHRTES SYSTEM = ÜBERSCHUSSSTROM NUTZEN
Die Brennstoffzelle erzeugt etwa gleich viel Strom und Wärme.
~50%
Wenn die Wärme vollständig genutzt wird ...
EINSPEISUNG INS LOKALE NETZ
ELEKTROMOBILITÄT
ELEKTROLYSE ZUR H_2-ERZEUGUNG
H_2
O_2
H_2O
LOKALE KREISLÄUFE
WÄRME
STROM
H_2
SAUERSTOFF (AUS LUFT)
NAHEZU VERDOPPELTE GESAMTEFFIZIENZ
HEUTIGES SYSTEM GESAMTEFFIZIENZ
~30–40%
Große Verluste durch Transport, Umwandlung und nicht genutzte Wärme.
DEZENTRALES BRENNSTOFFZELLENSYSTEM GESAMTEFFIZIENZ
~60–70%
Verluste minimiert, Wärme genutzt, Strom als wertvolles Nebenprodukt.
WAS ZÄHLT, SIND DIE BEDÜRFNISSE
Nicht Strom ist der primäre Output, sondern Wärme – weil sie den größten Teil des Energiebedarfs ausmacht.
PRIMÄR: WÄRME
SEKUNDÄR: STROM
DIE ZUKUNFT IST WÄRMEGEFÜHRT, DEZENTRAL UND EFFIZIENT.
WASSERSTOFF MACHT ES MÖGLICH.

Dezentral statt zentral

2.3 Vergasung organischer Reststoffe: Der Schlüssel zur Mengenversorgung

Als mengenseitige Basis der Wasserstoffgenerierung wird die Vergasung von organischem Material eine entscheidende Rolle spielen. Dieses Verfahren verdient eine ausführliche Betrachtung, denn es ist in der öffentlichen Debatte noch immer stark unterrepräsentiert, obwohl es technisch ausgereift ist und ein enormes Potenzial bietet.

Bei der Vergasung wird organisches Material – Biomasse, Holzabfälle, organische Reststoffe – unter Zugabe von Wasser (als Dampf) und kontrolliertem Sauerstoffgehalt bei Temperaturen von typischerweise 700 bis 1.400 Grad Celsius chemisch umgesetzt. Das Ergebnis ist ein Synthesegas, das primär aus Wasserstoff (H_2) und Kohlenmonoxid (CO) besteht, sowie kleinere Anteile von Kohlendioxid, Methan und anderen Verbindungen. Durch die sogenannte Wassergas-Shift-Reaktion kann das Kohlenmonoxid anschließend mit Wasserdampf weiter zu Wasserstoff und Kohlendioxid umgesetzt werden, sodass am Ende ein wasserstoffreicher Gasstrom entsteht, der weiter aufgereinigt werden kann.

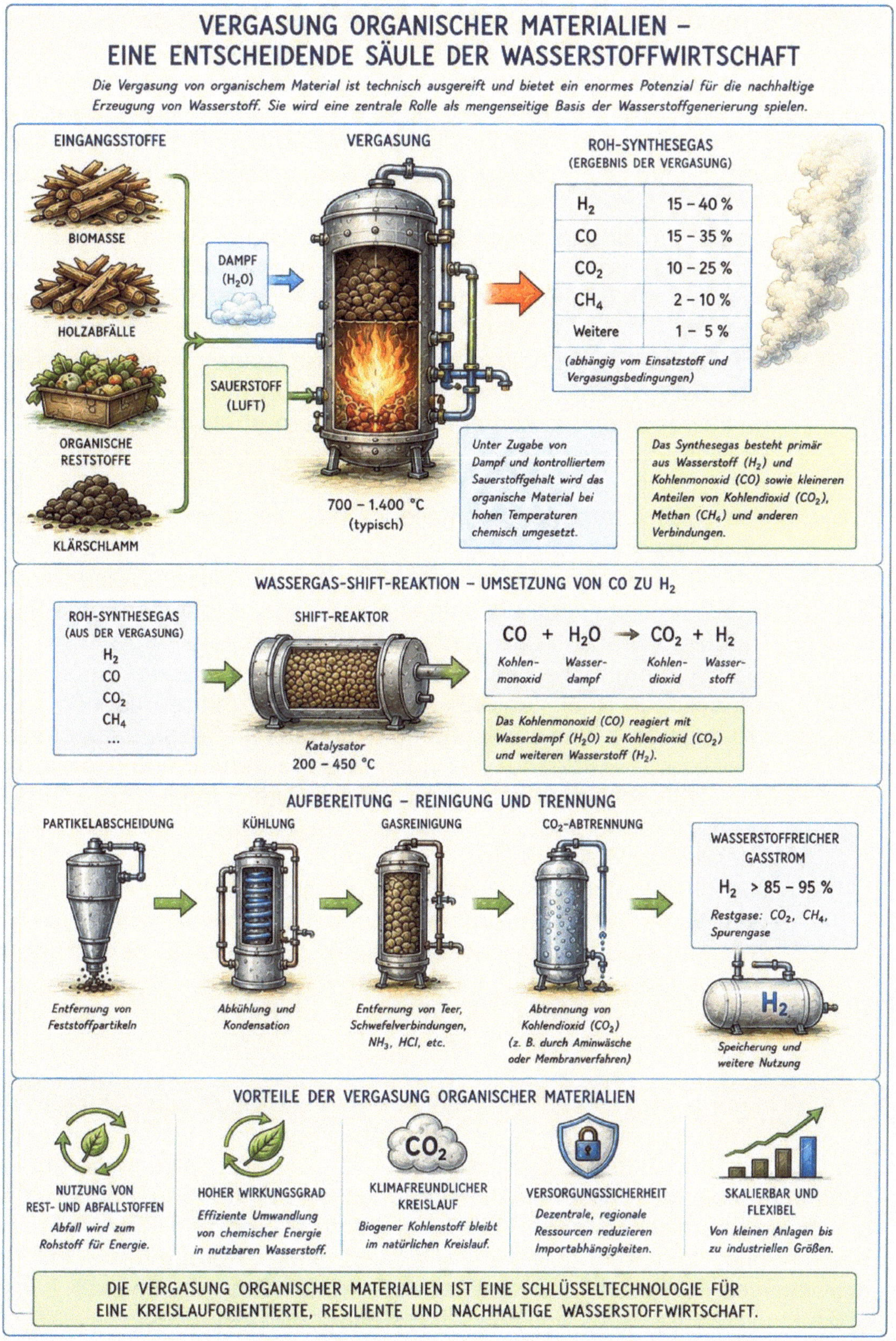
VERGASUNG ORGANISCHER MATERIALIEN –
EINE ENTSCHEIDENDE SÄULE DER WASSERSTOFFWIRTSCHAFT
Die Vergasung von organischem Material ist technisch ausgereift und bietet ein enormes Potenzial für die nachhaltige Erzeugung von Wasserstoff. Sie wird eine zentrale Rolle als mengenseitige Basis der Wasserstoffgenerierung spielen.
EINGANGSSTOFFE
BIOMASSE
HOLZABFÄLLE
ORGANISCHE RESTSTOFFE
KLÄRSCHLAMM
VERGASUNG
DAMPF (H_2O)
SAUERSTOFF (LUFT)
700 – 1.400 °C (typisch)
ROH-SYNTHESEGAS (ERGEBNIS DER VERGASUNG)
H_2 15 – 40 %
CO 15 – 35 %
CO_2 10 – 25 %
CH_4 2 – 10 %
Weitere 1 – 5 %
(abhängig vom Einsatzstoff und Vergasungsbedingungen)
Unter Zugabe von Dampf und kontrolliertem Sauerstoffgehalt wird das organische Material bei hohen Temperaturen chemisch umgesetzt.
Das Synthesegas besteht primär aus Wasserstoff (H_2) und Kohlenmonoxid (CO) sowie kleineren Anteilen von Kohlendioxid (CO_2), Methan (CH_4) und anderen Verbindungen.
WASSERGAS-SHIFT-REAKTION – UMSETZUNG VON CO ZU H_2
ROH-SYNTHESEGAS (AUS DER VERGASUNG)
H_2
CO
CO_2
CH_4
...
SHIFT-REAKTOR
Katalysator
200 – 450 °C
$CO + H_2O \rightarrow CO_2 + H_2$
Kohlen-monoxid
Wasser-dampf
Kohlen-dioxid
Wasser-stoff
Das Kohlenmonoxid (CO) reagiert mit Wasserdampf (H_2O) zu Kohlendioxid (CO_2) und weiteren Wasserstoff (H_2).
AUFBEREITUNG – REINIGUNG UND TRENNUNG
PARTIKELABSCHEIDUNG
Entfernung von Feststoffpartikeln
KÜHLUNG
Abkühlung und Kondensation
GASREINIGUNG
Entfernung von Teer, Schwefelverbindungen, NH_3, HCl, etc.
CO_2-ABTRENNUNG
Abtrennung von Kohlendioxid (CO_2) (z. B. durch Aminwäsche oder Membranverfahren)
WASSERSTOFFREICHER GASSTROM
H_2 > 85 – 95 %
Restgase: CO_2, CH_4, Spurengase
H_2
Speicherung und weitere Nutzung
VORTEILE DER VERGASUNG ORGANISCHER MATERIALIEN
NUTZUNG VON REST- UND ABFALLSTOFFEN
Abfall wird zum Rohstoff für Energie.
HOHER WIRKUNGSGRAD
Effiziente Umwandlung von chemischer Energie in nutzbaren Wasserstoff.
CO_2
KLIMAFREUNDLICHER KREISLAUF
Biogener Kohlenstoff bleibt im natürlichen Kreislauf.
VERSORGUNGSSICHERHEIT
Dezentrale, regionale Ressourcen reduzieren Importabhängigkeiten.
SKALIERBAR UND FLEXIBEL
Von kleinen Anlagen bis zu industriellen Größen.
DIE VERGASUNG ORGANISCHER MATERIALIEN IST EINE SCHLÜSSELTECHNOLOGIE FÜR EINE KREISLAUFORIENTIERTE, RESILIENTE UND NACHHALTIGE WASSERSTOFFWIRTSCHAFT.

Vergasung organischer Reststoffe

Das Bemerkenswerte an diesem Prozess ist seine Breite: Als Eingangsrohstoffe können nahezu alle organischen Materialien dienen. Das Konzept sieht dabei ausdrücklich vor, nicht primär eigens angebaute Energiepflanzen zu nutzen – das wäre eine Konkurrenz zur Nahrungsmittelproduktion und ländlichen Flächennutzung, die vermieden werden sollte. Stattdessen stehen folgende Reststoffströme im Mittelpunkt:

- Biogene Reststoffe aus der Landwirtschaft: Stroh, Grünschnitt, überschüssige Ernährungsrückstände und ähnliche Materialien, die heute oft auf den Feldern verbleiben oder auf Deponien landen.
- Reststoffe aus Garten- und Landschaftspflege: Der jährlich anfallende Grünschnitt aus Parks, Straßengrün und Privatgärten repräsentiert eine Biomassemenge von erheblichem Umfang, die heute überwiegend kompostiert oder verbrannt wird.
- Reststoffe aus der Forstwirtschaft: Holzabfälle, Rinde, minderwertiges Holz und ähnliche Materialien, die bei der Holzernte und Holzverarbeitung anfallen und für den Holzmarkt nicht verwertbar sind.
- Reststoffe aus der Lebensmittelindustrie: Schalen, Trester, Molke, Knochen, nicht verkaufsfähige Lebensmittel und andere organische Produktionsrückstände der Nahrungsmittelherstellung.
- Klärschlamm: Die bei der Abwasserbehandlung anfallenden organischen Rückstände sind energiereich und repräsentieren ein erhebliches, bislang weitgehend ungenutztes Wasserstoffpotenzial. Gleichzeitig würde ihre thermochemische Verwertung das Problem der Klärschlammentsorgung – heute eine der großen Herausforderungen der kommunalen Abwasserwirtschaft – auf nachhaltige Weise lösen.
- Nicht recycelbare Kunststoffe: Kunststoffe, die aus technischen oder wirtschaftlichen Gründen nicht mechanisch recycelt werden können, sind kohlenwasserstoffreich und damit hervorragende Vergasungsrohstoffe. Ihre thermochemische Verwertung zu Wasserstoff schließt den Kreislauf und verhindert, dass diese Materialien in Deponien, Meere oder die Atmosphäre gelangen.

Der Umgang mit diesen Reststoffströmen ist auch ein Anliegen der Ökologie, das über die reine Energieversorgung hinausgeht. Nicht recycelbare Kunststoffe, die heute in der Umwelt akkumulieren und zunehmend als Mikroplastik in die Nahrungskette eindringen, können durch die thermochemische Verwertung einer kontrollierten und nutzbringenden Verwendung zugeführt werden. Das ist kein Kompromiss mit der Kreislaufidee, sondern ihre konsequente Anwendung: Auch hier ist das Produkt eines Prozesses der Ausgangsstoff für den nächsten.

VIELFALT ALS STÄRKE – RESTSTOFFE ALS ROHSTOFFE
DIE BREITE BASIS DER VERGASUNG
Das Konzept der ökologischen Wasserstoffwirtschaft nutzt nicht eigens angebaute Energiepflanzen, sondern die vielfalt der Reststoffe, die heute ungenutzt bleiben, verbrannt oder entsorgt werden, Diese Reststoffströme sind die Grundlage für eine nachhaltige Wasserstoffproduktion.
RESTSTOFFSTRÖME
Eingangsrohstoffe
VERGASUNG
Thermochemische Umwandlung
PRODUKTE UND NUTZEN
1. BIOGENE RESTSTOFFE AUS DER LANDWIRTSCHAFT
Stroh, Grünschnitt, überschüssige Ernährungsrückstände und ähnliche Materialien, die heute oft auf den Feldern verbleiben oder auf Deponien landen.
2. RESTSTOFFE AUS GARTEN- UND LANDSCHAFTSPLEGE
Der jährlich anfallende Grünschnitt aus Parks, Straßengrün und Privatgärten – eine bislang weitgehend ungenutzte Biomassequelle.
3. RESTSTOFFE AUS DER FORSTWIRTSCHAFT
Holzabfälle, Rinde, minderwertiges Holz und ähnliche Materialien, die bei der Holzernte und Holzbearbeitung anfallen und für den Holzmarkt nicht verwertbar sind.
4. RESTSTOFFE AUS DER LEBENSMITTELINDUSTRIE
Schalen, Trester, Molke, Knochen, nicht verkaufsfähige Lebensmittel und andere organische Produktionsrückstände.
5. KLÄRSCHLAMM
Die bei der Abwasserbehandlung anfallenden organischen Rückstände sind energiereich und repräsentieren ein erhebliches, bislang weitgehend ungenutztes Wasserstoffpotenzial. Gleichzeitig wird das Problem einer schwierigen Entsorgung nachhaltig gelöst.
6. NICHT RECYCELBARE KUNSTSTOFFE
Kunststoffe, die aus technischen oder wirtschaftlichen Gründen nicht mechanisch recycelt werden können, sind kohlenwasserstoffreich und hervorragende Vergasungsrohstoffe.
VERGASUNGSANLAGE
SYNTHESEGAS
H_2, CO, CO_2, CH_4, ...
AUFBEREITUNG
WASSERGAS-SHIFT-REAKTION
UND REINIGUNG
WASSERSTOFF (H_2)
HOHE REINHEIT
Erzeugung von sauberer Energie und Wasserstoff – statt Verrotten, Verbrennen oder Deponierung.
Nutzung statt Kompostierung oder Verbrennung – wertvolle Energie aus kommunalen Grünabfällen.
Wertschöpfung aus bislang ungenutztem Holzrest – kein Eingriff in hochwertige Holznutzung.
Verwertung von Produktionsrückständen – weniger Abfall, mehr Energie und Wasserstoff aus der Lebensmittelkette.
Nachhaltige Lösung für die Klärschlammentsorgung und Gewinnung von Energie und Wasserstoff.
Verhindert die Verschmutzung von Umwelt und Ozeanen – wandelt Problemstoffe in nutzbare Energie um.
MEHR ALS ENERGIE – EIN BEITRAG ZUR ÖKOLOGIE UND KREISLAUFWIRTSCHAFT
Die thermochemische Verwertung dieser Reststoffe ist kein Kompromiss mit der Kreislaufidee, sondern ihre konsequente Anwendung: Auch hier ist das Produkt eines Prozesses der Ausgangsstoff für den nächsten.
H_2
RESTSTOFFE FALLEN AN (IN HAUSHALT, WIRTSCHAFT UND KOMMUNEN)
THERMOCHEMISCHE VERWERTUNG (VERGASUNG)
WASSERSTOFF UND WEITERE PRODUKTE ENTSTEHEN
NUTZUNG VON ENERGIE UND WÄRME IN ALLEN BEREICHEN
WENIGER ABFALL, WENIGER EMISSIONEN, MEHR NACHHALTIGKEIT
DER KREIS SCHLIESST SICH
SO WIRD AUS RESTSTOFFEN ROHSTOFF – UND AUS PROBLEMEN LÖSUNGEN.
FÜR EINE SAUBERE, RESILIENTE UND NACHHALTIGE WASSERSTOFFZUKUNFT.

Vielfalt als Stärke

2.4 CO_2-Neutralität: Was sie bedeutet und warum sie gilt

Die projektierte Wasserstoffwirtschaft ist als CO_2-neutral anzusehen. Diese Aussage bedarf einer sorgfältigen Erklärung, denn sie wird leicht missverstanden – entweder als Übertreibung abgetan oder als Selbstverständlichkeit akzeptiert, ohne dass ihr Gehalt wirklich durchdrungen wird.

CO_2-Neutralität bedeutet in diesem Kontext nicht, dass kein Kohlendioxid entsteht. Beim Vergasungsprozess, bei der Verbrennung oder bei der Reformierung organischer Materialien entsteht CO_2 – das lässt sich nicht vermeiden. CO_2-Neutralität bedeutet vielmehr, dass **nur Kohlenwasserstoffe eingesetzt werden, die sich bereits in der Biosphäre befinden**. Das ist ein entscheidender Unterschied zu fossilen Brennstoffen.

Fossile Brennstoffe – Kohle, Erdöl, Erdgas – enthalten Kohlenstoff, der über Millionen von Jahren in der Erdkruste gebunden war und de facto außerhalb des aktiven atmosphärischen Kreislaufs lag. Wenn wir diesen Kohlenstoff verbrennen, fügen wir dem atmosphärischen Kreislauf eine neue, zusätzliche Menge CO_2 hinzu. Das ist der Kern des Klimaproblems: nicht CO_2 an sich, sondern fossilem Kohlenstoff, der aus dem geologischen Speicher in den atmosphärischen Kreislauf transferiert wird.

Bei biogenen Reststoffen und Altkunststoffen verhält sich das grundlegend anders. Biomasse hat den Kohlenstoff, den sie enthält, durch Photosynthese aus der Atmosphäre aufgenommen. Wenn diese Biomasse verwertet wird und dabei CO_2 freigesetzt wird, kehrt dieses CO_2 in den atmosphärischen Kreislauf zurück – von dem es erst kurz zuvor entnommen wurde. Per Saldo ändert sich die atmosphärische CO_2-Konzentration nicht. Kunststoffe aus fossilen Quellen sind zwar aus Erdöl und Erdgas hergestellt worden – ihr Kohlenstoff befindet sich aber schon längst in der Biosphäre. Ihre thermochemische Verwertung bringt keinen „neuen" Kohlenstoff in das System, sondern schließt einen Kreis, der ohnehin geschlossen werden muss.

Hier eröffnet sich auch eine wichtige Perspektive auf das Verhältnis von Defossilisierung und Kreislaufwirtschaft. Die Defossilisierung bedeutet nicht, dass organische Reststoffe und Kunststoffe verschwinden werden. Selbst in einer vollständig defossilisierten Wirtschaft wird es biogene Kunststoffe, Faserverbundwerkstoffe und andere organische Materialien geben, die am Ende ihres Lebensweges einer Verwertung bedürfen. Und die bereits in der Umwelt befindlichen Kunststoffmengen – in Ozeanen, Böden und Gewässern akkumuliert – müssen eingesammelt und einer sinnvollen Verwertung zugeführt werden, um ihr weiteres Eindringen in die Nahrungskette zu verhindern. Das ökologische Wasserstoffwirtschaftssystem bietet genau dafür einen Verwertungspfad.

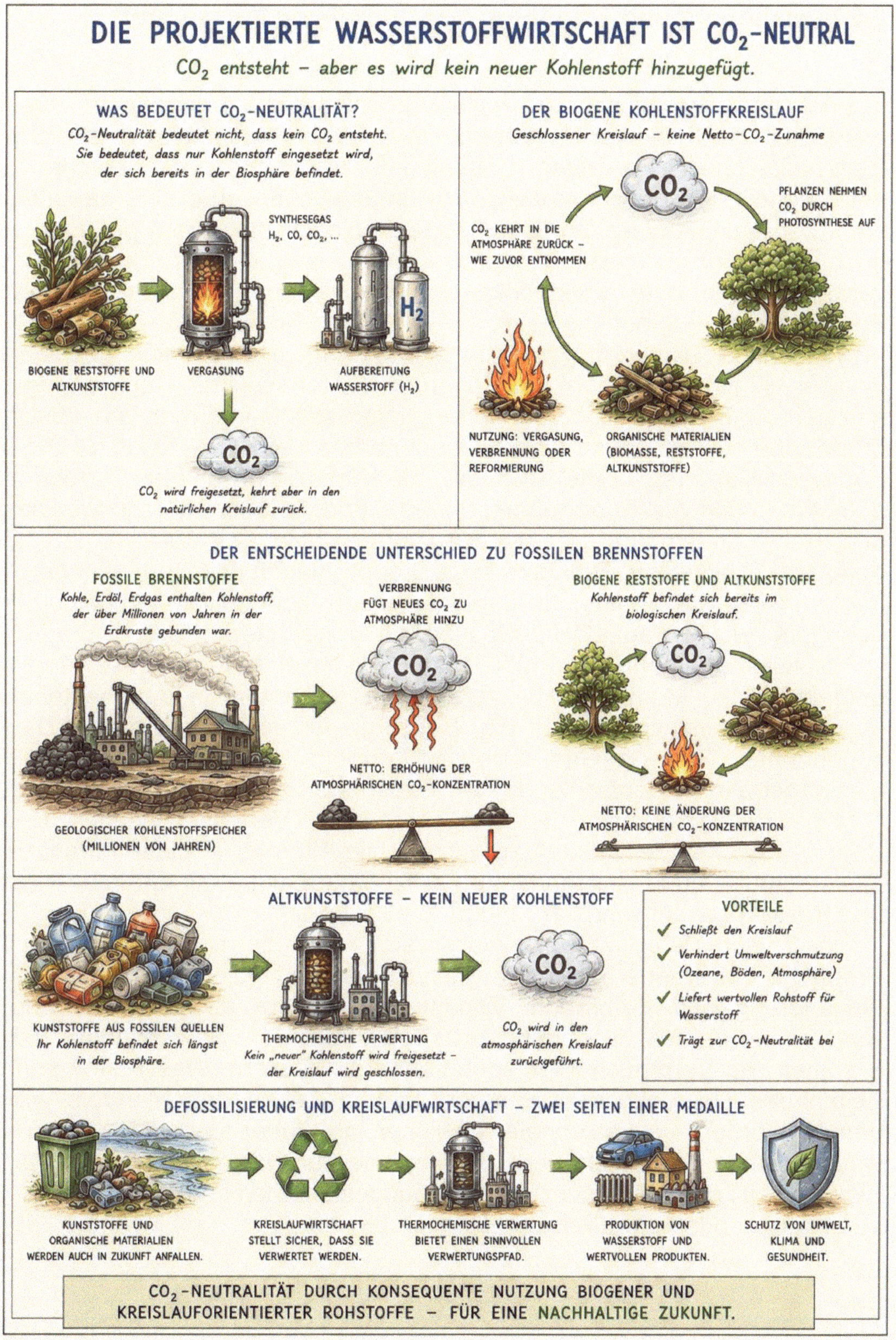
DIE PROJEKTIERTE WASSERSTOFFWIRTSCHAFT IST CO_2-NEUTRAL
CO_2 entsteht – aber es wird kein neuer Kohlenstoff hinzugefügt.
WAS BEDEUTET CO_2-NEUTRALITÄT?
CO_2-Neutralität bedeutet nicht, dass kein CO_2 entsteht. Sie bedeutet, dass nur Kohlenstoff eingesetzt wird, der sich bereits in der Biosphäre befindet.
SYNTHESEGAS H_2, CO, CO_2, ...
H_2
BIOGENE RESTSTOFFE UND ALTKUNSTSTOFFE
VERGASUNG
AUFBEREITUNG WASSERSTOFF (H_2)
CO_2
CO_2 wird freigesetzt, kehrt aber in den natürlichen Kreislauf zurück.
DER BIOGENE KOHLENSTOFFKREISLAUF
Geschlossener Kreislauf – keine Netto-CO_2-Zunahme
CO_2
PFLANZEN NEHMEN CO_2 DURCH PHOTOSYNTHESE AUF
CO_2 KEHRT IN DIE ATMOSPHÄRE ZURÜCK – WIE ZUVOR ENTNOMMEN
NUTZUNG: VERGASUNG, VERBRENNUNG ODER REFORMIERUNG
ORGANISCHE MATERIALIEN (BIOMASSE, RESTSTOFFE, ALTKUNSTSTOFFE)
DER ENTSCHEIDENDE UNTERSCHIED ZU FOSSILEN BRENNSTOFFEN
FOSSILE BRENNSTOFFE
Kohle, Erdöl, Erdgas enthalten Kohlenstoff, der über Millionen von Jahren in der Erdkruste gebunden war.
GEOLOGISCHER KOHLENSTOFFSPEICHER (MILLIONEN VON JAHREN)
VERBRENNUNG FÜGT NEUES CO_2 ZU ATMOSPHÄRE HINZU
CO_2
NETTO: ERHÖHUNG DER ATMOSPHÄRISCHEN CO_2-KONZENTRATION
BIOGENE RESTSTOFFE UND ALTKUNSTSTOFFE
Kohlenstoff befindet sich bereits im biologischen Kreislauf.
CO_2
NETTO: KEINE ÄNDERUNG DER ATMOSPHÄRISCHEN CO_2-KONZENTRATION
ALTKUNSTSTOFFE – KEIN NEUER KOHLENSTOFF
KUNSTSTOFFE AUS FOSSILEN QUELLEN
Ihr Kohlenstoff befindet sich längst in der Biosphäre.
THERMOCHEMISCHE VERWERTUNG
Kein „neuer" Kohlenstoff wird freigesetzt – der Kreislauf wird geschlossen.
CO_2
CO_2 wird in den atmosphärischen Kreislauf zurückgeführt.
VORTEILE
✓ Schließt den Kreislauf
✓ Verhindert Umweltverschmutzung (Ozeane, Böden, Atmosphäre)
✓ Liefert wertvollen Rohstoff für Wasserstoff
✓ Trägt zur CO_2-Neutralität bei
DEFOSSILISIERUNG UND KREISLAUFWIRTSCHAFT – ZWEI SEITEN EINER MEDAILLE
KUNSTSTOFFE UND ORGANISCHE MATERIALIEN WERDEN AUCH IN ZUKUNFT ANFALLEN.
KREISLAUFWIRTSCHAFT STELLT SICHER, DASS SIE VERWERTET WERDEN.
THERMOCHEMISCHE VERWERTUNG BIETET EINEN SINNVOLLEN VERWERTUNGSPFAD.
PRODUKTION VON WASSERSTOFF UND WERTVOLLEN PRODUKTEN.
SCHUTZ VON UMWELT, KLIMA UND GESUNDHEIT.
CO_2-NEUTRALITÄT DURCH KONSEQUENTE NUTZUNG BIOGENER UND KREISLAUFORIENTIERTER ROHSTOFFE – FÜR EINE NACHHALTIGE ZUKUNFT.

CO_2-Neutralität

2.5 Speicherung und Transport: Der Vorteil von Wasserstoff

Einer der systemischen Vorteile von Wasserstoff gegenüber direkter Elektrizität liegt in seiner Speicherfähigkeit. Strom ist schwer zu speichern: Batteriespeicher sind teuer, haben eine begrenzte Energiedichte und unterliegen Degradationsprozessen. Pumpspeicherwerke sind geografisch stark begrenzt. Andere Großspeichertechnologien für Strom befinden sich noch im Entwicklungsstadium oder sind bislang nicht in dem Maßstab verfügbar, den eine vollständig auf erneuerbaren Quellen basierende Energieversorgung benötigt.

Wasserstoff hingegen kann in bestehender Infrastruktur gespeichert werden: in Druckbehältern, in Kavernen (unterirdischen Hohlräumen), in salzigen Aquiferen – und, besonders interessant, in Form von flüssigen organischen Wasserstoffträgern (sogenannte LOHC – Liquid Organic Hydrogen Carriers). LOHC sind Öle, die Wasserstoff chemisch gebunden aufnehmen und wieder abgeben können – und die über bestehende Diesel- und Heizölinfrastruktur transportiert und gelagert werden können. Das bedeutet: Tankstellen, Tankfahrzeuge, Lageranlagen und Rohrleitungen, die heute für flüssige Brennstoffe genutzt werden, können mit verhältnismäßig geringem Aufwand auf LOHC-Wasserstoff umgerüstet werden.

Zusätzlich besteht die Möglichkeit, Wasserstoff und Kohlendioxid gemeinsam zu Methan (CH_4) zu methanisieren und in das bestehende Erdgasnetz einzuspeisen – als Substitut für fossiles Erdgas. Dieses sogenannte Power-to-Gas-Verfahren ermöglicht es, die bestehende Gasinfrastruktur Deutschlands – Tausende Kilometer Rohrleitungen, Gasspeicher mit enormem Fassungsvermögen, Verteilnetzwerke – für die Energiewirtschaft der Zukunft zu nutzen. Die Alternative, diese Infrastruktur zu verschrotten und vollständig neu aufzubauen, wäre mit enormen Kosten und Ressourcenaufwand verbunden.

Die Speicherfähigkeit von Wasserstoff löst eines der drängendsten Probleme des erneuerbaren Energiesystems: die zeitliche Entkopplung von Generierung und Verbrauch. Windstrom wird vor allem nachts und in windreichen Jahreszeiten generiert; Solarstrom vor allem mittags und im Sommer. Der Verbrauch folgt jedoch anderen Mustern. Wasserstoff kann in Zeiten des Überschusses generiert und in Zeiten des Mangels wieder genutzt werden – als saisonaler Speicher, als Puffer für den täglichen und wöchentlichen Ausgleich und als Reserve für Extremsituationen. Diese Flexibilität ist der Schlüssel zur Versorgungssicherheit in einem System, das auf fluktuierenden erneuerbaren Quellen basiert.

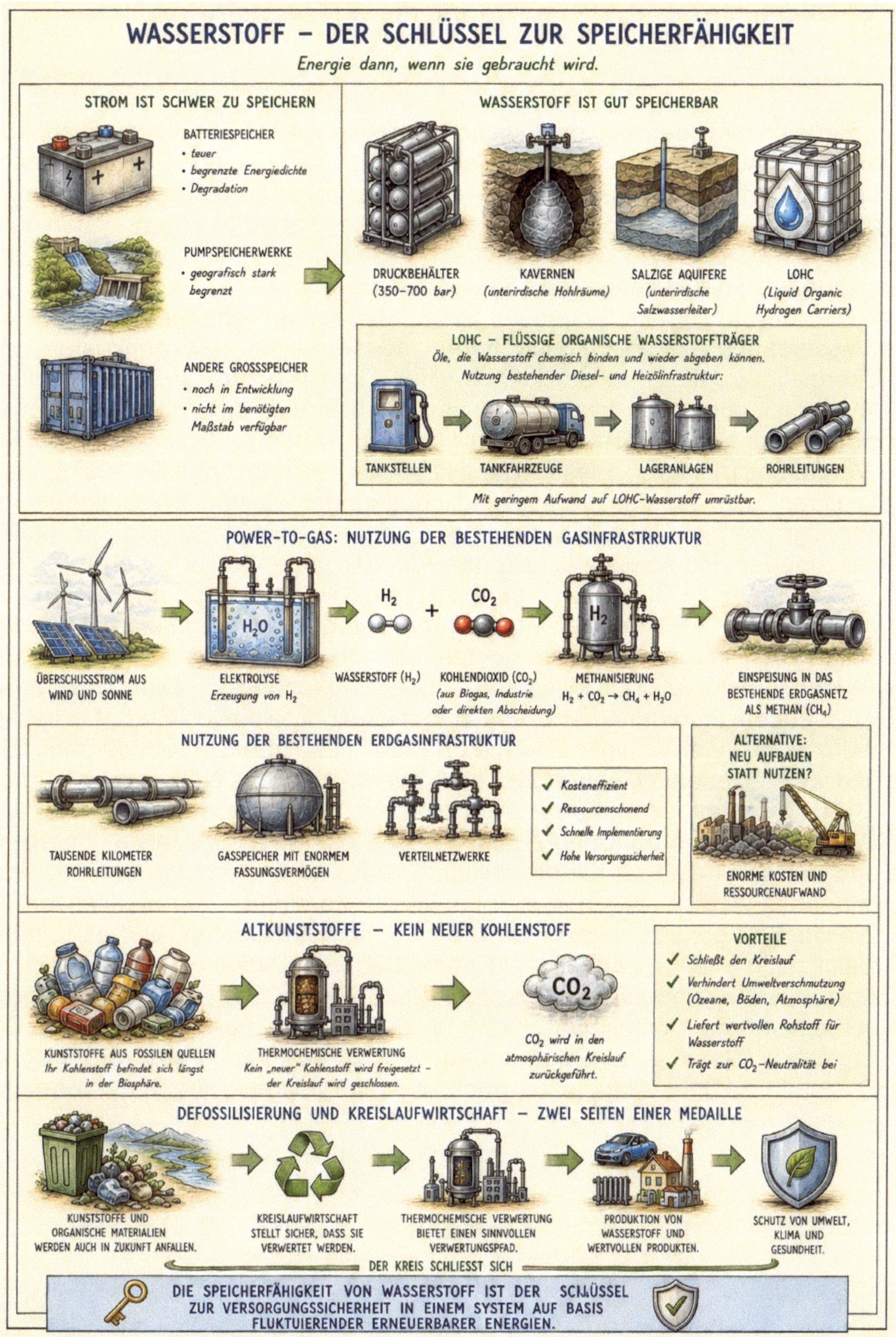
WASSERSTOFF – DER SCHLÜSSEL ZUR SPEICHERFÄHIGKEIT
Energie dann, wenn sie gebraucht wird.
STROM IST SCHWER ZU SPEICHERN
BATTERIESPEICHER
• teuer
• begrenzte Energiedichte
• Degradation
PUMPSPEICHERWERKE
• geografisch stark begrenzt
ANDERE GROSSSPEICHER
• noch in Entwicklung
• nicht im benötigten Maßstab verfügbar
WASSERSTOFF IST GUT SPEICHERBAR
DRUCKBEHÄLTER (350–700 bar)
KAVERNEN (unterirdische Hohlräume)
SALZIGE AQUIFERE (unterirdische Salzwasserleiter)
LOHC (Liquid Organic Hydrogen Carriers)
LOHC – FLÜSSIGE ORGANISCHE WASSERSTOFFTRÄGER
Öle, die Wasserstoff chemisch binden und wieder abgeben können.
Nutzung bestehender Diesel- und Heizölinfrastruktur:
TANKSTELLEN
TANKFAHRZEUGE
LAGERANLAGEN
ROHRLEITUNGEN
Mit geringem Aufwand auf LOHC-Wasserstoff umrüstbar.
POWER-TO-GAS: NUTZUNG DER BESTEHENDEN GASINFRASTRRUKTUR
H2O
H2
CO2
ÜBERSCHUSSSTROM AUS WIND UND SONNE
ELEKTROLYSE
Erzeugung von H2
WASSERSTOFF (H2)
KOHLENDIOXID (CO2)
(aus Biogas, Industrie oder direkten Abscheidung)
METHANISIERUNG
H2 + CO2 → CH4 + H2O
EINSPEISUNG IN DAS BESTEHENDE ERDGASNETZ ALS METHAN (CH4)
NUTZUNG DER BESTEHENDEN ERDGASINFRASTRUKTUR
TAUSENDE KILOMETER ROHRLEITUNGEN
GASSPEICHER MIT ENORMEM FASSUNGSVERMÖGEN
VERTEILNETZWERKE
✓ Kosteneffizient
✓ Ressourcenschonend
✓ Schnelle Implementierung
✓ Hohe Versorgungssicherheit
ALTERNATIVE: NEU AUFBAUEN STATT NUTZEN?
ENORME KOSTEN UND RESSOURCENAUFWAND
ALTKUNSTSTOFFE – KEIN NEUER KOHLENSTOFF
KUNSTSTOFFE AUS FOSSILEN QUELLEN
Ihr Kohlenstoff befindet sich längst in der Biosphäre.
THERMOCHEMISCHE VERWERTUNG
Kein „neuer" Kohlenstoff wird freigesetzt – der Kreislauf wird geschlossen.
CO2
CO2 wird in den atmosphärischen Kreislauf zurückgeführt.
VORTEILE
✓ Schließt den Kreislauf
✓ Verhindert Umweltverschmutzung (Ozeane, Böden, Atmosphäre)
✓ Liefert wertvollen Rohstoff für Wasserstoff
✓ Trägt zur CO2-Neutralität bei
DEFOSSILISIERUNG UND KREISLAUFWIRTSCHAFT – ZWEI SEITEN EINER MEDAILLE
KUNSTSTOFFE UND ORGANISCHE MATERIALIEN WERDEN AUCH IN ZUKUNFT ANFALLEN.
KREISLAUFWIRTSCHAFT STELLT SICHER, DASS SIE VERWERTET WERDEN.
THERMOCHEMISCHE VERWERTUNG BIETET EINEN SINNVOLLEN VERWERTUNGSPFAD.
PRODUKTION VON WASSERSTOFF UND WERTVOLLEN PRODUKTEN.
SCHUTZ VON UMWELT, KLIMA UND GESUNDHEIT.
DER KREIS SCHLIESST SICH
DIE SPEICHERFÄHIGKEIT VON WASSERSTOFF IST DER SCHLÜSSEL ZUR VERSORGUNGSSICHERHEIT IN EINEM SYSTEM AUF BASIS FLUKTUIERENDER ERNEUERBARER ENERGIEN.

Speicherung und Transport

2.6 Ökonomie des Systems: Warum die Wasserstoffwirtschaft wirtschaftlicher ist

Ein Konzept, das nur ökologisch überzeugend, aber wirtschaftlich nicht tragfähig ist, wird sich in der Realität nicht durchsetzen. Die ökologische Wasserstoffwirtschaft ist jedoch – bei systemisch korrekter Betrachtung – auch wirtschaftlich überzeugend. Diese These mag auf den ersten Blick verwundern, denn die Wasserstofftechnologie gilt gemeinhin noch als teuer. Warum also die Aussage, das System sei günstiger?

Die Antwort liegt im Systemvergleich. Man muss nicht nur die Kosten der Wasserstofftechnologie betrachten, sondern die Gesamtkosten der Energieversorgung einschließlich der Infrastruktur, die unterhalten, ausgebaut oder ersetzt werden muss. Und hier zeigt sich: Die Investitionen, die für eine Wasserstoffinfrastruktur benötigt werden – Wasserstofffabriken (Vergasungsanlagen, Elektrolyseure), Speicher und Logistik – sind nach heutigen Schätzungen voraussichtlich geringer als die Investitionen, die benötigt werden, um das heutige Energiesystem in Stand zu halten, auszubauen und an die wachsenden Anforderungen anzupassen.

Das heutige Stromnetz benötigt massive Erweiterungen, um die wachsenden Mengen erneuerbarer Energie zu transportieren und auszubalancieren. Allein die Kosten für den Netzausbau in Deutschland werden auf viele Milliarden Euro geschätzt. Die dezentrale Wasserstoffversorgung mit Brennstoffzellen könnte diesen Bedarf erheblich reduzieren – weil weniger Energie über das Netz transportiert werden muss und weil dezentrale Generatoren stabilisierend auf das Netz wirken können.

Hinzu kommt ein weiterer ökonomischer Hebel: die Generierung von Wasserstoff aus organischen Reststoffen. Diese Reststoffe fallen ohnehin an und müssen heute oft mit erheblichem Aufwand und Kosten entsorgt oder behandelt werden. Wenn dieselben Reststoffe stattdessen als Rohstoff für Wasserstoff genutzt werden, entfallen Entsorgungskosten, und es entsteht gleichzeitig ein wertvoller Energieträger. Dieser Doppeleffekt – Kostenvermeidung bei der Entsorgung und Erlöse aus dem Energieträger – verbessert die Wirtschaftlichkeit des Gesamtsystems erheblich. Das Ergebnis: Durch die Generierung von Wasserstoff aus organischen Reststoffen können langfristig auch die Energiepreise für Endverbraucher gesenkt werden.

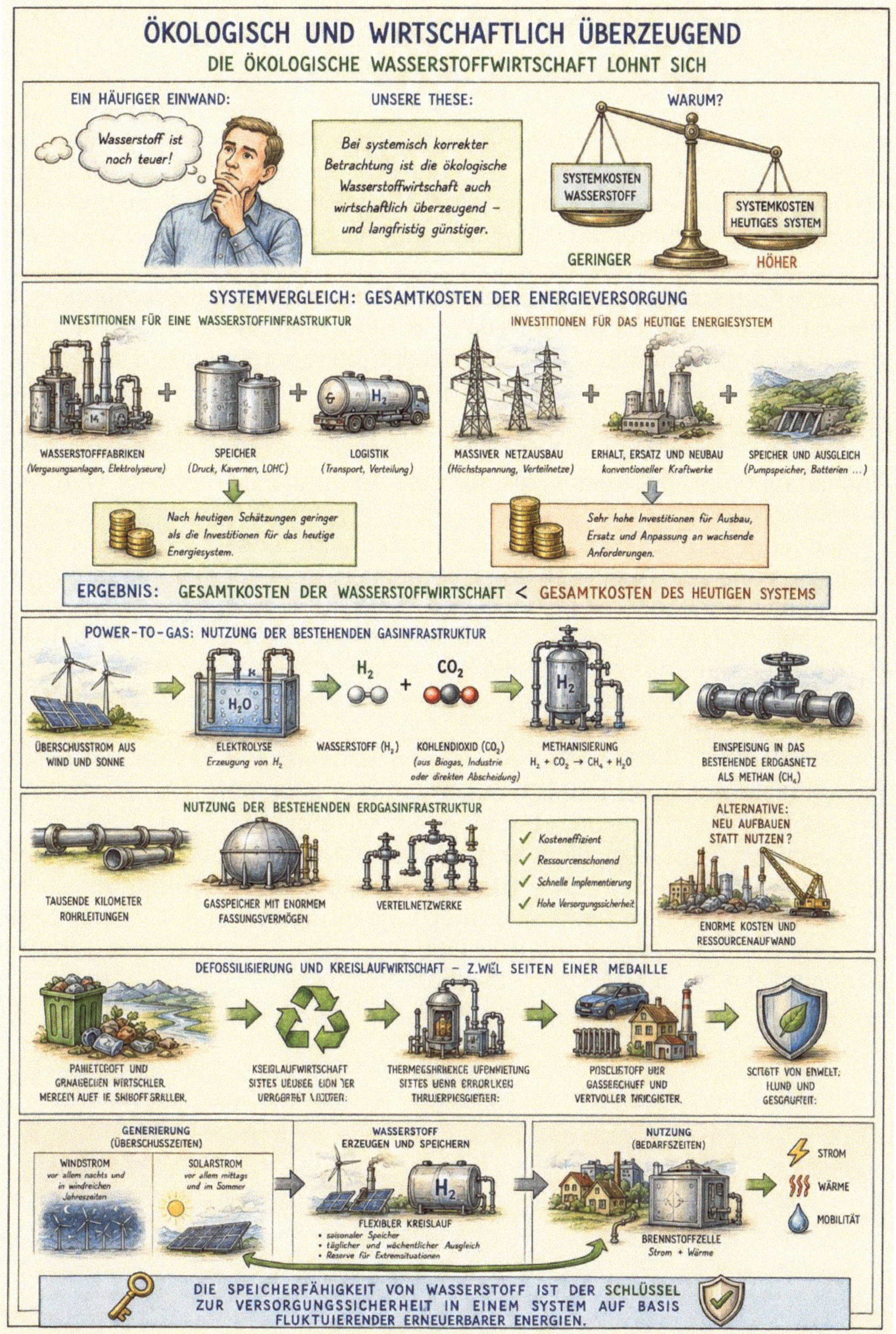
ÖKOLOGISCH UND WIRTSCHAFTLICH ÜBERZEUGEND
DIE ÖKOLOGISCHE WASSERSTOFFWIRTSCHAFT LOHNT SICH
EIN HÄUFIGER EINWAND:
Wasserstoff ist noch teuer!
UNSERE THESE:
Bei systemisch korrekter Betrachtung ist die ökologische Wasserstoffwirtschaft auch wirtschaftlich überzeugend – und langfristig günstiger.
WARUM?
SYSTEMKOSTEN WASSERSTOFF
SYSTEMKOSTEN HEUTIGES SYSTEM
GERINGER
HÖHER
SYSTEMVERGLEICH: GESAMTKOSTEN DER ENERGIEVERSORGUNG
INVESTITIONEN FÜR EINE WASSERSTOFFINFRASTRUKTUR
WASSERSTOFFFABRIKEN (Vergasungsanlagen, Elektrolyseure)
SPEICHER (Druck, Kavernen, LOHC)
LOGISTIK (Transport, Verteilung)
Nach heutigen Schätzungen geringer als die Investitionen für das heutige Energiesystem.
INVESTITIONEN FÜR DAS HEUTIGE ENERGIESYSTEM
MASSIVER NETZAUSBAU (Höchstspannung, Verteilnetze)
ERHALT, ERSATZ UND NEUBAU konventioneller Kraftwerke
SPEICHER UND AUSGLEICH (Pumpspeicher, Batterien ...)
Sehr hohe Investitionen für Ausbau, Ersatz und Anpassung an wachsende Anforderungen.
ERGEBNIS: GESAMTKOSTEN DER WASSERSTOFFWIRTSCHAFT < GESAMTKOSTEN DES HEUTIGEN SYSTEMS
POWER-TO-GAS: NUTZUNG DER BESTEHENDEN GASINFRASTRUKTUR
H_2O
H_2
CO_2
ÜBERSCHUSSSTROM AUS WIND UND SONNE
ELEKTROLYSE Erzeugung von H_2
WASSERSTOFF (H_2)
KOHLENDIOXID (CO_2) (aus Biogas, Industrie oder direkten Abscheidung)
METHANISIERUNG $H_2 + CO_2 \rightarrow CH_4 + H_2O$
EINSPEISUNG IN DAS BESTEHENDE ERDGASNETZ ALS METHAN (CH_4)
NUTZUNG DER BESTEHENDEN ERDGASINFRASTRUKTUR
TAUSENDE KILOMETER ROHRLEITUNGEN
GASSPEICHER MIT ENORMEM FASSUNGSVERMÖGEN
VERTEILNETZWERKE
✓ Kosteneffizient
✓ Ressourcenschonend
✓ Schnelle Implementierung
✓ Hohe Versorgungssicherheit
ALTERNATIVE: NEU AUFBAUEN STATT NUTZEN?
ENORME KOSTEN UND RESSOURCENAUFWAND
DEFOSSILIGIERUNG UND KREISLAUFWIRTSCHAFT – Z.WEL SEITEN EINER MEBAILLE
GENERIERUNG (ÜBERSCHUSSZEITEN)
WINDSTROM vor allem nachts und in windreichen Jahreszeiten
SOLARSTROM vor allem mittags und im Sommer
WASSERSTOFF ERZEUGEN UND SPEICHERN
H_2
FLEXIBLER KREISLAUF
• saisonaler Speicher
• täglicher und wöchentlicher Ausgleich
• Reserve für Extremsituationen
NUTZUNG (BEDARFSZEITEN)
BRENNSTOFFZELLE Strom + Wärme
STROM
WÄRME
MOBILITÄT
DIE SPEICHERFÄHIGKEIT VON WASSERSTOFF IST DER SCHLÜSSEL ZUR VERSORGUNGSSICHERHEIT IN EINEM SYSTEM AUF BASIS FLUKTUIERENDER ERNEUERBARER ENERGIEN.

Ökonomie des Systems

2.7 Systemische Wirkungen: Was ein Rückbau des Stromnetzes bedeutet

Eine der weitreichendsten – und vielleicht auf den ersten Blick überraschendsten – Konsequenzen der projektierten Wasserstoffwirtschaft ist, dass ihre Umsetzung zu einem massiven Rückbau von Kraftwerken und des Stromnetzes führen könnte. Das klingt nach einem Widerspruch in einer Zeit, in der gerade massiv in den Netzausbau investiert wird. Es ist aber die logische Konsequenz aus der Dezentralisierung der Energieversorgung.

Wenn Haushalte, Gewerbetriebe und Industriebetriebe ihren Strom und ihre Wärme dezentral aus Brennstoffzellen generieren, sinkt die Nachfrage nach zentral generiertem und transportiertem Strom erheblich. Das Netz muss weniger Strom über weite Strecken transportieren. Großkraftwerke, die heute die Grundlast sicherstellen, werden weniger gebraucht. Die Hochspannungsinfrastruktur, die für den Ferntransport benötigt wird, kann reduziert werden.

Das bedeutet nicht, dass kein Stromnetz mehr benötigt wird. Ein Netz zur Verteilung und zum Ausgleich von Überschussstrom, für die Einspeisung von Überschussproduktion aus Sonne und Wind, für industrielle Anwendungen, die zwingend elektrischen Strom erfordern – all das bleibt notwendig. Aber es bedeutet, dass das Netz künftig kleiner, einfacher und günstiger sein kann als das heutige – und damit auch weniger Ressourcen für seinen Aufbau und Unterhalt erfordert.

Parallel dazu werden die heute noch mitverbrannten und exportierten Reststoffmengen einer stofflichen Verwertung zugeführt. Das schließt eine der großen Regelkreisunterbrechungen unseres heutigen Systems: die Verbrennung von wertvollen Kohlenwasserstoffen ohne jegliche Nutzung ihrer chemischen Potenziale. Statt Reststoffe durch Verbrennung in CO_2 unzuwandeln, werden sie künftig über Vergasung und chemische Prozesse in Wasserstoff und Kohlenstoffverbindungen umgewandelt, die im Wirtschaftskreislauf weitergenutzt werden können.

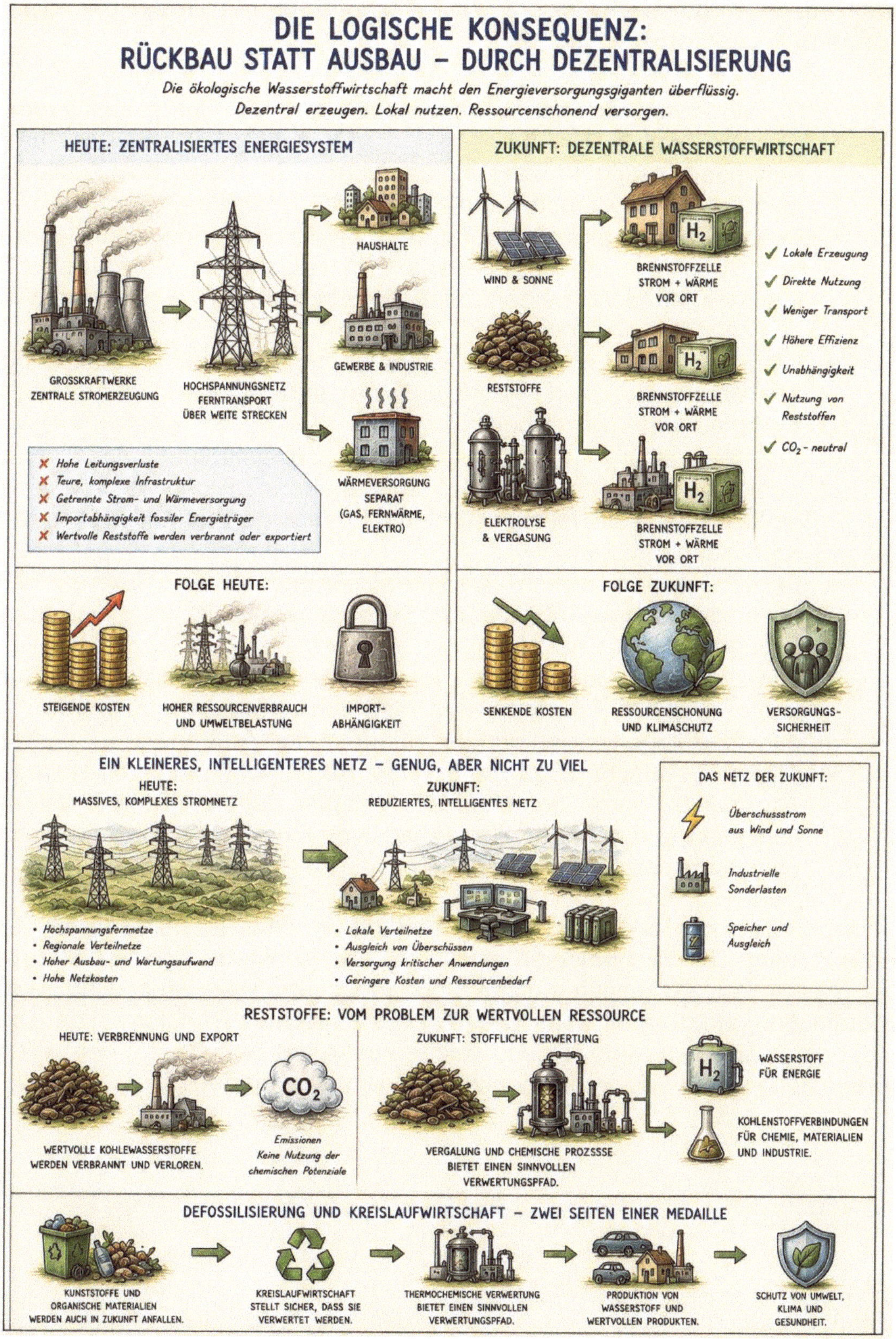

Systemische Wirkungen

Das Konzept in der Übersicht: Sieben Kerneigenschaften der ökologischen Wasserstoffwirtschaft

- Plurale Wasserstoffquellen: Elektrolyse mit Überschussstrom, thermochemische Vergasung organischer Reststoffe und Sekundärnutzung wasserstoffreicher Industriegase bilden gemeinsam ein robustes und vielfältiges Versorgungssystem.
- Dezentrale Energieversorgung: Brennstoffzellen generieren Wärme und Strom am Ort des Bedarfs – in Haushalten, Gewerbe und Industrie – und vermeiden damit die erheblichen Transportverluste des zentralen Stromnetzes.
- Wärmegeführte Logik: Das System ist primär auf die Bereitstellung von Wärme optimiert – dem größten Bedarfsposten – und liefert Strom als wertvollen Überschuss.
- CO_2-Neutralität durch biogene Kreislaufnutzung: Nur Kohlenwasserstoffe aus der bestehenden Biosphäre werden eingesetzt – kein fossiler Kohlenstoff wird dem atmosphärischen Kreislauf neu zugeführt.
- Effizienzgewinn durch Dezentralisierung: Die Effizienz der gesamten Energiekette nahezu verdoppelt sich im Vergleich zum heutigen zentralen System.
- Infrasynergien: Bestehende Diesel-, Gas- und Logistikinfrastruktur kann für LOHC-Transport und Methanisierung genutzt werden – das spart Investitionen und beschleunigt den Aufbau.
- Alternative, nicht Ergänzung: Das Konzept ist als vollständige Alternative zum bestehenden fossilbasierten Energiesystem konzipiert und kann zu einem massiven Rückbau von Kraftwerken und Hochspannungsnetzen führen.

Das Konzept der ökologischen Wasserstoffwirtschaft ist keine Vision für ferne Zukunft. Die Technologien existieren. Die Rohstoffe sind vorhanden. Die Infrastruktur lässt sich nutzen und anpassen. Was fehlt, sind Mut, Koordination und der politische Wille zur systemischen Transformation. Die folgenden Kapitel werden zeigen, welche konkreten Schritte auf dem Weg dorthin nötig sind – und wer dabei welche Verantwortung trägt.

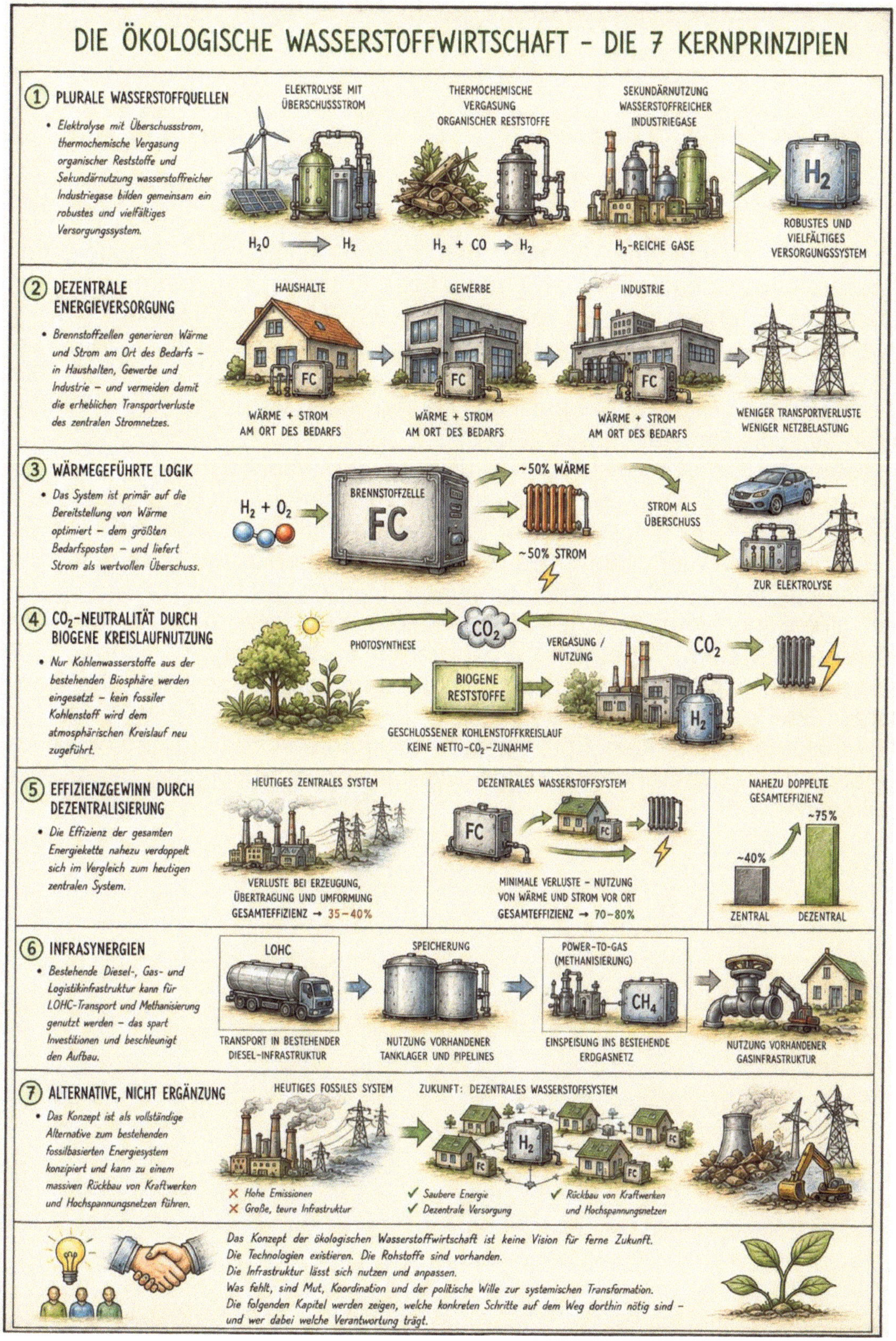

DIE ÖKOLOGISCHE WASSERSTOFFWIRTSCHAFT – DIE 7 KERNPRINZIPIEN
1 PLURALE WASSERSTOFFQUELLEN
• Elektrolyse mit Überschussstrom, thermochemische Vergasung organischer Reststoffe und Sekundärnutzung wasserstoffreicher Industriegase bilden gemeinsam ein robustes und vielfältiges Versorgungssystem.
ELEKTROLYSE MIT ÜBERSCHUSSSTROM
$H_2O \rightarrow H_2$
THERMOCHEMISCHE VERGASUNG ORGANISCHER RESTSTOFFE
$H_2 + CO \rightarrow H_2$
SEKUNDÄRNUTZUNG WASSERSTOFFREICHER INDUSTRIEGASE
H_2-REICHE GASE
H_2
ROBUSTES UND VIELFÄLTIGES VERSORGUNGSSYSTEM
2 DEZENTRALE ENERGIEVERSORGUNG
• Brennstoffzellen generieren Wärme und Strom am Ort des Bedarfs – in Haushalten, Gewerbe und Industrie – und vermeiden damit die erheblichen Transportverluste des zentralen Stromnetzes.
HAUSHALTE
GEWERBE
INDUSTRIE
FC
WÄRME + STROM AM ORT DES BEDARFS
WENIGER TRANSPORTVERLUSTE WENIGER NETZBELASTUNG
3 WÄRMEGEFÜHRTE LOGIK
• Das System ist primär auf die Bereitstellung von Wärme optimiert – dem größten Bedarfsposten – und liefert Strom als wertvollen Überschuss.
$H_2 + O_2$
BRENNSTOFFZELLE FC
~50% WÄRME
~50% STROM
STROM ALS ÜBERSCHUSS
ZUR ELEKTROLYSE
4 CO_2-NEUTRALITÄT DURCH BIOGENE KREISLAUFNUTZUNG
• Nur Kohlenwasserstoffe aus der bestehenden Biosphäre werden eingesetzt – kein fossiler Kohlenstoff wird dem atmosphärischen Kreislauf neu zugeführt.
CO_2
PHOTOSYNTHESE
VERGASUNG / NUTZUNG
BIOGENE RESTSTOFFE
H_2
GESCHLOSSENER KOHLENSTOFFKREISLAUF KEINE NETTO-CO_2-ZUNAHME
5 EFFIZIENZGEWINN DURCH DEZENTRALISIERUNG
• Die Effizienz der gesamten Energiekette nahezu verdoppelt sich im Vergleich zum heutigen zentralen System.
HEUTIGES ZENTRALES SYSTEM
VERLUSTE BEI ERZEUGUNG, ÜBERTRAGUNG UND UMFORMUNG
GESAMTEFFIZIENZ → 35–40%
DEZENTRALES WASSERSTOFFSYSTEM
MINIMALE VERLUSTE – NUTZUNG VON WÄRME UND STROM VOR ORT
GESAMTEFFIZIENZ → 70–80%
NAHEZU DOPPELTE GESAMTEFFIZIENZ
~40%
~75%
ZENTRAL
DEZENTRAL
6 INFRASYNERGIEN
• Bestehende Diesel-, Gas- und Logistikinfrastruktur kann für LOHC-Transport und Methanisierung genutzt werden – das spart Investitionen und beschleunigt den Aufbau.
LOHC
TRANSPORT IN BESTEHENDER DIESEL-INFRASTRUKTUR
SPEICHERUNG
NUTZUNG VORHANDENER TANKLAGER UND PIPELINES
POWER-TO-GAS (METHANISIERUNG)
CH_4
EINSPEISUNG INS BESTEHENDE ERDGASNETZ
NUTZUNG VORHANDENER GASINFRASTRUKTUR
7 ALTERNATIVE, NICHT ERGÄNZUNG
• Das Konzept ist als vollständige Alternative zum bestehenden fossilbasierten Energiesystem konzipiert und kann zu einem massiven Rückbau von Kraftwerken und Hochspannungsnetzen führen.
HEUTIGES FOSSILES SYSTEM
ZUKUNFT: DEZENTRALES WASSERSTOFFSYSTEM
✗ Hohe Emissionen
✗ Große, teure Infrastruktur
✓ Saubere Energie
✓ Dezentrale Versorgung
✓ Rückbau von Kraftwerken und Hochspannungsnetzen
Das Konzept der ökologischen Wasserstoffwirtschaft ist keine Vision für ferne Zukunft.
Die Technologien existieren. Die Rohstoffe sind vorhanden.
Die Infrastruktur lässt sich nutzen und anpassen.
Was fehlt, sind Mut, Koordination und der politische Wille zur systemischen Transformation.
Die folgenden Kapitel werden zeigen, welche konkreten Schritte auf dem Weg dorthin nötig sind – und wer dabei welche Verantwortung trägt.

Das Konzept in der Übersicht

Kapitel 3: Vom Konzept zur Wirklichkeit – Technik, Infrastruktur und der Weg der Transformation

„Theorien ohne Praxis sind leer – Praxis ohne Theorie ist blind.“

Immanuel Kant, frei übertragen

Das vorangegangene Kapitel hat das Konzept der ökologischen Wasserstoffwirtschaft in seinen Grundzügen entfaltet: eine wärmegeführte, dezentrale Energiewirtschaft, die auf pluralen Wasserstoffquellen basiert, organische Reststoffe als Rohstoff erschließt und durch Brennstoffzellen am Ort des Bedarfs gleichzeitig Wärme und Strom bereitstellt. Ein überzeugendes Bild – aber eines, das seinen vollen Wert erst dann entfaltet, wenn es in die Realität übersetzt wird.

Dieses Kapitel widmet sich genau dieser Übersetzungsarbeit. Es geht um die technischen Details der einzelnen Prozessschritte, um die Infrastruktur, die für das System aufgebaut werden muss – und die, die bereits existiert und genutzt werden kann. Es geht um die konkreten Energieträger, Speichertechnologien und Transportwege. Und es geht um die Frage, wie der Übergang vom heutigen fossil geprägten System zum künftigen Wasserstoffsystem gestaltet werden kann, ohne dass die Versorgungssicherheit gefährdet wird und ohne dass vorhandene Infrastruktur einfach verschrottet wird.

Transformation ist kein Sprung ins Unbekannte – sie ist das sorgfältige Umbauen eines fahrenden Schiffes. Die folgenden Abschnitte zeigen, wie das gelingt.

Vom Konzept zur Wirklichkeit

3.1 Die Prozesskette im Detail: Von der Reststoffquelle zum Endenergienutzer

Um das Gesamtsystem der ökologischen Wasserstoffwirtschaft in seiner technischen Tiefe zu verstehen, hilft es, die vollständige Prozesskette Schritt für Schritt zu verfolgen – vom Ausgangsmaterial bis zur nutzbaren Endenergie beim Nutzer. Diese Kette besteht aus fünf aufeinanderfolgenden Stufen, die in ihrer Gesamtheit ein geschlossenes und kreislauffähiges System bilden.

Stufe 1: Rohstofferfassung und -aufbereitung

Am Beginn der Kette steht die Erfassung und Aufbereitung der Rohstoffe. Je nach Art des eingesetzten Materials – biogene Reststoffe aus Landwirtschaft und Forstwirtschaft, Grünschnitt, Klärschlamm, Altkunststoffe oder industrielle Prozessreststoffe – sind unterschiedliche Vorbehandlungsschritte nötig. Holzige Biomasse muss geschreddert und getrocknet werden, um einen stabilen Vergasungsprozess zu ermöglichen. Feuchter Klärschlamm benötigt eine Entwässerung. Kunststoffe werden sortiert und zerkleinert.

Diese Vorbehandlungsstufe ist logistisch anspruchsvoll, bietet aber gleichzeitig eine große Chance: Sie kann regional organisiert werden. Das bedeutet, dass organische Reststoffe nicht über weite Strecken transportiert werden müssen, sondern in der Nähe ihres Entstehungsortes in Wasserstoff umgewandelt werden. Das spart Transportaufwand und -emissionen, schafft regionale Wertschöpfung und dezentralisiert die Versorgungsstruktur in ihrer ersten Stufe bereits konsequent.

Ein regionaler Erfassungs- und Aufbereitungsansatz schafft zudem Anreize für Landwirte, Forstbetriebe und Kommunen, ihre Reststoffe nicht mehr als lästigen „Abfall“, sondern als wirtschaftlich wertvolle Rohstoffe zu behandeln. Das hat Auswirkungen auf die Entsorgungspraktiken, auf Flächenmanagement und auf die regionale Wirtschaftsstruktur.

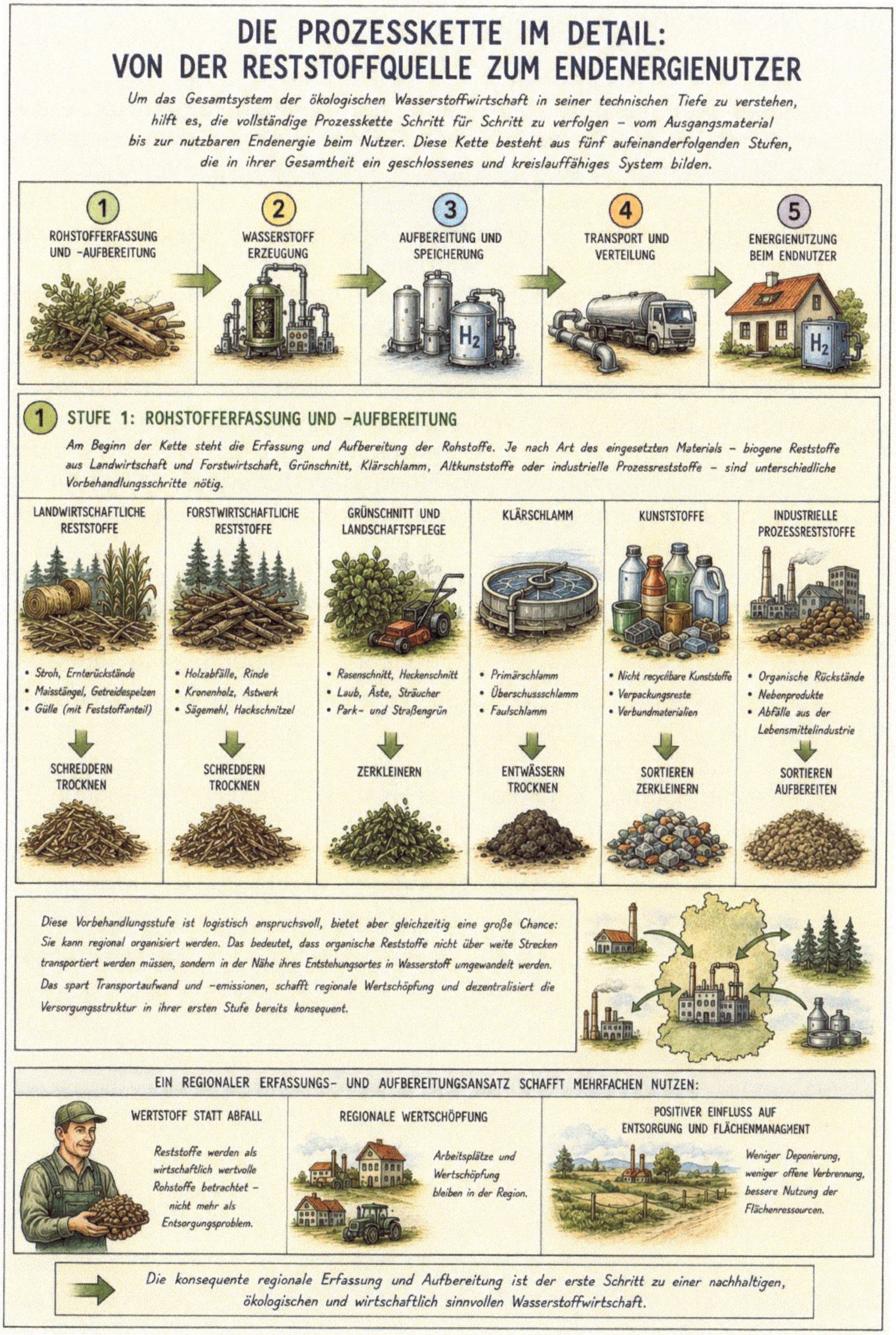
DIE PROZESSKETTE IM DETAIL:
VON DER RESTSTOFFQUELLE ZUM ENDENERGIENUTZER
Um das Gesamtsystem der ökologischen Wasserstoffwirtschaft in seiner technischen Tiefe zu verstehen, hilft es, die vollständige Prozesskette Schritt für Schritt zu verfolgen – vom Ausgangsmaterial bis zur nutzbaren Endenergie beim Nutzer. Diese Kette besteht aus fünf aufeinanderfolgenden Stufen, die in ihrer Gesamtheit ein geschlossenes und kreislauffähiges System bilden.
1 ROHSTOFFERFASSUNG UND -AUFBEREITUNG
2 WASSERSTOFF ERZEUGUNG
3 AUFBEREITUNG UND SPEICHERUNG
4 TRANSPORT UND VERTEILUNG
5 ENERGIENUTZUNG BEIM ENDNUTZER
H2
H2
1 STUFE 1: ROHSTOFFERFASSUNG UND -AUFBEREITUNG
Am Beginn der Kette steht die Erfassung und Aufbereitung der Rohstoffe. Je nach Art des eingesetzten Materials – biogene Reststoffe aus Landwirtschaft und Forstwirtschaft, Grünschnitt, Klärschlamm, Altkunststoffe oder industrielle Prozessreststoffe – sind unterschiedliche Vorbehandlungsschritte nötig.
LANDWIRTSCHAFTLICHE RESTSTOFFE
• Stroh, Ernterückstände
• Maisstängel, Getreidespelzen
• Gülle (mit Feststoffanteil)
SCHREDDERN TROCKNEN
FORSTWIRTSCHAFTLICHE RESTSTOFFE
• Holzabfälle, Rinde
• Kronenholz, Astwerk
• Sägemehl, Hackschnitzel
SCHREDDERN TROCKNEN
GRÜNSCHNITT UND LANDSCHAFTSPFLEGE
• Rasenschnitt, Heckenschnitt
• Laub, Äste, Sträucher
• Park- und Straßengrün
ZERKLEINERN
KLÄRSCHLAMM
• Primärschlamm
• Überschussschlamm
• Faulschlamm
ENTWÄSSERN TROCKNEN
KUNSTSTOFFE
• Nicht recyclibare Kunststoffe
• Verpackungsreste
• Verbundmaterialien
SORTIEREN ZERKLEINERN
INDUSTRIELLE PROZESSRESTSTOFFE
• Organische Rückstände
• Nebenprodukte
• Abfälle aus der Lebensmittelindustrie
SORTIEREN AUFBEREITEN
Diese Vorbehandlungsstufe ist logistisch anspruchsvoll, bietet aber gleichzeitig eine große Chance: Sie kann regional organisiert werden. Das bedeutet, dass organische Reststoffe nicht über weite Strecken transportiert werden müssen, sondern in der Nähe ihres Entstehungsortes in Wasserstoff umgewandelt werden. Das spart Transportaufwand und -emissionen, schafft regionale Wertschöpfung und dezentralisiert die Versorgungsstruktur in ihrer ersten Stufe bereits konsequent.
EIN REGIONALER ERFASSUNGS- UND AUFBEREITUNGSANSATZ SCHAFFT MEHRFACHEN NUTZEN:
WERTSTOFF STATT ABFALL
Reststoffe werden als wirtschaftlich wertvolle Rohstoffe betrachtet – nicht mehr als Entsorgungsproblem.
REGIONALE WERTSCHÖPFUNG
Arbeitsplätze und Wertschöpfung bleiben in der Region.
POSITIVER EINFLUSS AUF ENTSORGUNG UND FLÄCHENMANAGMENT
Weniger Deponierung, weniger offene Verbrennung, bessere Nutzung der Flächenressourcen.
Die konsequente regionale Erfassung und Aufbereitung ist der erste Schritt zu einer nachhaltigen, ökologischen und wirtschaftlich sinnvollen Wasserstoffwirtschaft.

Die Prozesskette im Detail

Stufe 2: Wasserstoffgenerierung

In der Generierungsstufe wird aus den aufbereiteten Rohstoffen Wasserstoff gewonnen. Je nach Rohstoff und lokalem Kontext kommen unterschiedliche Verfahren zum Einsatz, die sich gegenseitig ergänzen:

- Thermochemische Vergasung: Organische Feststoffe – Holz, Biomasse, Kunststoffe – werden bei hohen Temperaturen mit Wasserdampf umgesetzt. Das dabei entstehende Synthesegas (hauptsächlich H_2 und CO) wird durch die Wassergas-Shift-Reaktion weiter zu Wasserstoff und CO_2 umgewandelt. Der Wirkungsgrad dieses Prozesses ist hoch, die Technologie ist ausgereift und in vielen Varianten kommerziell verfügbar.
- Nassoxidation und anaerobe Vergasung: Für feuchte Biomasse und Klärschlamm eignen sich hydrothermale oder anaerobe Verfahren, die ohne Trocknung auskommen und ebenfalls wasserstoffreiche Gase generieren.
- Elektrolyse mit Überschussstrom: An Standorten mit direktem Zugang zu erneuerbarem Strom – Wind- oder Solarparks, Wasserkraft – wird Wasser per Elektrolyse in Wasserstoff und Sauerstoff aufgespalten. Dieser Weg ist besonders wertvoll für die Nutzung von Strom, der sonst nicht ins Netz eingespeist werden könnte.
- Sekundärnutzung industrieller Wasserstoffströme: Prozessgase aus der Stahl-, Chemie- und Raffinerieindustrie enthalten oft erhebliche Mengen Wasserstoff, die bislang ungenutzt abgefackelt oder nur thermisch genutzt werden. Ihre Aufbereitung und Einspeisung in das Wasserstoffnetz erschließt ein erhebliches Potenzial ohne zusätzlichen Rohstoffeinsatz.

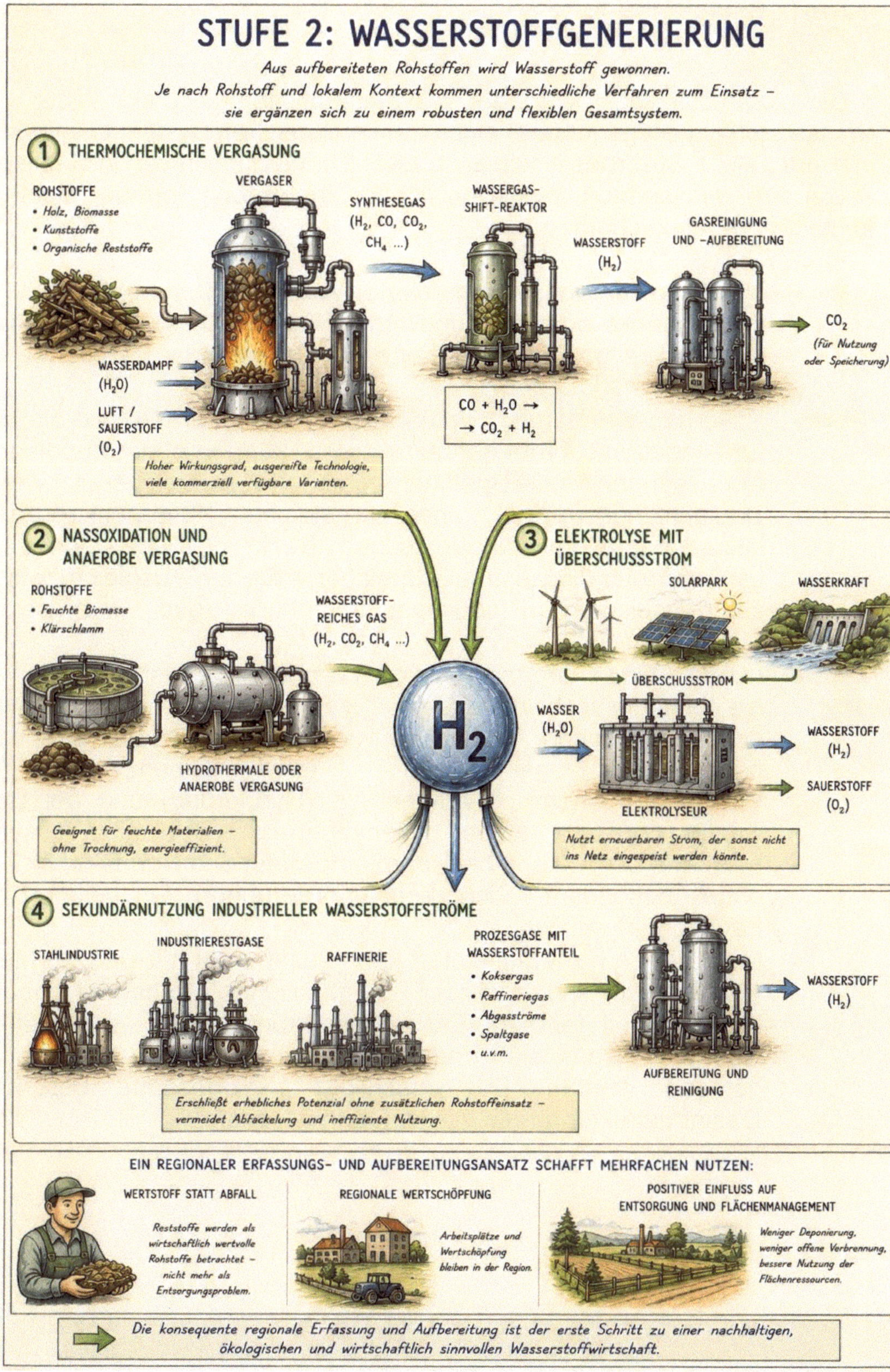
STUFE 2: WASSERSTOFFGENERIERUNG
Aus aufbereiteten Rohstoffen wird Wasserstoff gewonnen.
Je nach Rohstoff und lokalem Kontext kommen unterschiedliche Verfahren zum Einsatz – sie ergänzen sich zu einem robusten und flexiblen Gesamtsystem.
1 THERMOCHEMISCHE VERGASUNG
ROHSTOFFE
• Holz, Biomasse
• Kunststoffe
• Organische Reststoffe
VERGASER
WASSERDAMPF (H_2O)
LUFT / SAUERSTOFF (O_2)
SYNTHESEGAS (H_2, CO, CO_2, CH_4 ...)
WASSERGAS-SHIFT-REAKTOR
$CO + H_2O \rightarrow CO_2 + H_2$
WASSERSTOFF (H_2)
GASREINIGUNG UND -AUFBEREITUNG
CO_2 (für Nutzung oder Speicherung)
Hoher Wirkungsgrad, ausgereifte Technologie, viele kommerziell verfügbare Varianten.
2 NASSOXIDATION UND ANAEROBE VERGASUNG
ROHSTOFFE
• Feuchte Biomasse
• Klärschlamm
WASSERSTOFF-REICHES GAS (H_2, CO_2, CH_4 ...)
HYDROTHERMALE ODER ANAEROBE VERGASUNG
Geeignet für feuchte Materialien – ohne Trocknung, energieeffizient.
H_2
3 ELEKTROLYSE MIT ÜBERSCHUSSSTROM
SOLARPARK
WASSERKRAFT
ÜBERSCHUSSSTROM
WASSER (H_2O)
ELEKTROLYSEUR
WASSERSTOFF (H_2)
SAUERSTOFF (O_2)
Nutzt erneuerbaren Strom, der sonst nicht ins Netz eingespeist werden könnte.
4 SEKUNDÄRNUTZUNG INDUSTRIELLER WASSERSTOFFSTRÖME
STAHLINDUSTRIE
INDUSTRIERESTGASE
RAFFINERIE
PROZESGASE MIT WASSERSTOFFANTEIL
• Koksergas
• Raffineriegas
• Abgasströme
• Spaltgase
• u.v.m.
AUFBEREITUNG UND REINIGUNG
WASSERSTOFF (H_2)
Erschließt erhebliches Potenzial ohne zusätzlichen Rohstoffeinsatz – vermeidet Abfackelung und ineffiziente Nutzung.
EIN REGIONALER ERFASSUNGS- UND AUFBEREITUNGSANSATZ SCHAFFT MEHRFACHEN NUTZEN:
WERTSTOFF STATT ABFALL
Reststoffe werden als wirtschaftlich wertvolle Rohstoffe betrachtet – nicht mehr als Entsorgungsproblem.
REGIONALE WERTSCHÖPFUNG
Arbeitsplätze und Wertschöpfung bleiben in der Region.
POSITIVER EINFLUSS AUF ENTSORGUNG UND FLÄCHENMANAGEMENT
Weniger Deponierung, weniger offene Verbrennung, bessere Nutzung der Flächenressourcen.
Die konsequente regionale Erfassung und Aufbereitung ist der erste Schritt zu einer nachhaltigen, ökologischen und wirtschaftlich sinnvollen Wasserstoffwirtschaft.

Wasserstoffgenerierung

Stufe 3: Speicherung

Die Speicherung ist der systemkritische Schritt, der das Wasserstoffsystem gegenüber einem rein elektrischen System entscheidend im Vorteil sieht. Strom lässt sich auf großer Ebene nur schwer und kostspielig speichern. Wasserstoff hingegen ist in mehreren Formen stabil und kosteneffizient speicherbar:

- Druckspeicherung: Komprimierter Wasserstoff bei 350 bis 700 bar in Stahltanks oder Verbundwerkstofftanks. Diese Technologie ist weit verbreitet und ausgereifte Industriestandard, besonders für mobile Anwendungen.
- Kavernenspeicherung: Unterirdische Salzkavernen, wie sie heute für Erdgas und Erdöl genutzt werden, können ohne grundlegende Anpassungen für die Speicherung von Wasserstoff genutzt werden. Deutschland verfügt über erhebliche Kavernenkapazitäten, insbesondere im Norddeutschen Becken. Diese eignen sich hervorragend als saisonale Speicher – für den Ausgleich zwischen sommerseitigem Produktionsüberschuss und winterseitigem Mehrbedarf.
- LOHC – Liquid Organic Hydrogen Carriers: Dies ist möglicherweise die technologisch interessanteste Speicheroption für die Zwecke der ökologischen Wasserstoffwirtschaft. LOHC sind spezielle organische Trägerflüssigkeiten (etwa Dibenzyltoluol), die Wasserstoff chemisch aufnehmen (Hydrierung) und bei Bedarf wieder abgeben können (Dehydrierung). Der mit Wasserstoff beladene LOHC kann bei Raumtemperatur und Normaldruck – also ohne besondere Sicherheitsanforderungen – gelagert und transportiert werden.
- Methanisierung: Wasserstoff kann zusammen mit CO_2 zu Methan (CH_4) umgewandelt werden. Synthetisches Methan ist chemisch identisch mit fossilem Erdgas und kann direkt ins bestehende Gasnetz eingespeist und in den vorhandenen Gasspeichern gelagert werden. Das erschließt die gesamte bestehende Gasinfrastruktur für die Wasserstoffwirtschaft.

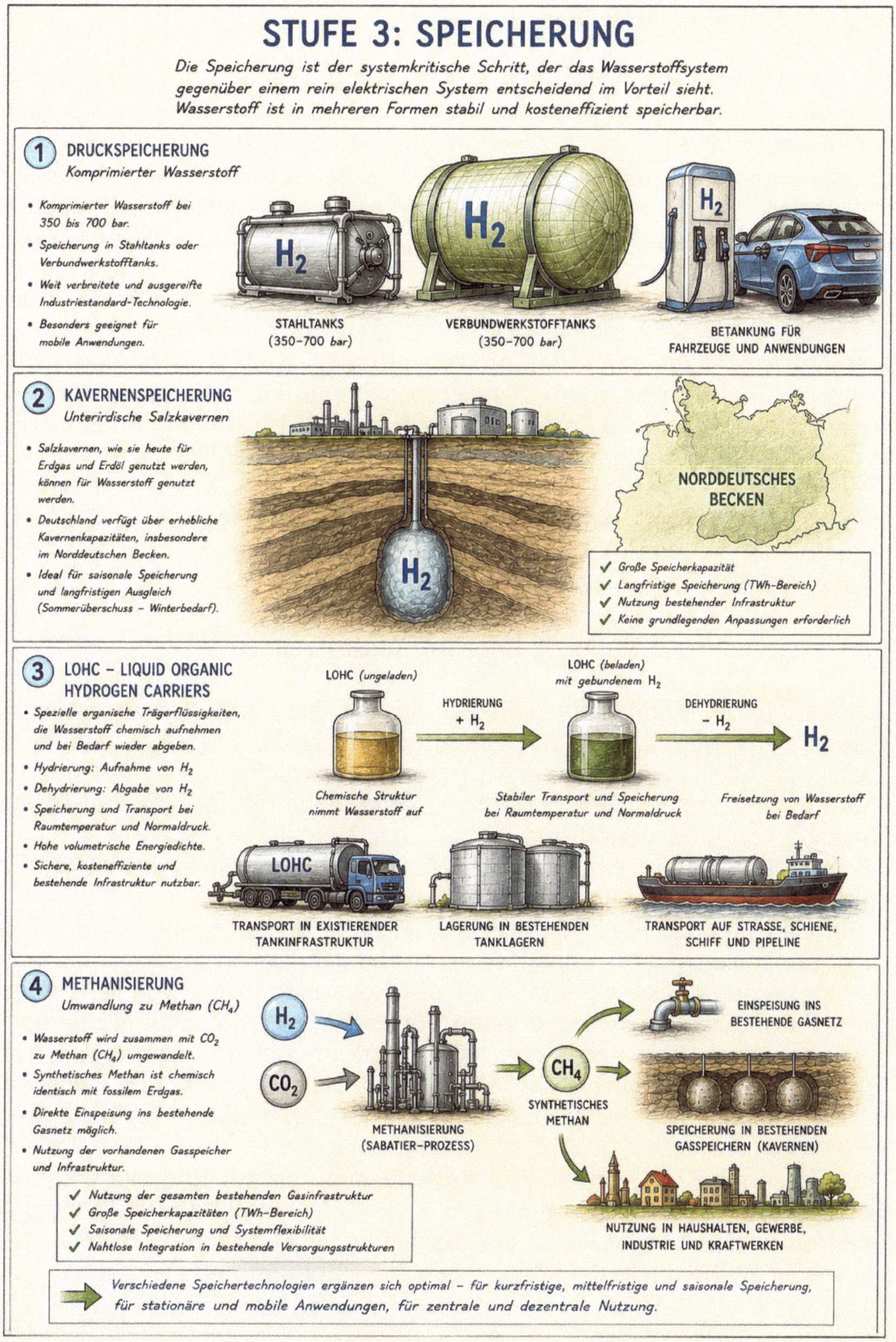
STUFE 3: SPEICHERUNG
Die Speicherung ist der systemkritische Schritt, der das Wasserstoffsystem gegenüber einem rein elektrischen System entscheidend im Vorteil sieht. Wasserstoff ist in mehreren Formen stabil und kosteneffizient speicherbar.
1 DRUCKSPEICHERUNG
Komprimierter Wasserstoff
• Komprimierter Wasserstoff bei 350 bis 700 bar.
• Speicherung in Stahltanks oder Verbundwerkstofftanks.
• Weit verbreitete und ausgereifte Industriestandard-Technologie.
• Besonders geeignet für mobile Anwendungen.
H_2
STAHLTANKS (350–700 bar)
VERBUNDWERKSTOFFTANKS (350–700 bar)
BETANKUNG FÜR FAHRZEUGE UND ANWENDUNGEN
2 KAVERNENSPEICHERUNG
Unterirdische Salzkavernen
• Salzkavernen, wie sie heute für Erdgas und Erdöl genutzt werden, können für Wasserstoff genutzt werden.
• Deutschland verfügt über erhebliche Kavernenkapazitäten, insbesondere im Norddeutschen Becken.
• Ideal für saisonale Speicherung und langfristigen Ausgleich (Sommerüberschuss – Winterbedarf).
NORDDEUTSCHES BECKEN
✓ Große Speicherkapazität
✓ Langfristige Speicherung (TWh-Bereich)
✓ Nutzung bestehender Infrastruktur
✓ Keine grundlegenden Anpassungen erforderlich
3 LOHC – LIQUID ORGANIC HYDROGEN CARRIERS
• Spezielle organische Trägerflüssigkeiten, die Wasserstoff chemisch aufnehmen und bei Bedarf wieder abgeben.
• Hydrierung: Aufnahme von H_2
• Dehydrierung: Abgabe von H_2
• Speicherung und Transport bei Raumtemperatur und Normaldruck.
• Hohe volumetrische Energiedichte.
• Sichere, kosteneffiziente und bestehende Infrastruktur nutzbar.
LOHC (ungeladen)
HYDRIERUNG + H_2
LOHC (beladen) mit gebundenem H_2
DEHYDRIERUNG – H_2
H_2
Chemische Struktur nimmt Wasserstoff auf
Stabiler Transport und Speicherung bei Raumtemperatur und Normaldruck
Freisetzung von Wasserstoff bei Bedarf
LOHC
TRANSPORT IN EXISTIERENDER TANKINFRASTRUKTUR
LAGERUNG IN BESTEHENDEN TANKLAGERN
TRANSPORT AUF STRASSE, SCHIENE, SCHIFF UND PIPELINE
4 METHANISIERUNG
Umwandlung zu Methan (CH_4)
• Wasserstoff wird zusammen mit CO_2 zu Methan (CH_4) umgewandelt.
• Synthetisches Methan ist chemisch identisch mit fossilem Erdgas.
• Direkte Einspeisung ins bestehende Gasnetz möglich.
• Nutzung der vorhandenen Gasspeicher und Infrastruktur.
H_2
CO_2
METHANISIERUNG (SABATIER-PROZESS)
CH_4
SYNTHETISCHES METHAN
EINSPEISUNG INS BESTEHENDE GASNETZ
SPEICHERUNG IN BESTEHENDEN GASSPEICHERN (KAVERNEN)
NUTZUNG IN HAUSHALTEN, GEWERBE, INDUSTRIE UND KRAFTWERKEN
✓ Nutzung der gesamten bestehenden Gasinfrastruktur
✓ Große Speicherkapazitäten (TWh-Bereich)
✓ Saisonale Speicherung und Systemflexibilität
✓ Nahtlose Integration in bestehende Versorgungsstrukturen
Verschiedene Speichertechnologien ergänzen sich optimal – für kurzfristige, mittelfristige und saisonale Speicherung, für stationäre und mobile Anwendungen, für zentrale und dezentrale Nutzung.

Speicherung

Stufe 4: Transport und Distribution

Der Transport des Wasserstoffs vom Produktions- zum Verbrauchsort kann auf mehreren Wegen erfolgen, je nach Distanz, Menge und lokalen Gegebenheiten. Für große Mengen über weite Strecken eignet sich die Einspeisung in ein dediziertes Wasserstoffnetz – bestehende Erd-gasleitungen können für reinen Wasserstoff umgerüstet oder mit Wasserstoff-Erdgas-Gemischen betrieben werden. Für regionale Verteilung stehen Tankfahrzeuge – mit komprimiertem Wasserstoff oder in LOHC-Form – zur Verfügung, die bei LOHC die identische Infrastruktur nutzen können wie heute für Diesel oder Heizöl.

Genau hier liegt einer der großen strategischen Vorteile des LOHC-Konzepts: Die Tankwagen, Tankstelleninfrastruktur, Lagerbehälter und Verteilnetzwerke, die heute für flüssige fossile Brennstoffe genutzt werden, können mit überschaubarem Umrüstaufwand für LOHC-Wasserstoff genutzt werden. Das verlagert den Investitionsbedarf von einer vollständigen Neuinfrastruktur zu einer Anpassung und Umnutzung vorhandener Infrastruktur – ein bedeutsamer Unterschied in Zeit, Kosten und Ressourceneinsatz

.

Stufe 5: Dezentrale Nutzung über Brennstoffzellen

Am Ende der Kette steht die Nutzung: die dezentrale Umwandlung von Wasserstoff in Wärme und Strom direkt beim Endverbraucher. Die Brennstoffzelle – in verschiedenen Typen für unterschiedliche Anwendungen – ist das Herzstück dieser letzten Stufe. Durch die elektrochemische Reaktion von Wasserstoff und Luftsauerstoff entstehen Strom, Wärme und Wasser. Keine Verbrennung, keine NOx-Emissionen, kein Feinstaub, kein Lärm.

Für Haushalt und Kleingewerbe eignen sich Polymer-Elektrolyt-Membran-Brennstoffzellen (PEM) oder Festoxid-Brennstoffzellen (SOFC), die heute bereits in marktfähigen Geräten für die Hausenergieversorgung verfügbar sind. Für industrielle Anwendungen mit größeren Leistungsanforderungen kommen Phosphorsäure- oder Schmelzkarbonat-Brennstoffzellen zum Einsatz. Die technologische Reife dieser Systeme ist vorhanden – was fehlt, ist die Massenanwendung, die durch Skalierungseffekte die Preise weiter senken wird.

Die gesamte Kette von der Rohstofferfassung bis zur Endenergienutzung ist damit technisch durchgängig und mit heute verfügbaren Technologien realisierbar. Es ist keine Frage, ob das funktioniert – sondern wie schnell und in welcher Reihenfolge die nötigen Schritte unternommen werden.

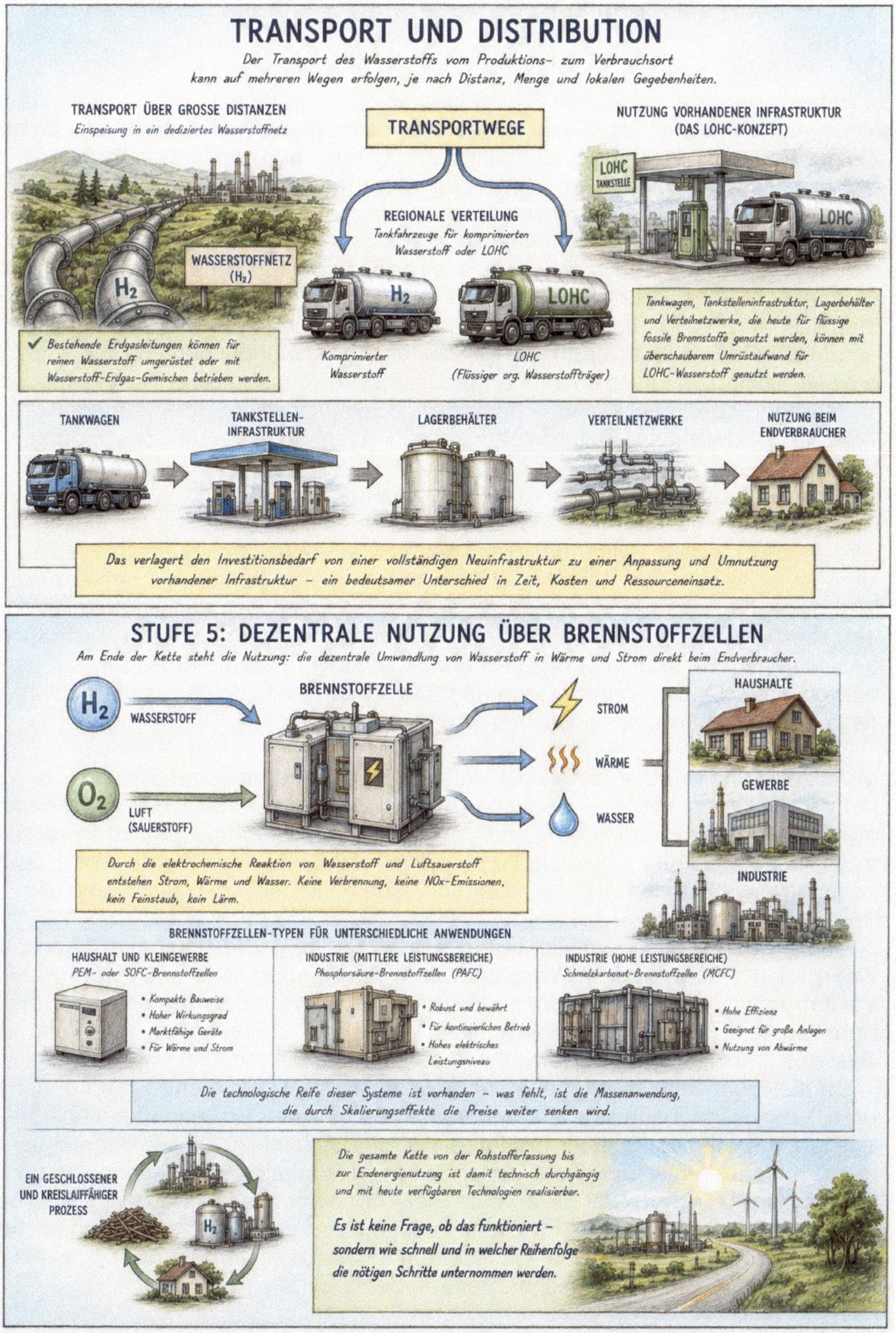
TRANSPORT UND DISTRIBUTION
Der Transport des Wasserstoffs vom Produktions- zum Verbrauchsort kann auf mehreren Wegen erfolgen, je nach Distanz, Menge und lokalen Gegebenheiten.
TRANSPORT ÜBER GROSSE DISTANZEN
Einspeisung in ein dediziertes Wasserstoffnetz
TRANSPORTWEGE
NUTZUNG VORHANDENER INFRASTRUKTUR (DAS LOHC-KONZEPT)
LOHC TANKSTELLE
LOHC
REGIONALE VERTEILUNG
Tankfahrzeuge für komprimierten Wasserstoff oder LOHC
WASSERSTOFFNETZ (H_2)
H_2
H_2
LOHC
Bestehende Erdgasleitungen können für reinen Wasserstoff umgerüstet oder mit Wasserstoff-Erdgas-Gemischen betrieben werden.
Komprimierter Wasserstoff
LOHC (Flüssiger org. Wasserstoffträger)
Tankwagen, Tankstelleninfrastruktur, Lagerbehälter und Verteilnetzwerke, die heute für flüssige fossile Brennstoffe genutzt werden, können mit überschaubarem Umrüstaufwand für LOHC-Wasserstoff genutzt werden.
TANKWAGEN
TANKSTELLEN-INFRASTRUKTUR
LAGERBEHÄLTER
VERTEILNETZWERKE
NUTZUNG BEIM ENDVERBRAUCHER
Das verlagert den Investitionsbedarf von einer vollständigen Neuinfrastruktur zu einer Anpassung und Umnutzung vorhandener Infrastruktur – ein bedeutsamer Unterschied in Zeit, Kosten und Ressourceneinsatz.
STUFE 5: DEZENTRALE NUTZUNG ÜBER BRENNSTOFFZELLEN
Am Ende der Kette steht die Nutzung: die dezentrale Umwandlung von Wasserstoff in Wärme und Strom direkt beim Endverbraucher.
H_2
WASSERSTOFF
BRENNSTOFFZELLE
O_2
LUFT (SAUERSTOFF)
STROM
WÄRME
WASSER
HAUSHALTE
GEWERBE
INDUSTRIE
Durch die elektrochemische Reaktion von Wasserstoff und Luftsauerstoff entstehen Strom, Wärme und Wasser. Keine Verbrennung, keine NOx-Emissionen, kein Feinstaub, kein Lärm.
BRENNSTOFFZELLEN-TYPEN FÜR UNTERSCHIEDLICHE ANWENDUNGEN
HAUSHALT UND KLEINGEWERBE
PEM- oder SOFC-Brennstoffzellen
• Kompakte Bauweise
• Hoher Wirkungsgrad
• Marktfähige Geräte
• Für Wärme und Strom
INDUSTRIE (MITTLERE LEISTUNGSBEREICHE)
Phosphorsäure-Brennstoffzellen (PAFC)
• Robust und bewährt
• Für kontinuierlichen Betrieb
• Hohes elektrisches Leistungsniveau
INDUSTRIE (HOHE LEISTUNGSBEREICHE)
Schmelzkarbonat-Brennstoffzellen (MCFC)
• Hohe Effizienz
• Geeignet für große Anlagen
• Nutzung von Abwärme
Die technologische Reife dieser Systeme ist vorhanden – was fehlt, ist die Massenanwendung, die durch Skalierungseffekte die Preise weiter senken wird.
EIN GESCHLOSSENER UND KREISLAIFFÄHIGER PROZESS
H_2
Die gesamte Kette von der Rohstofferfassung bis zur Endenergienutzung ist damit technisch durchgängig und mit heute verfügbaren Technologien realisierbar.
Es ist keine Frage, ob das funktioniert – sondern wie schnell und in welcher Reihenfolge die nötigen Schritte unternommen werden.

Transport und Distribution

3.2 Die Wärme als primäre Zielgröße: Eine systemische Neuausrichtung

Eines der konzeptionell bedeutsamsten Merkmale der projektierten Wasserstoffwirtschaft ist die konsequente Ausrichtung auf Wärme als primäre Zielgröße des Systems. Diese Entscheidung mag auf den ersten Blick wie ein technisches Detail wirken, ist in Wahrheit aber eine fundamentale Weichenstellung mit weitreichenden Konsequenzen für die gesamte Systemarchitektur.

In nahezu allen Klimaten und bei nahezu allen Energieanwendungen – Gebäudeheizung, Warmwasser, Prozesswärme in der Industrie, Raumkühlung (die thermodynamisch ebenfalls Wärmetransport ist) – übersteigt der Bedarf an thermischer Energie den Bedarf an nicht substituierbarer elektrischer Energie erheblich. Elektrischer Strom ist für bestimmte Anwendungen unersetzbar: für präzise Elektronik, für Beleuchtung, für elektrische Antriebe. Aber für Wärme ist er im Grunde überdimensioniert – hochwertige elektrische Energie in niederwertige Wärme umzuwandeln ist thermodynamisch gesehen eine Verschwendung von Exergie.

Das heutige Energiesystem ist jedoch in seiner Struktur auf Strom ausgerichtet. Großkraftwerke generieren primär Strom. Die dabei unweigerlich anfallende Wärme wird in den meisten Fällen gar nicht genutzt, sondern über Kühlsysteme an die Umgebung abgegeben. Der thermische Wirkungsgrad herkömmlicher Kraftwerke liegt dabei typischerweise zwischen 35 und 45 Prozent – mehr als die Hälfte der eingesetzten Energie verliert sich als Abwärme, ohne jemals beim Verbraucher anzukommen. Selbst Kraft-Wärme-Kopplungsanlagen, die die Abwärme zumindest teilweise nutzen, sind in ihrer Gesamteffizienz noch weit von dem entfernt, was ein dezentrales Brennstoffzellensystem erreichen kann.

Eine Brennstoffzelle am Ort des Bedarfs hingegen generiert Wärme und Strom gleichzeitig und in enger räumlicher Verbindung zum Verbraucher. Die Wärme – die bei der elektrochemischen Reaktion und bei der Aufbereitung des Wasserstoffs anfällt – kann direkt für Heizung und Warmwasser im Gebäude genutzt werden. Es gibt keine Übertragungsverluste, keine Temperaturabfallprobleme langer Leitungswege, keinen Unterschied zwischen dem Ort der Generierung und dem Ort des Bedarfs.

Das Ergebnis dieser Architektur ist bemerkenswert: **Die Gesamteffizienz der Energiekette kann sich im Vergleich zum heutigen zentralen System nahezu verdoppeln.** Nicht durch einen Technologiesprung, nicht durch eine bisher unbekannte Erfindung – sondern allein durch die kluge Umstrukturierung des Systems und die konsequente Nutzung der Wärme, die ohnehin anfällt.

Da die Brennstoffzelle zu ungefähr gleichen Teilen Wärme und Strom generiert, und da der Wärmebedarf den Strombedarf in den meisten Anwendungen übersteigt, entsteht bei wärmegeführtem Betrieb ein Stromüberschuss. Dieser Überschuss ist kein Problem – er ist eine Ressource. Er kann ins lokale Netz eingespeist, für die Elektromobilität genutzt, für die erneute Elektrolyse von Wasserstoff eingesetzt oder lokal gespeichert werden. In einem systemisch durchdachten Quartier oder Industriepark kann dieser Überschussstrom so gestaltet werden, dass er exakt die nicht-substituierbaren elektrischen Bedarfe deckt.

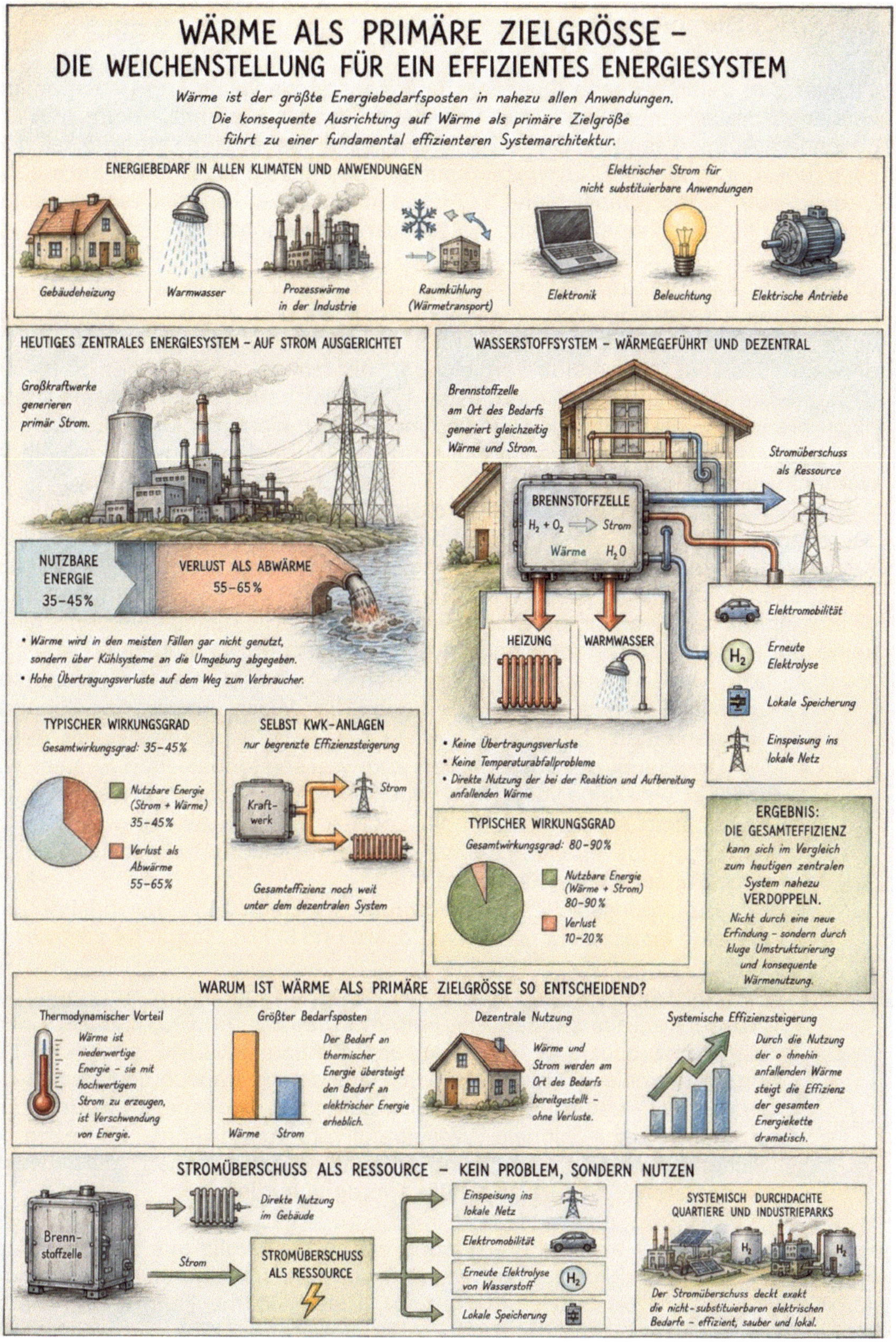
WÄRME ALS PRIMÄRE ZIELGRÖSSE –
DIE WEICHENSTELLUNG FÜR EIN EFFIZIENTES ENERGIESYSTEM
Wärme ist der größte Energiebedarfsposten in nahezu allen Anwendungen.
Die konsequente Ausrichtung auf Wärme als primäre Zielgröße
führt zu einer fundamental effizienteren Systemarchitektur.
ENERGIEBEDARF IN ALLEN KLIMATEN UND ANWENDUNGEN
Elektrischer Strom für nicht substituierbare Anwendungen
Gebäudeheizung
Warmwasser
Prozesswärme in der Industrie
Raumkühlung (Wärmetransport)
Elektronik
Beleuchtung
Elektrische Antriebe
HEUTIGES ZENTRALES ENERGIESYSTEM – AUF STROM AUSGERICHTET
Großkraftwerke generieren primär Strom.
NUTZBARE ENERGIE 35–45%
VERLUST ALS ABWÄRME 55–65%
• Wärme wird in den meisten Fällen gar nicht genutzt, sondern über Kühlsysteme an die Umgebung abgegeben.
• Hohe Übertragungsverluste auf dem Weg zum Verbraucher.
TYPISCHER WIRKUNGSGRAD
Gesamtwirkungsgrad: 35–45%
Nutzbare Energie (Strom + Wärme) 35–45%
Verlust als Abwärme 55–65%
SELBST KWK-ANLAGEN
nur begrenzte Effizienzsteigerung
Kraft-werk
Strom
Gesamteffizienz noch weit unter dem dezentralen System
WASSERSTOFFSYSTEM – WÄRMEGEFÜHRT UND DEZENTRAL
Brennstoffzelle am Ort des Bedarfs generiert gleichzeitig Wärme und Strom.
Stromüberschuss als Ressource
BRENNSTOFFZELLE
H₂ + O₂ ⟹ Strom
Wärme H₂O
HEIZUNG
WARMWASSER
Elektromobilität
Erneute Elektrolyse
Lokale Speicherung
Einspeisung ins lokale Netz
• Keine Übertragungsverluste
• Keine Temperaturabfallprobleme
• Direkte Nutzung der bei der Reaktion und Aufbereitung anfallenden Wärme
TYPISCHER WIRKUNGSGRAD
Gesamtwirkungsgrad: 80–90%
Nutzbare Energie (Wärme + Strom) 80–90%
Verlust 10–20%
ERGEBNIS:
DIE GESAMTEFFIZIENZ
kann sich im Vergleich zum heutigen zentralen System nahezu
VERDOPPELN.
Nicht durch eine neue Erfindung – sondern durch kluge Umstrukturierung und konsequente Wärmenutzung.
WARUM IST WÄRME ALS PRIMÄRE ZIELGRÖSSE SO ENTSCHEIDEND?
Thermodynamischer Vorteil
Wärme ist niederwertige Energie – sie mit hochwertigem Strom zu erzeugen, ist Verschwendung von Energie.
Größter Bedarfsposten
Der Bedarf an thermischer Energie übersteigt den Bedarf an elektrischer Energie erheblich.
Wärme
Strom
Dezentrale Nutzung
Wärme und Strom werden am Ort des Bedarfs bereitgestellt – ohne Verluste.
Systemische Effizienzsteigerung
Durch die Nutzung der o ohnehin anfallenden Wärme steigt die Effizienz der gesamten Energiekette dramatisch.
STROMÜBERSCHUSS ALS RESSOURCE – KEIN PROBLEM, SONDERN NUTZEN
Brenn-stoffzelle
Direkte Nutzung im Gebäude
Strom
STROMÜBERSCHUSS ALS RESSOURCE
Einspeisung ins lokale Netz
Elektromobilität
Erneute Elektrolyse von Wasserstoff
Lokale Speicherung
SYSTEMISCH DURCHDACHTE QUARTIERE UND INDUSTRIEPARKS
Der Stromüberschuss deckt exakt die nicht-substituierbaren elektrischen Bedarfe – effizient, sauber und lokal.

Wärme als primäre Zielgröße

3.3 LOHC: Die unterschätzte Brückentechnologie

Unter den verschiedenen Optionen für Wasserstoffspeicherung und -transport verdienen die sogenannten Liquid Organic Hydrogen Carriers – kurz LOHC – besondere Aufmerksamkeit. Diese Technologie ist in der breiten Öffentlichkeit noch kaum bekannt, während Druckwasserstoff und überflüssig Wasserstoff die mediale Debatte dominieren. Dabei bietet LOHC in mehrfacher Hinsicht entscheidende Vorteile für eine Flächeneinführung der Wasserstoffwirtschaft.

Das Prinzip ist chemisch elegant: Bestimmte organische Verbindungen – Dibenzyltoluol ist die am häufigsten untersuchte Verbindung – können reversibel mit Wasserstoff gesättigt und wieder entsättigt werden. Im beladenen Zustand enthält LOHC rund 57 Gramm Wasserstoff pro Liter – eine Energiedichte, die mit der von flüssigem Wasserstoff vergleichbar, aber ohne die extremen Kühl- und Sicherheitsanforderungen realisierbar ist. LOHC ist bei Raumtemperatur flüssig, nicht brennbar unter normalen Bedingungen und nicht explosiv. Es kann in normalen Tankfahrzeugen transportiert und in normalen Lagertanks gelagert werden.

Das Disruptive an LOHC ist genau dieser letzte Punkt: die Kompatibilität mit bestehender fossiler Flüssigkeitsinfrastruktur. Tankstellen, Raffinerietanks, Kesselwagen, Tankschiffe, Heiztanks, Pipelines für flüssige Brennstoffe – all diese Infrastruktur, die heute für Diesel, Heizöl und andere flüssige Energieträger genutzt wird, kann mit relativ geringem Umrüstaufwand für LOHC genutzt werden. Das ist keine marginale Verbesserung, sondern ein strategischer Durchbruch:

- Die Investitionskosten für den Aufbau einer Wasserstoff-Logistikinfrastruktur werden durch die Weiternutzung bestehender Anlagen erheblich gesenkt.
- Die Übergangszeit vom fossilen zum wasserstoffbasierten System wird verkürzt, weil keine vollständig neue Infrastruktur aufgebaut werden muss.
- Bestehende Arbeitsplätze in der Logistik, im Tankstellengewerbe und in der Brennstoffverteilung können mit überschaubarer Umschulung in die neue Wirtschaft überführt werden.
- Die Versorgungssicherheit ist während des Übergangs gewährleistet, weil dieselbe Infrastruktur parallel für fossile und LOHC-Träger genutzt werden kann.
- Ein zusätzlicher Vorteil von LOHC ist seine Eignung für den Import von Wasserstoff aus Ländern mit hohem erneuerbaren Energiepotenzial. In Marokko produzierter Solarwasserstoff kann in LOHC gebunden, auf einem normalen Tankschiff nach Deutschland transportiert und hier in bestehende Lager- und Verteilinfrastruktur eingespeist werden. Das ermöglicht eine globale Wasserstoffversorgung ohne die extremen Sicherheitsanforderungen und Infrastrukturinvestitionen, die flüssiger Wasserstoff (-253 Grad Celsius) erfordern würde.

Die Dehydrierung – also die Freisetzung des Wasserstoffs aus dem LOHC am Verwendungsort – erfordert Wärmezufuhr bei überschaubaren Temperaturen (typischerweise 270 bis 320 Grad Celsius). Diese Wärme kann in integrierten Systemen von der Abwärme der Brennstoffzelle selbst bereitgestellt werden, was die Gesamteffizienz weiter steigert. Die entladene LOHC-Trägerflüssigkeit wird direkt recycelt und steht unmittelbar für den nächsten Ladevorgang zur Verfügung – sie unterliegt keinem Verbrauch im Sinne des Massenerhaltungssatzes.

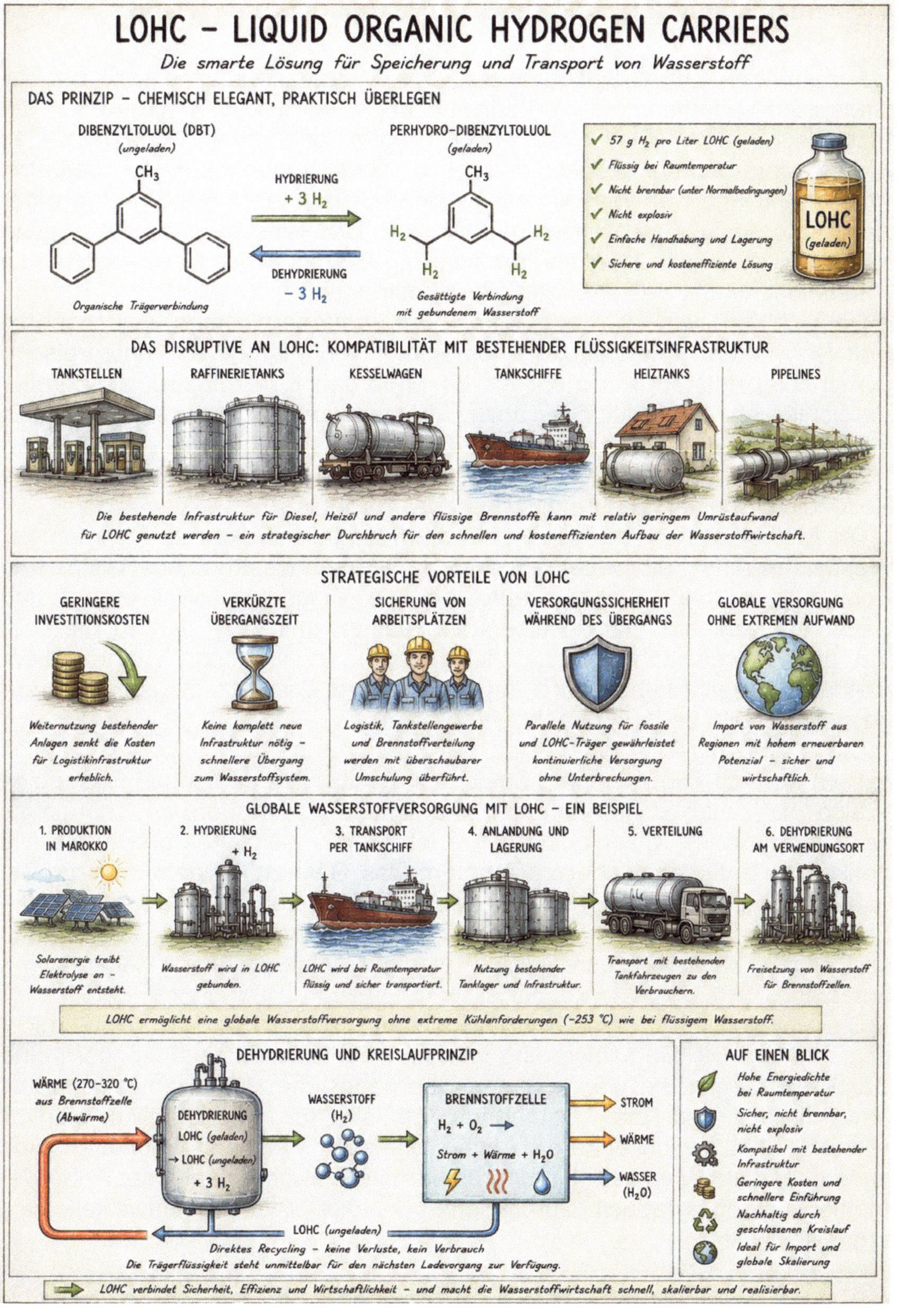
LOHC – LIQUID ORGANIC HYDROGEN CARRIERS
Die smarte Lösung für Speicherung und Transport von Wasserstoff
DAS PRINZIP – CHEMISCH ELEGANT, PRAKTISCH ÜBERLEGEN
DIBENZYLTOLUOL (DBT)
(ungeladen)
Organische Trägerverbindung
HYDRIERUNG
+ 3 H2
DEHYDRIERUNG
– 3 H2
PERHYDRO-DIBENZYLTOLUOL
(geladen)
Gesättigte Verbindung mit gebundenem Wasserstoff
57 g H2 pro Liter LOHC (geladen)
Flüssig bei Raumtemperatur
Nicht brennbar (unter Normalbedingungen)
Nicht explosiv
Einfache Handhabung und Lagerung
Sichere und kosteneffiziente Lösung
LOHC (geladen)
DAS DISRUPTIVE AN LOHC: KOMPATIBILITÄT MIT BESTEHENDER FLÜSSIGKEITSINFRASTRUKTUR
TANKSTELLEN
RAFFINERIETANKS
KESSELWAGEN
TANKSCHIFFE
HEIZTANKS
PIPELINES
Die bestehende Infrastruktur für Diesel, Heizöl und andere flüssige Brennstoffe kann mit relativ geringem Umrüstaufwand für LOHC genutzt werden – ein strategischer Durchbruch für den schnellen und kosteneffizienten Aufbau der Wasserstoffwirtschaft.
STRATEGISCHE VORTEILE VON LOHC
GERINGERE INVESTITIONSKOSTEN
Weiternutzung bestehender Anlagen senkt die Kosten für Logistikinfrastruktur erheblich.
VERKÜRZTE ÜBERGANGSZEIT
Keine komplett neue Infrastruktur nötig – schnellere Übergang zum Wasserstoffsystem.
SICHERUNG VON ARBEITSPLÄTZEN
Logistik, Tankstellengewerbe und Brennstoffverteilung werden mit überschaubarer Umschulung überführt.
VERSORGUNGSSICHERHEIT WÄHREND DES ÜBERGANGS
Parallele Nutzung für fossile und LOHC-Träger gewährleistet kontinuierliche Versorgung ohne Unterbrechungen.
GLOBALE VERSORGUNG OHNE EXTREMEN AUFWAND
Import von Wasserstoff aus Regionen mit hohem erneuerbaren Potenzial – sicher und wirtschaftlich.
GLOBALE WASSERSTOFFVERSORGUNG MIT LOHC – EIN BEISPIEL
1. PRODUKTION IN MAROKKO
Solarenergie treibt Elektrolyse an – Wasserstoff entsteht.
2. HYDRIERUNG
+ H2
Wasserstoff wird in LOHC gebunden.
3. TRANSPORT PER TANKSCHIFF
LOHC wird bei Raumtemperatur flüssig und sicher transportiert.
4. ANLANDUNG UND LAGERUNG
Nutzung bestehender Tanklager und Infrastruktur.
5. VERTEILUNG
Transport mit bestehenden Tankfahrzeugen zu den Verbrauchern.
6. DEHYDRIERUNG AM VERWENDUNGSORT
Freisetzung von Wasserstoff für Brennstoffzellen.
LOHC ermöglicht eine globale Wasserstoffversorgung ohne extreme Kühlanforderungen (–253 °C) wie bei flüssigem Wasserstoff.
DEHYDRIERUNG UND KREISLAUFPRINZIP
WÄRME (270–320 °C) aus Brennstoffzelle (Abwärme)
DEHYDRIERUNG
LOHC (geladen)
→ LOHC (ungeladen)
+ 3 H2
WASSERSTOFF (H2)
BRENNSTOFFZELLE
H2 + O2 →
Strom + Wärme + H2O
STROM
WÄRME
WASSER (H2O)
LOHC (ungeladen)
Direktes Recycling – keine Verluste, kein Verbrauch
Die Trägerflüssigkeit steht unmittelbar für den nächsten Ladevorgang zur Verfügung.
AUF EINEN BLICK
Hohe Energiedichte bei Raumtemperatur
Sicher, nicht brennbar, nicht explosiv
Kompatibel mit bestehender Infrastruktur
Geringere Kosten und schnellere Einführung
Nachhaltig durch geschlossenen Kreislauf
Ideal für Import und globale Skalierung
LOHC verbindet Sicherheit, Effizienz und Wirtschaftlichkeit – und macht die Wasserstoffwirtschaft schnell, skalierbar und realisierbar.

LOHC

3.4 Methanisierung: Das Gasnetz als Energiepuffer der Nation

Parallel zur LOHC-Option bietet die Methanisierung einen zweiten strategisch bedeutsamen Weg zur Nutzung bestehender Infrastruktur: die Einspeisung von synthetischem Methan in das bestehende Erdgasnetz. Das Prinzip der Sabatier-Reaktion ist seit über hundert Jahren bekannt: Wasserstoff und Kohlendioxid reagieren bei erhöhten Temperaturen unter Katalysatoreinfluss zu Methan und Wasser. Das entstehende synthetische Methan ist chemisch identisch mit fossilem Erdgas – und damit vollständig kompatibel mit der bestehenden Gasinfrastruktur.

Deutschland verfügt über eines der umfangreichsten Erdgasnetze weltweit: über 500.000 Kilometer Rohrleitungen, unterirdische Speicherkapazitäten von mehr als 24 Milliarden Kubikmetern, ausgereifte Verdichter- und Regelstationen sowie Millionen von Gasanschlusspunkten in Industrie, Gewerbe und Haushalten. Diese Infrastruktur repräsentiert einen Investitionswert von mehreren hundert Milliarden Euro und eine technische Reife, die durch Jahrzehnte des Betriebs erprobt ist.

Die Methanisierung ermöglicht es, all diese Infrastruktur im Rahmen der Wasserstoffwirtschaft weiter zu nutzen: Überschussstrom aus Wind- und Solaranlagen treibt Elektrolyseure an, die Wasser in Wasserstoff und Sauerstoff spalten. Der Wasserstoff reagiert mit CO_2 – das bei der Vergasung organischer Reststoffe ohnehin anfällt – zu synthetischem Methan. Dieses Methan wird ins bestehende Gasnetz eingespeist, dort gespeichert und bedarfsgerecht entnommen.

Diese Nutzung des Gasnetzes als Energiepuffer ist volkswirtschaftlich extrem wertvoll: Die saisonale Speicherkapazität des deutschen Gasnetzes – also die Fähigkeit, im Sommer überschüssige erneuerbare Energie zu speichern und im Winter abzurufen – ist um ein Vielfaches größer als alle denkbaren Batteriespeicher zusammen. Das Gasnetz ist damit das größte und günstigste Energiespeichersystem, das uns zur Verfügung steht. Die Frage ist nur, ob wir es auch als solches nutzen – oder ob wir es aufgeben und durch kleinere, teurere und weniger leistungsfähige Alternativen ersetzen.

Die ökologische Wasserstoffwirtschaft sagt klar: Nutzen, nicht verschrotten. Die Methanisierung ist dabei nicht das Endziel, sondern eine Brückenstrategie, die während des Übergangs die Versorgungssicherheit gewährleistet und die bestehende Infrastruktur wirtschaftlich sinnvoll einsetzt. Mit wachsendem Anteil direkter Wasserstoffnutzung und zunehmend auf Wasserstoff umgerüsteten Verbrauchern kann der Anteil der Methanisierung graduell zurückgehen – das System entwickelt sich organisch weiter.

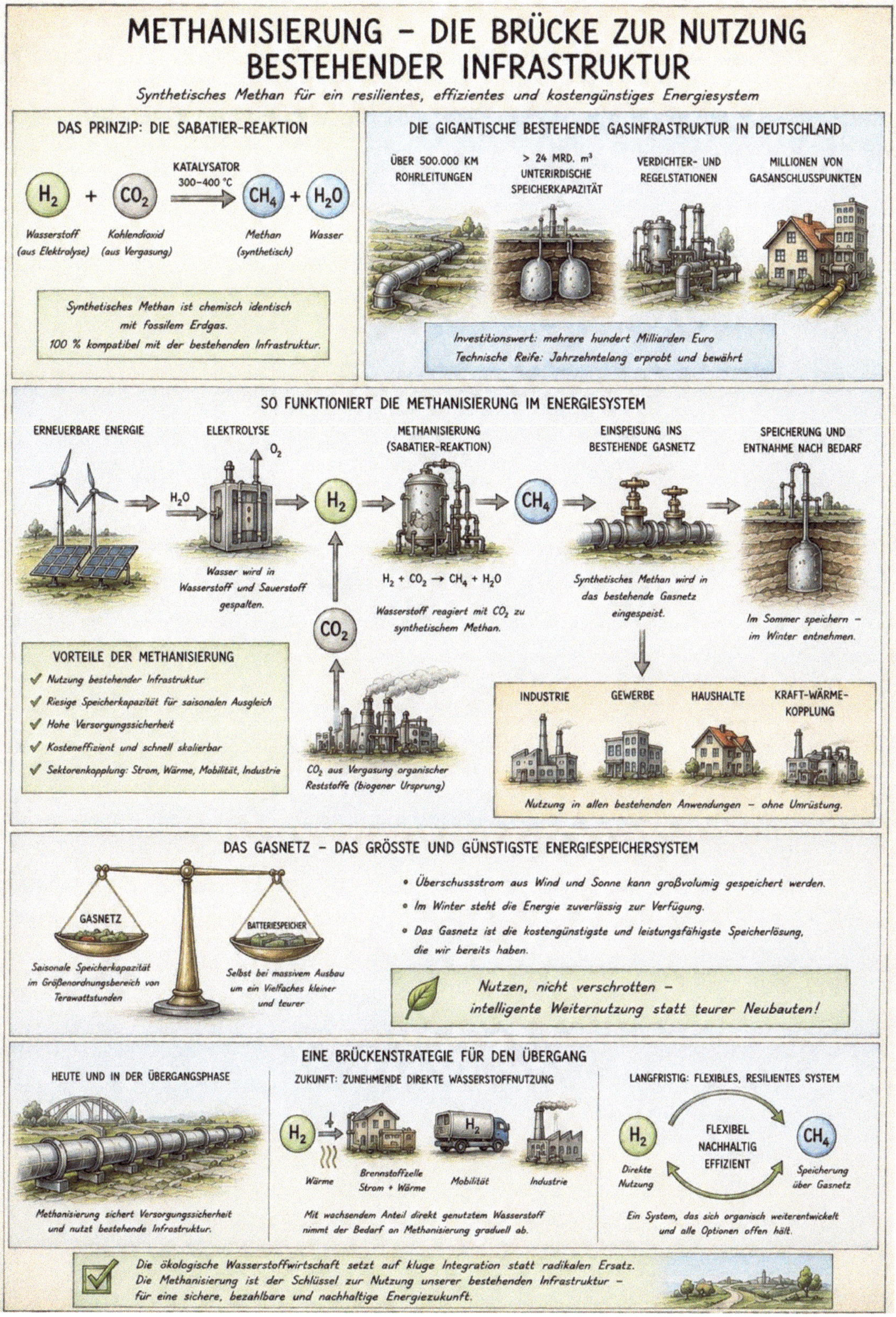
METHANISIERUNG – DIE BRÜCKE ZUR NUTZUNG BESTEHENDER INFRASTRUKTUR
Synthetisches Methan für ein resilientes, effizientes und kostengünstiges Energiesystem
DAS PRINZIP: DIE SABATIER-REAKTION
KATALYSATOR
300–400 °C
H_2 + CO_2 → CH_4 + H_2O
Wasserstoff (aus Elektrolyse)
Kohlendioxid (aus Vergasung)
Methan (synthetisch)
Wasser
Synthetisches Methan ist chemisch identisch mit fossilem Erdgas. 100 % kompatibel mit der bestehenden Infrastruktur.
DIE GIGANTISCHE BESTEHENDE GASINFRASTRUKTUR IN DEUTSCHLAND
ÜBER 500.000 KM ROHRLEITUNGEN
> 24 MRD. m^3 UNTERIRDISCHE SPEICHERKAPAZITÄT
VERDICHTER- UND REGELSTATIONEN
MILLIONEN VON GASANSCHLUSSPUNKTEN
Investitionswert: mehrere hundert Milliarden Euro
Technische Reife: Jahrzehntelang erprobt und bewährt
SO FUNKTIONIERT DIE METHANISIERUNG IM ENERGIESYSTEM
ERNEUERBARE ENERGIE
ELEKTROLYSE
METHANISIERUNG (SABATIER-REAKTION)
EINSPEISUNG INS BESTEHENDE GASNETZ
SPEICHERUNG UND ENTNAHME NACH BEDARF
H_2O
O_2
H_2
CH_4
Wasser wird in Wasserstoff und Sauerstoff gespalten.
$H_2 + CO_2 \rightarrow CH_4 + H_2O$
Wasserstoff reagiert mit CO_2 zu synthetischem Methan.
Synthetisches Methan wird in das bestehende Gasnetz eingespeist.
Im Sommer speichern – im Winter entnehmen.
CO_2
CO_2 aus Vergasung organischer Reststoffe (biogener Ursprung)
VORTEILE DER METHANISIERUNG
✓ Nutzung bestehender Infrastruktur
✓ Riesige Speicherkapazität für saisonalen Ausgleich
✓ Hohe Versorgungssicherheit
✓ Kosteneffizient und schnell skalierbar
✓ Sektorenkopplung: Strom, Wärme, Mobilität, Industrie
INDUSTRIE
GEWERBE
HAUSHALTE
KRAFT-WÄRME-KOPPLUNG
Nutzung in allen bestehenden Anwendungen – ohne Umrüstung.
DAS GASNETZ – DAS GRÖSSTE UND GÜNSTIGSTE ENERGIESPEICHERSYSTEM
GASNETZ
BATTERIESPEICHER
Saisonale Speicherkapazität im Größenordnungsbereich von Terawattstunden
Selbst bei massivem Ausbau um ein Vielfaches kleiner und teurer
• Überschussstrom aus Wind und Sonne kann großvolumig gespeichert werden.
• Im Winter steht die Energie zuverlässig zur Verfügung.
• Das Gasnetz ist die kostengünstigste und leistungsfähigste Speicherlösung, die wir bereits haben.
Nutzen, nicht verschrotten – intelligente Weiternutzung statt teurer Neubauten!
EINE BRÜCKENSTRATEGIE FÜR DEN ÜBERGANG
HEUTE UND IN DER ÜBERGANGSPHASE
Methanisierung sichert Versorgungssicherheit und nutzt bestehende Infrastruktur.
ZUKUNFT: ZUNEHMENDE DIREKTE WASSERSTOFFNUTZUNG
H_2
Wärme
Brennstoffzelle Strom + Wärme
Mobilität
Industrie
Mit wachsendem Anteil direkt genutztem Wasserstoff nimmt der Bedarf an Methanisierung graduell ab.
LANGFRISTIG: FLEXIBLES, RESILIENTES SYSTEM
H_2
Direkte Nutzung
FLEXIBEL
NACHHALTIG
EFFIZIENT
CH_4
Speicherung über Gasnetz
Ein System, das sich organisch weiterentwickelt und alle Optionen offen hält.
Die ökologische Wasserstoffwirtschaft setzt auf kluge Integration statt radikalen Ersatz. Die Methanisierung ist der Schlüssel zur Nutzung unserer bestehenden Infrastruktur – für eine sichere, bezahlbare und nachhaltige Energiezukunft.

Methanisierung

3.5 Sektorale Anwendungen: Wer profitiert wie?

Die ökologische Wasserstoffwirtschaft ist kein Sektorprojekt. Sie verändert alle Bereiche der Wirtschaft, wenn auch in unterschiedlichem Tempo und mit unterschiedlichen Prioritäten. Ein Blick auf die wichtigsten Sektoren zeigt, wie das Konzept konkret wirkt.

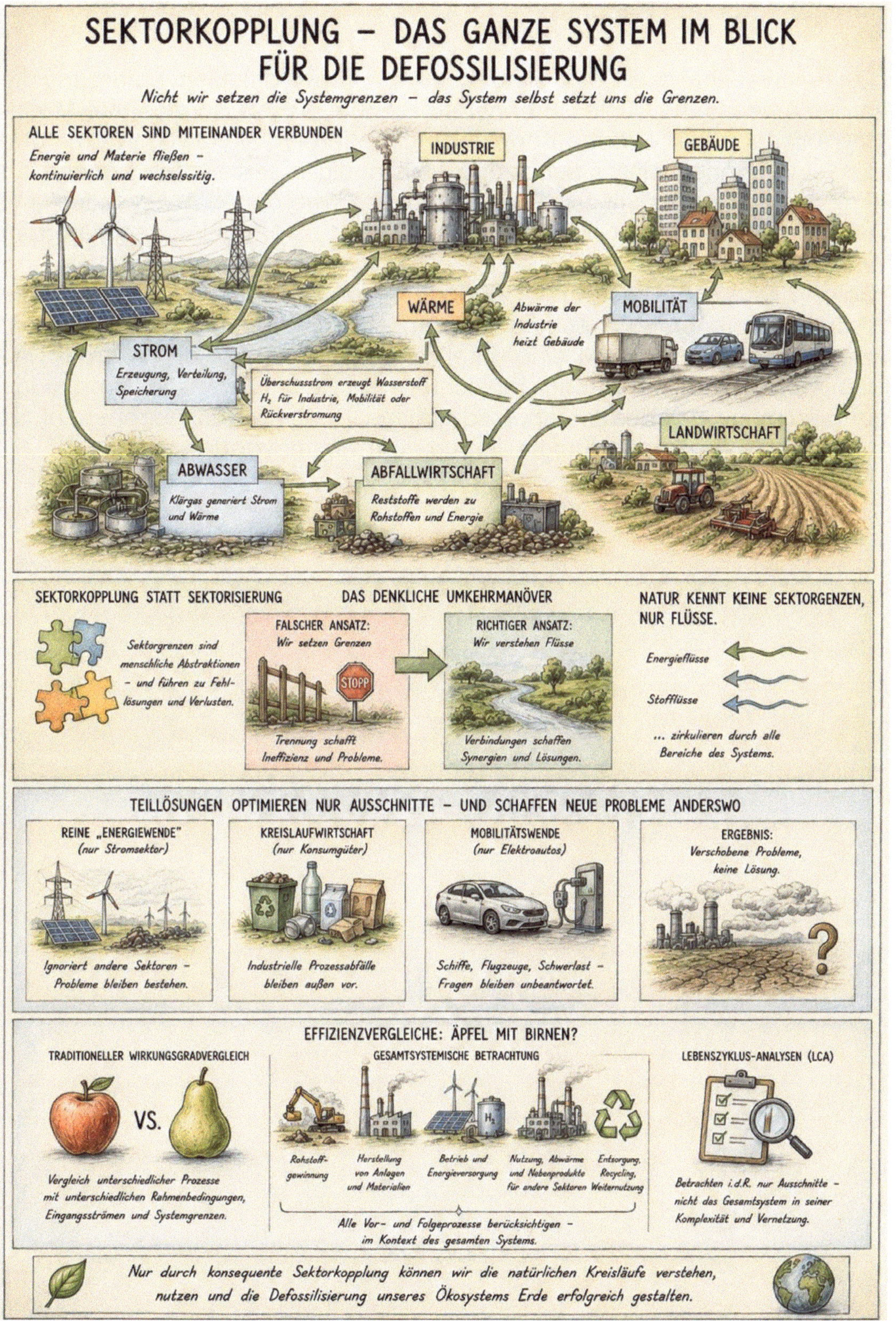
SEKTORKOPPLUNG – DAS GANZE SYSTEM IM BLICK FÜR DIE DEFOSSILISIERUNG
Nicht wir setzen die Systemgrenzen – das System selbst setzt uns die Grenzen.
ALLE SEKTOREN SIND MITEINANDER VERBUNDEN
Energie und Materie fließen – kontinuierlich und wechselseitig.
INDUSTRIE
GEBÄUDE
WÄRME
Abwärme der Industrie heizt Gebäude
MOBILITÄT
STROM
Erzeugung, Verteilung, Speicherung
Überschussstrom erzeugt Wasserstoff H_2 für Industrie, Mobilität oder Rückverstromung
LANDWIRTSCHAFT
ABWASSER
Klärgas generiert Strom und Wärme
ABFALLWIRTSCHAFT
Reststoffe werden zu Rohstoffen und Energie
SEKTORKOPPLUNG STATT SEKTORISIERUNG
Sektorgrenzen sind menschliche Abstraktionen – und führen zu Fehllösungen und Verlusten.
DAS DENKLICHE UMKEHRMANÖVER
FALSCHER ANSATZ: Wir setzen Grenzen
STOPP
Trennung schafft Ineffizienz und Probleme.
RICHTIGER ANSATZ: Wir verstehen Flüsse
Verbindungen schaffen Synergien und Lösungen.
NATUR KENNT KEINE SEKTORGENZEN, NUR FLÜSSE.
Energieflüsse
Stoffflüsse
... zirkulieren durch alle Bereiche des Systems.
TEILLÖSUNGEN OPTIMIEREN NUR AUSSCHNITTE – UND SCHAFFEN NEUE PROBLEME ANDERSWO
REINE „ENERGIEWENDE" (nur Stromsektor)
Ignoriert andere Sektoren – Probleme bleiben bestehen.
KREISLAUFWIRTSCHAFT (nur Konsumgüter)
Industrielle Prozessabfälle bleiben außen vor.
MOBILITÄTSWENDE (nur Elektroautos)
Schiffe, Flugzeuge, Schwerlast – Fragen bleiben unbeantwortet.
ERGEBNIS: Verschobene Probleme, keine Lösung.
EFFIZIENZVERGLEICHE: ÄPFEL MIT BIRNEN?
TRADITIONELLER WIRKUNGSGRADVERGLEICH
VS.
Vergleich unterschiedlicher Prozesse mit unterschiedlichen Rahmenbedingungen, Eingangsströmen und Systemgrenzen.
GESAMTSYSTEMISCHE BETRACHTUNG
Rohstoffgewinnung
Herstellung von Anlagen und Materialien
Betrieb und Energieversorgung
Nutzung, Abwärme und Nebenprodukte für andere Sektoren
Entsorgung, Recycling, Weiternutzung
Alle Vor- und Folgeprozesse berücksichtigen – im Kontext des gesamten Systems.
LEBENSZYKLUS-ANALYSEN (LCA)
Betrachten i.d.R. nur Ausschnitte – nicht das Gesamtsystem in seiner Komplexität und Vernetzung.
Nur durch konsequente Sektorkopplung können wir die natürlichen Kreisläufe verstehen, nutzen und die Defossilisierung unseres Ökosystems Erde erfolgreich gestalten.

Sektorale Anwendungen

Wohngebäude und Haushalte

Für den Haushaltssektor ist die dezentrale Brennstoffzellenversorgung die zentrale Anwendung. Kleine Brennstoffzellenheizungen, sogenannte Mikro-KWK-Anlagen (Kraft-Wärme-Kopplung), generieren gleichzeitig Wärme und Strom und können eine Gasheizung vollständig ersetzen. Sie können an bestehende Gasanschlüsse angeschlossen werden – entweder mit synthetischem Methan aus dem Netz oder mit direkt angeliefertem Wasserstoff.

Beim Neubau können Gebäude von Anfang an für die Wasserstoffversorgung ausgelegt werden – mit kleineren Brennstoffzellen, dezentralen Speichern und einer intelligenten Steuerung, die Wärme- und Stromgenerierung am Bedarf ausrichtet. Im Bestand ist die Umrüstung ebenfalls möglich, erfordert aber sorgfältige Planung und gegebenenfalls Anpassungen an der Gebäudehülle und dem Wärmeverteilsystem.

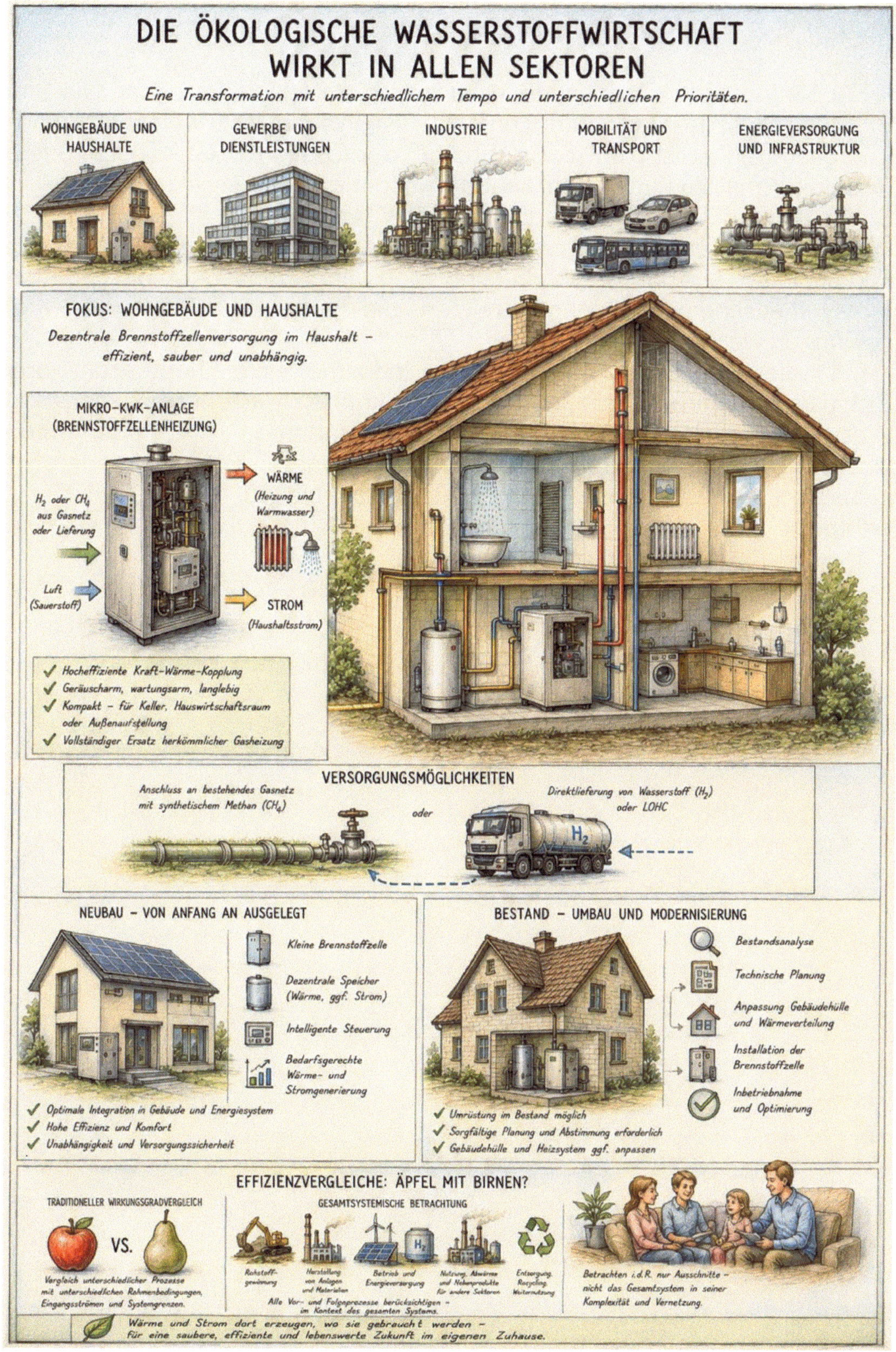
DIE ÖKOLOGISCHE WASSERSTOFFWIRTSCHAFT
WIRKT IN ALLEN SEKTOREN
Eine Transformation mit unterschiedlichem Tempo und unterschiedlichen Prioritäten.
WOHNGEBÄUDE UND HAUSHALTE
GEWERBE UND DIENSTLEISTUNGEN
INDUSTRIE
MOBILITÄT UND TRANSPORT
ENERGIEVERSORGUNG UND INFRASTRUKTUR
FOKUS: WOHNGEBÄUDE UND HAUSHALTE
Dezentrale Brennstoffzellenversorgung im Haushalt – effizient, sauber und unabhängig.
MIKRO-KWK-ANLAGE
(BRENNSTOFFZELLENHEIZUNG)
H_2 oder CH_4 aus Gasnetz oder Lieferung
Luft (Sauerstoff)
WÄRME
(Heizung und Warmwasser)
STROM
(Haushaltsstrom)
✓ Hocheffiziente Kraft-Wärme-Kopplung
✓ Geräuscharm, wartungsarm, langlebig
✓ Kompakt – für Keller, Hauswirtschaftsraum oder Außenaufstellung
✓ Vollständiger Ersatz herkömmlicher Gasheizung
VERSORGUNGSMÖGLICHKEITEN
Anschluss an bestehendes Gasnetz mit synthetischem Methan (CH_4)
oder
Direktlieferung von Wasserstoff (H_2) oder LOHC
H_2
NEUBAU – VON ANFANG AN AUSGELEGT
Kleine Brennstoffzelle
Dezentrale Speicher (Wärme, ggf. Strom)
Intelligente Steuerung
Bedarfsgerechte Wärme- und Stromgenerierung
✓ Optimale Integration in Gebäude und Energiesystem
✓ Hohe Effizienz und Komfort
✓ Unabhängigkeit und Versorgungssicherheit
BESTAND – UMBAU UND MODERNISIERUNG
Bestandsanalyse
Technische Planung
Anpassung Gebäudehülle und Wärmeverteilung
Installation der Brennstoffzelle
Inbetriebnahme und Optimierung
✓ Umrüstung im Bestand möglich
✓ Sorgfältige Planung und Abstimmung erforderlich
✓ Gebäudehülle und Heizsystem ggf. anpassen
EFFIZIENZVERGLEICHE: ÄPFEL MIT BIRNEN?
TRADITIONELLER WIRKUNGSGRADVERGLEICH
VS.
Vergleich unterschiedlicher Prozesse mit unterschiedlichen Rahmenbedingungen, Eingangsströmen und Systemgrenzen.
GESAMTSYSTEMISCHE BETRACHTUNG
Rohstoffgewinnung
Herstellung von Anlagen und Materialien
Betrieb und Energieversorgung
H_2
Nutzung, Abwärme und Nebenprodukte für andere Sektoren
Entsorgung, Recycling, Weiternutzung
Alle Vor- und Folgeprozesse berücksichtigen – im Kontext des gesamten Systems.
Betrachten i.d.R. nur Ausschnitte – nicht das Gesamtsystem in seiner Komplexität und Vernetzung.
Wärme und Strom dort erzeugen, wo sie gebraucht werden – für eine saubere, effiziente und lebenswerte Zukunft im eigenen Zuhause.

Wohngebäude und Haushalte

Industrie

Für die Industrie – insbesondere für energieintensive Branchen wie Stahl, Chemie, Glas, Keramik und Zement – ist Wasserstoff weit mehr als ein Energieträger. Er ist ein Prozessrohstoff, der fossile Kohlenwasserstoffe als Reduktionsmittel und chemischen Ausgangsstoff ersetzen kann. Die Stahlherstellung per Direktreduktion mit Wasserstoff – statt mit Koks aus Kohle – ist technologisch bereits möglich und wird derzeit in mehreren Pilotprojekten erprobt. Die Chemieindustrie kann Wasserstoff als Grundstoff für synthetische Verbindungen nutzen, die heute aus Erdöl und Erdgas gewonnen werden.

Für die Prozesswärme in der Industrie, die heute oft durch Erdgasverbrennung generiert wird, können Brennstoffzellen und Wasserstoffbrenner die Übernahme übernehmen. Hochtemperaturbrennstoffzellen (SOFC) eignen sich besonders für industrielle Prozesse, die Temperaturen von bis zu 1.000 Grad Celsius erfordern.

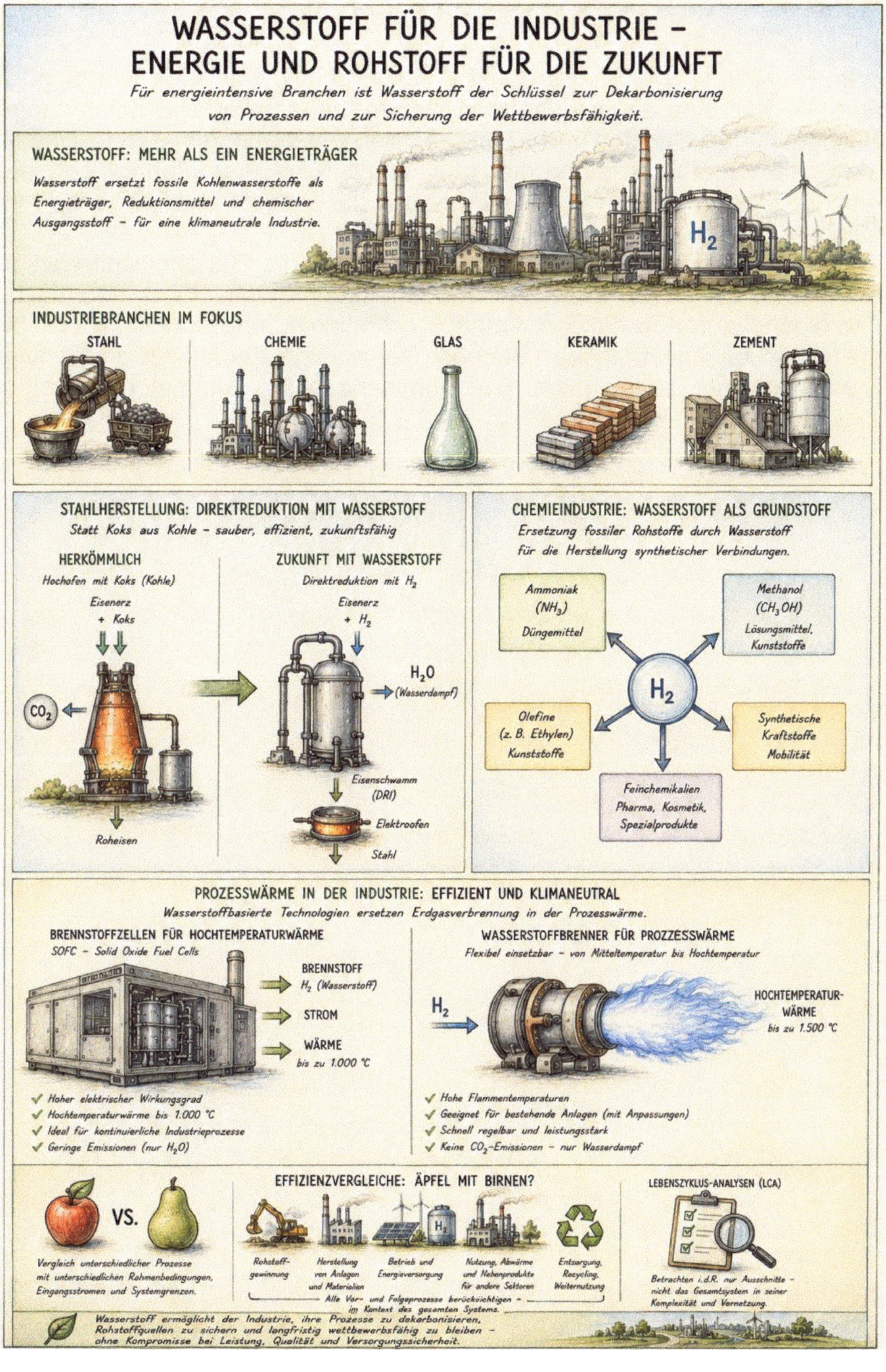
WASSERSTOFF FÜR DIE INDUSTRIE –
ENERGIE UND ROHSTOFF FÜR DIE ZUKUNFT
Für energieintensive Branchen ist Wasserstoff der Schlüssel zur Dekarbonisierung von Prozessen und zur Sicherung der Wettbewerbsfähigkeit.
WASSERSTOFF: MEHR ALS EIN ENERGIETRÄGER
Wasserstoff ersetzt fossile Kohlenwasserstoffe als Energieträger, Reduktionsmittel und chemischer Ausgangsstoff – für eine klimaneutrale Industrie.
H2
INDUSTRIEBRANCHEN IM FOKUS
STAHL
CHEMIE
GLAS
KERAMIK
ZEMENT
STAHLHERSTELLUNG: DIREKTREDUKTION MIT WASSERSTOFF
Statt Koks aus Kohle – sauber, effizient, zukunftsfähig
HERKÖMMLICH
Hochofen mit Koks (Kohle)
Eisenerz
+ Koks
CO2
Roheisen
ZUKUNFT MIT WASSERSTOFF
Direktreduktion mit H2
Eisenerz
+ H2
H2O
(Wasserdampf)
Eisenschwamm
(DRI)
Elektroofen
Stahl
CHEMIEINDUSTRIE: WASSERSTOFF ALS GRUNDSTOFF
Ersetzung fossiler Rohstoffe durch Wasserstoff für die Herstellung synthetischer Verbindungen.
Ammoniak (NH3) Düngemittel
Methanol (CH3OH) Lösungsmittel, Kunststoffe
H2
Olefine (z. B. Ethylen) Kunststoffe
Synthetische Kraftstoffe Mobilität
Feinchemikalien Pharma, Kosmetik, Spezialprodukte
PROZESSWÄRME IN DER INDUSTRIE: EFFIZIENT UND KLIMANEUTRAL
Wasserstoffbasierte Technologien ersetzen Erdgasverbrennung in der Prozesswärme.
BRENNSTOFFZELLEN FÜR HOCHTEMPERATURWÄRME
SOFC – Solid Oxide Fuel Cells
BRENNSTOFF
H2 (Wasserstoff)
STROM
WÄRME
bis zu 1.000 °C
✓ Hoher elektrischer Wirkungsgrad
✓ Hochtemperaturwärme bis 1.000 °C
✓ Ideal für kontinuierliche Industrieprozesse
✓ Geringe Emissionen (nur H2O)
WASSERSTOFFBRENNER FÜR PROZZESSWÄRME
Flexibel einsetzbar – von Mitteltemperatur bis Hochtemperatur
H2
HOCHTEMPERATUR-WÄRME
bis zu 1.500 °C
✓ Hohe Flammentemperaturen
✓ Geeignet für bestehende Anlagen (mit Anpassungen)
✓ Schnell regelbar und leistungsstark
✓ Keine CO2-Emissionen – nur Wasserdampf
VS.
Vergleich unterschiedlicher Prozesse mit unterschiedlichen Rahmenbedingungen, Eingangsströmen und Systemgrenzen.
EFFIZIENZVERGLEICHE: ÄPFEL MIT BIRNEN?
H2
Rohstoff-gewinnung
Herstellung von Anlagen und Materialien
Betrieb und Energieversorgung
Nutzung, Abwärme und Nebenprodukte für andere Sektoren
Entsorgung, Recycling, Weiternutzung
Alle Vor- und Folgeprozesse berücksichtigen – im Kontext des gesamten Systems.
LEBENSZYKLUS-ANALYSEN (LCA)
Betrachten i.d.R. nur Ausschnitte – nicht das Gesamtsystem in seiner Komplexität und Vernetzung.
Wasserstoff ermöglicht der Industrie, ihre Prozesse zu dekarbonisieren, Rohstoffquellen zu sichern und langfristig wettbewerbsfähig zu bleiben – ohne Kompromisse bei Leistung, Qualität und Versorgungssicherheit.

Industrie

Mobilität

Im Bereich der Mobilität ergänzt Wasserstoff die Batterie-Elektromobilität dort, wo Batterien an ihre Grenzen stoßen: bei schweren Nutzfahrzeugen, Bussen, Zügen, Schiffen und – perspektivisch – Flugzeugen. Die Reichweite, die Schnellladefähigkeit und die Nutzlast, die Wasserstofffahrzeuge bieten, machen sie für den Schwerlastverkehr und die Langstrecke zur überlegenen Option.

Für den individuellen Personenverkehr wird die Batterie weiterhin ihre Rolle spielen – vor allem im Kurzstreckenbereich. Eine dogmatische Festlegung auf eine einzige Antriebstechnologie widerspricht jedoch dem systemischen Ansatz dieses Buches: Der richtige Antrieb für den richtigen Einsatz ist die Devise, nicht die Dominanz einer Technologie über alle anderen.

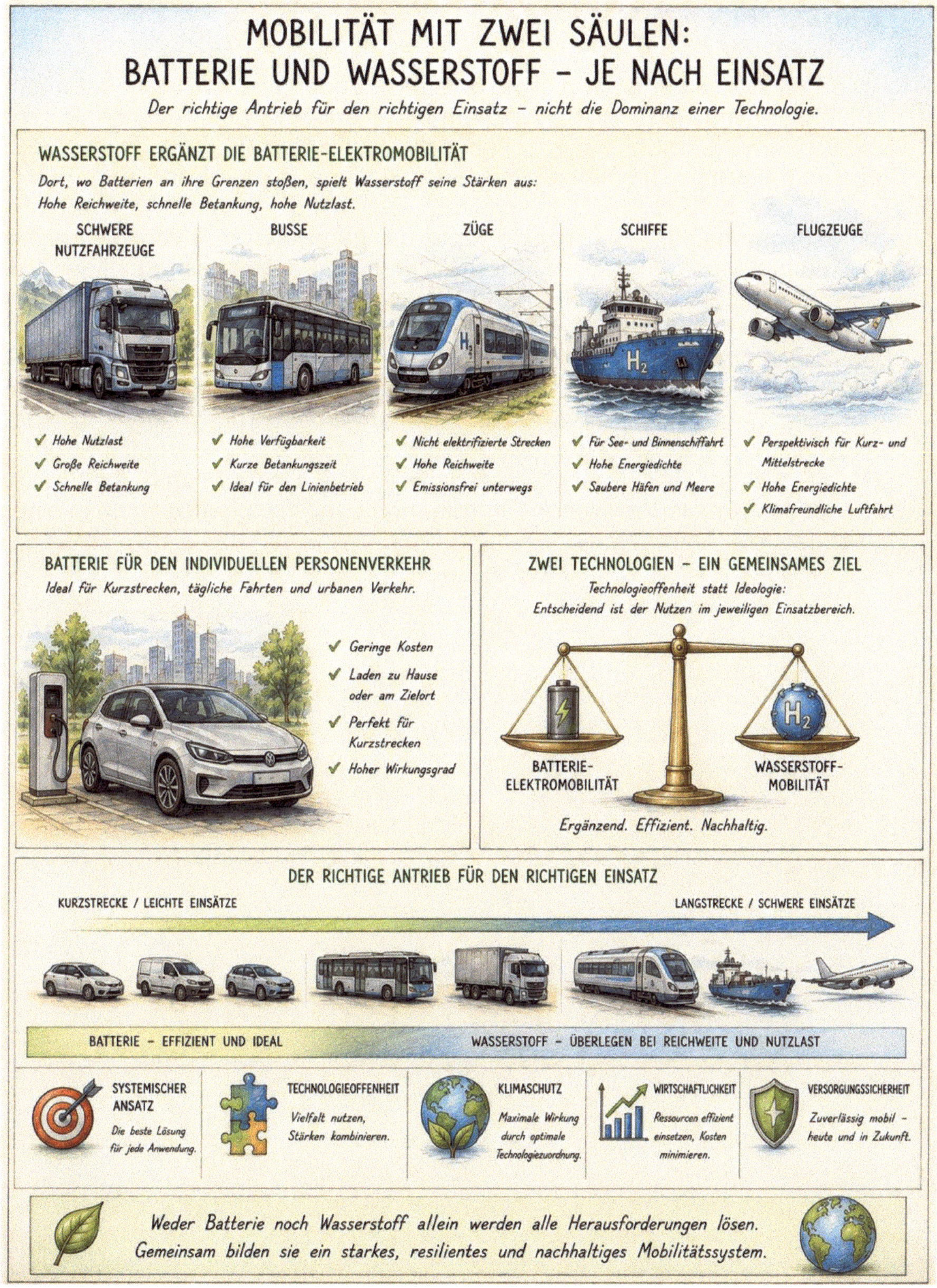
MOBILITÄT MIT ZWEI SÄULEN:
BATTERIE UND WASSERSTOFF – JE NACH EINSATZ
Der richtige Antrieb für den richtigen Einsatz – nicht die Dominanz einer Technologie.
WASSERSTOFF ERGÄNZT DIE BATTERIE-ELEKTROMOBILITÄT
Dort, wo Batterien an ihre Grenzen stoßen, spielt Wasserstoff seine Stärken aus:
Hohe Reichweite, schnelle Betankung, hohe Nutzlast.
SCHWERE NUTZFAHRZEUGE
Hohe Nutzlast
Große Reichweite
Schnelle Betankung
BUSSE
Hohe Verfügbarkeit
Kurze Betankungszeit
Ideal für den Linienbetrieb
ZÜGE
Nicht elektrifizierte Strecken
Hohe Reichweite
Emissionsfrei unterwegs
SCHIFFE
Für See- und Binnenschiffahrt
Hohe Energiedichte
Saubere Häfen und Meere
FLUGZEUGE
Perspektivisch für Kurz- und Mittelstrecke
Hohe Energiedichte
Klimafreundliche Luftfahrt
BATTERIE FÜR DEN INDIVIDUELLEN PERSONENVERKEHR
Ideal für Kurzstrecken, tägliche Fahrten und urbanen Verkehr.
Geringe Kosten
Laden zu Hause oder am Zielort
Perfekt für Kurzstrecken
Hoher Wirkungsgrad
ZWEI TECHNOLOGIEN – EIN GEMEINSAMES ZIEL
Technologieoffenheit statt Ideologie:
Entscheidend ist der Nutzen im jeweiligen Einsatzbereich.
BATTERIE-ELEKTROMOBILITÄT
WASSERSTOFF-MOBILITÄT
Ergänzend. Effizient. Nachhaltig.
DER RICHTIGE ANTRIEB FÜR DEN RICHTIGEN EINSATZ
KURZSTRECKE / LEICHTE EINSÄTZE
LANGSTRECKE / SCHWERE EINSÄTZE
BATTERIE – EFFIZIENT UND IDEAL
WASSERSTOFF – ÜBERLEGEN BEI REICHWEITE UND NUTZLAST
SYSTEMISCHER ANSATZ
Die beste Lösung für jede Anwendung.
TECHNOLOGIEOFFENHEIT
Vielfalt nutzen, Stärken kombinieren.
KLIMASCHUTZ
Maximale Wirkung durch optimale Technologiezuordnung.
WIRTSCHAFTLICHKEIT
Ressourcen effizient einsetzen, Kosten minimieren.
VERSORGUNGSSICHERHEIT
Zuverlässig mobil – heute und in Zukunft.
Weder Batterie noch Wasserstoff allein werden alle Herausforderungen lösen.
Gemeinsam bilden sie ein starkes, resilientes und nachhaltiges Mobilitätssystem.

Mobilität

Landwirtschaft

Die Landwirtschaft ist in diesem System in doppelter Weise bedeutsam: als Lieferant von biogenen Reststoffen für die Wasserstoffproduktion und als Nutzer von Energie und chemischen Produkten, die aus dem Wasserstoffsystem kommen können. Biogene Reststoffe aus Ernte, Tierhaltung und Lebensmittelverarbeitung sind wertvolle Vergasungsrohstoffe. Gleichzeitig kann die Landwirtschaft von regionalen Wasserstoffversorgungsstrukturen profitieren und synthetische Dünger aus atmosphärischem Stickstoff und ökologischem Wasserstoff (Ammoniak-Synthese) erhalten, die fossile Stickstoffemissionen aus der heutigen Düngemittelproduktion ersetzen.

Pflanzenkohle – ein Produkt der thermochemischen Behandlung von Biomasse – kann zudem als Bodenverbesserungsmittel in der Landwirtschaft eingesetzt werden, speichert Kohlenstoff dauerhaft im Boden und verbessert die Wasserhaltefähigkeit und Bodenfruchtbarkeit. Das schließt den Kreislauf zwischen Energie- und Landwirtschaftssystem in einer besonders eleganten Weise.

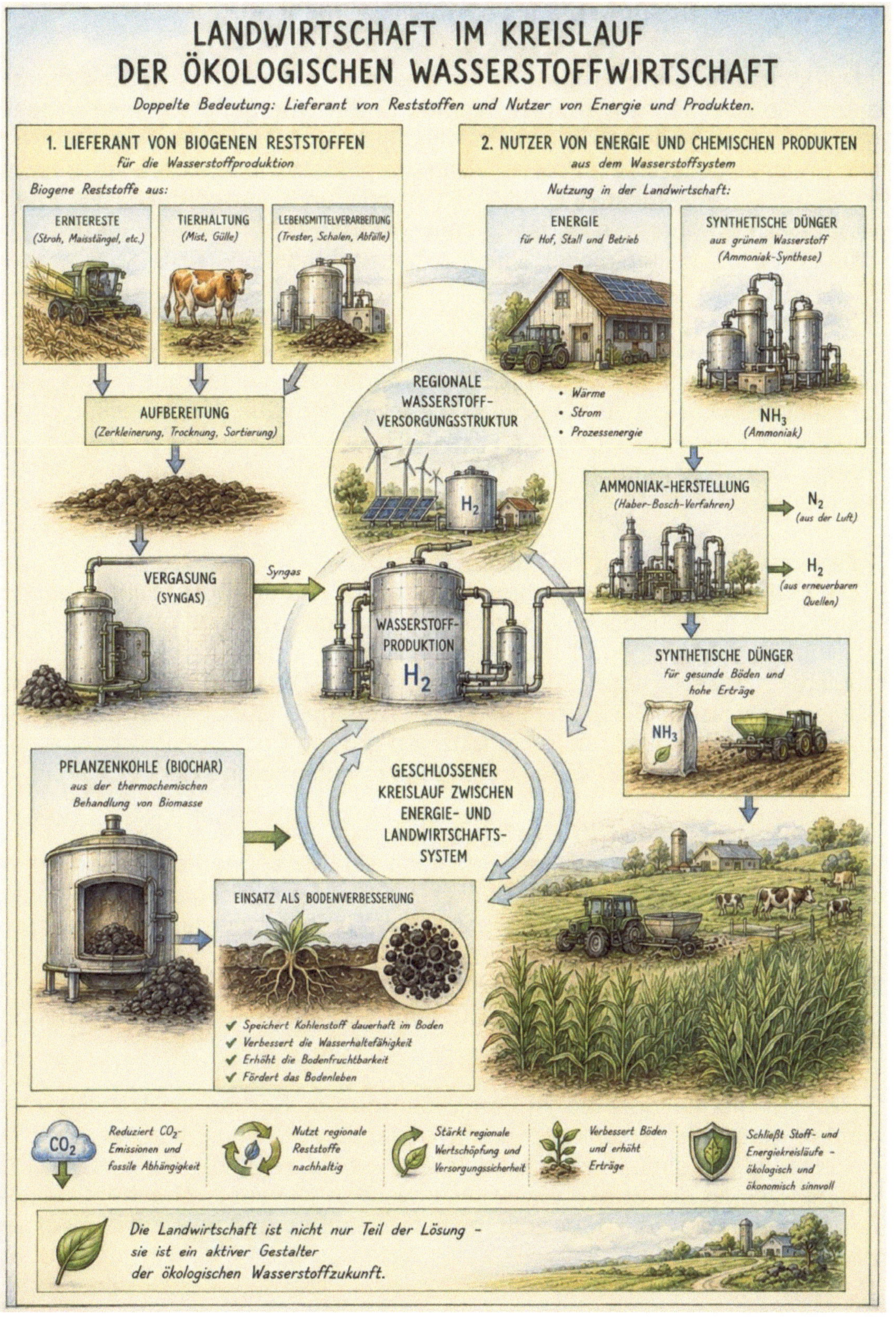
LANDWIRTSCHAFT IM KREISLAUF DER ÖKOLOGISCHEN WASSERSTOFFWIRTSCHAFT
Doppelte Bedeutung: Lieferant von Reststoffen und Nutzer von Energie und Produkten.
1. LIEFERANT VON BIOGENEN RESTSTOFFEN
für die Wasserstoffproduktion
Biogene Reststoffe aus:
ERNTERESTE
(Stroh, Maisstängel, etc.)
TIERHALTUNG
(Mist, Gülle)
LEBENSMITTELVERARBEITUNG
(Trester, Schalen, Abfälle)
AUFBEREITUNG
(Zerkleinerung, Trocknung, Sortierung)
VERGASUNG
(SYNGAS)
Syngas
PFLANZENKOHLE (BIOCHAR)
aus der thermochemischen Behandlung von Biomasse
EINSATZ ALS BODENVERBESSERUNG
Speichert Kohlenstoff dauerhaft im Boden
Verbessert die Wasserhaltefähigkeit
Erhöht die Bodenfruchtbarkeit
Fördert das Bodenleben
2. NUTZER VON ENERGIE UND CHEMISCHEN PRODUKTEN
aus dem Wasserstoffsystem
Nutzung in der Landwirtschaft:
ENERGIE
für Hof, Stall und Betrieb
Wärme
Strom
Prozessenergie
SYNTHETISCHE DÜNGER
aus grünem Wasserstoff
(Ammoniak-Synthese)
NH3
(Ammoniak)
REGIONALE WASSERSTOFF-VERSORGUNGSSTRUKTUR
H2
WASSERSTOFF-PRODUKTION
H2
AMMONIAK-HERSTELLUNG
(Haber-Bosch-Verfahren)
N2
(aus der Luft)
H2
(aus erneuerbaren Quellen)
SYNTHETISCHE DÜNGER
für gesunde Böden und hohe Erträge
NH3
GESCHLOSSENER KREISLAUF ZWISCHEN ENERGIE- UND LANDWIRTSCHAFTS-SYSTEM
CO2
Reduziert CO2-Emissionen und fossile Abhängigkeit
Nutzt regionale Reststoffe nachhaltig
Stärkt regionale Wertschöpfung und Versorgungssicherheit
Verbessert Böden und erhöht Erträge
Schließt Stoff- und Energiekreisläufe – ökologisch und ökonomisch sinnvoll
Die Landwirtschaft ist nicht nur Teil der Lösung – sie ist ein aktiver Gestalter der ökologischen Wasserstoffzukunft.

Landwirtschaft

3.6 Der Transformationspfad: Schrittweise, nicht abrupt

Die konsequenteste Frage, die an diesem Punkt gestellt werden muss, lautet: Wie kommen wir von hier nach dort? Der Übergang von einem fossil geprägten Energiesystem zu einer ökologischen Wasserstoffwirtschaft ist kein Ereignis, sondern ein Prozess. Und wie jeder komplexe Prozess braucht er eine klare Architektur, die Stabilität und Versorgungssicherheit gewährleistet, während sich das System verändert.

Drei Prinzipien leiten diesen Transformationspfad:

Erstens: Synergien vor Brüchen.

Jede bestehende Infrastruktur, die in das neue System integriert werden kann, sollte integriert werden – anstatt sie zu verschrotten und neu aufzubauen. Das gilt für Gasnetz, Dieselinfrastruktur, Kavernenspeicher, industrielle Prozessanlagen und logistische Netzwerke. Diese Synergien sparen Zeit, Ressourcen und Geld und ermöglichen einen flüssigeren Übergang

.

Zweitens: Dezentralität als Treiber.

Die Einführung dezentraler Brennstoffzellensysteme muss nicht in einem Schritt und flächendeckend erfolgen. Sie kann regional beginnen – in Kommunen, Industrieparks, Wohnsiedlungen, die als Pilotquartiere fungieren. Jedes dieser Pilotprojekte liefert Daten, Erfahrungen und Skalierungswissen. Die Dezentralität des Konzepts ist dabei ein Vorteil: Es gibt keine Abhängigkeit von einer einzigen großen Entscheidung oder einer einzigen großen Anlage. Viele kleine Schritte summieren sich

.

Drittens: Reststoffe als früher Einstiegspunkt.

Die Erschließung organischer Reststoffe als Wasserstoffrohstoff erfordert keine Revolution des Gesamtsystems – sie kann sofort beginnen. Wo heute Reststoffe verbrannt, deponiert oder mühsam entsorgt werden, kann morgen Wasserstoff produziert werden. Dieser sofortige Einstiegspunkt ist wirtschaftlich attraktiv (Entsorgungskosten werden zu Einnahmen), ökologisch wertvoll und politisch durchsetzbar, weil er bestehende Abfallprobleme löst.

Der Transformationspfad ist damit kein großer Sprung ins Unbekannte, sondern eine Abfolge konkreter, nachvollziehbarer Schritte, von denen jeder einzelne für sich einen Fortschritt darstellt – unabhängig davon, was danach kommt. Das ist die Stärke eines systemischen Konzepts gegenüber einer Einzelmaßnahme: Es ist resilient, anpassungsfähig und kumulativ in seiner Wirkung.

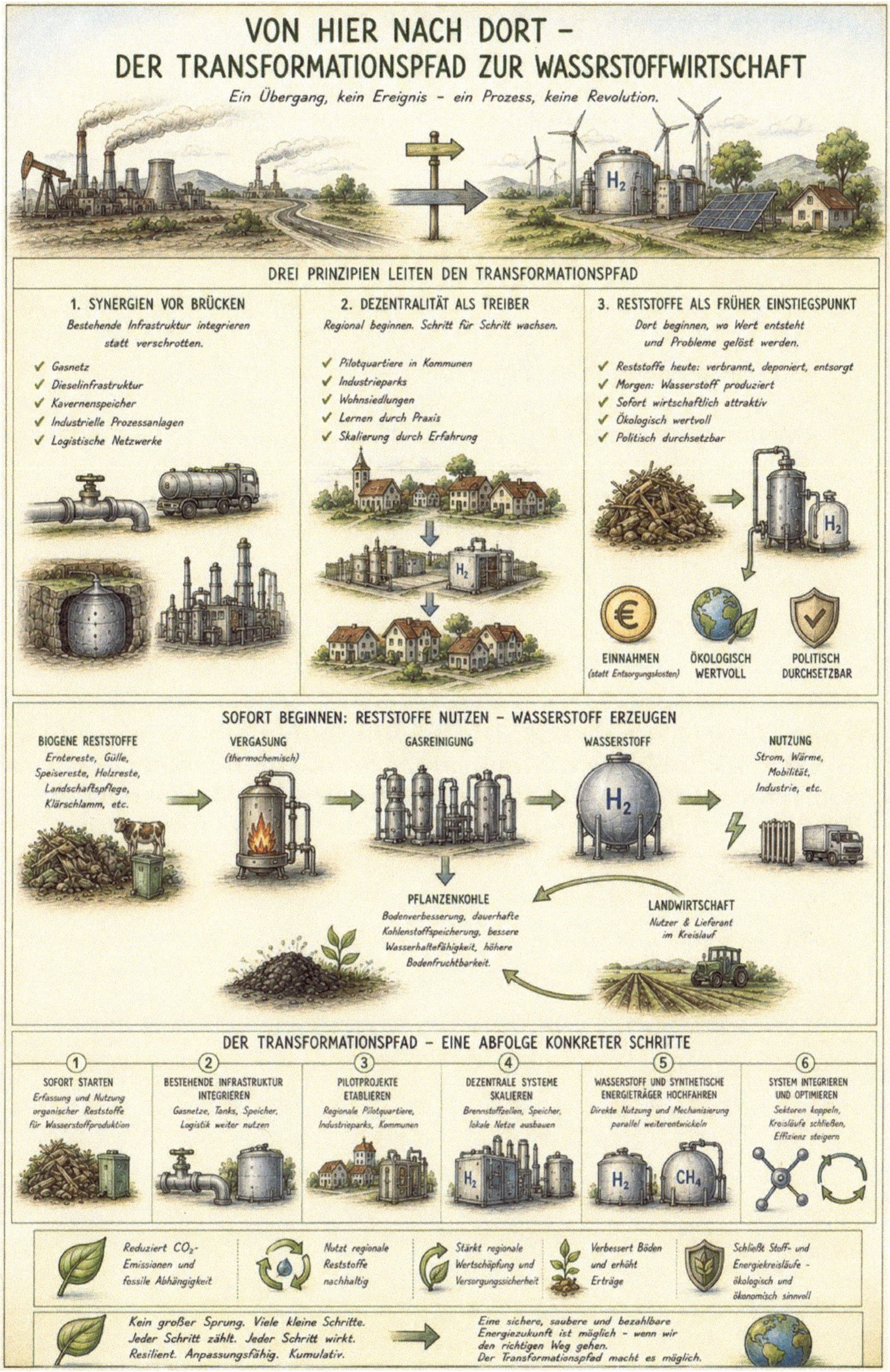
VON HIER NACH DORT –
DER TRANSFORMATIONSPFAD ZUR WASSRSTOFFWIRTSCHAFT
Ein Übergang, kein Ereignis – ein Prozess, keine Revolution.
H_2
DREI PRINZIPIEN LEITEN DEN TRANSFORMATIONSPFAD
1. SYNERGIEN VOR BRÜCKEN
Bestehende Infrastruktur integrieren statt verschrotten.
✓ Gasnetz
✓ Dieselinfrastruktur
✓ Kavernenspeicher
✓ Industrielle Prozessanlagen
✓ Logistische Netzwerke
2. DEZENTRALITÄT ALS TREIBER
Regional beginnen. Schritt für Schritt wachsen.
✓ Pilotquartiere in Kommunen
✓ Industrieparks
✓ Wohnsiedlungen
✓ Lernen durch Praxis
✓ Skalierung durch Erfahrung
H_2
3. RESTSTOFFE ALS FRÜHER EINSTIEGSPUNKT
Dort beginnen, wo Wert entsteht und Probleme gelöst werden.
✓ Reststoffe heute: verbrannt, deponiert, entsorgt
✓ Morgen: Wasserstoff produziert
✓ Sofort wirtschaftlich attraktiv
✓ Ökologisch wertvoll
✓ Politisch durchsetzbar
H_2
€
EINNAHMEN (statt Entsorgungskosten)
ÖKOLOGISCH WERTVOLL
POLITISCH DURCHSETZBAR
SOFORT BEGINNEN: RESTSTOFFE NUTZEN – WASSERSTOFF ERZEUGEN
BIOGENE RESTSTOFFE
Erntereste, Gülle, Speisereste, Holzreste, Landschaftspflege, Klärschlamm, etc.
VERGASUNG (thermochemisch)
GASREINIGUNG
WASSERSTOFF
H_2
NUTZUNG
Strom, Wärme, Mobilität, Industrie, etc.
PFLANZENKOHLE
Bodenverbesserung, dauerhafte Kohlenstoffspeicherung, bessere Wasserhaltefähigkeit, höhere Bodenfruchtbarkeit.
LANDWIRTSCHAFT
Nutzer & Lieferant im Kreislauf
DER TRANSFORMATIONSPFAD – EINE ABFOLGE KONKRETER SCHRITTE
1 SOFORT STARTEN
Erfassung und Nutzung organischer Reststoffe für Wasserstoffproduktion
2 BESTEHENDE INFRASTRUKTUR INTEGRIEREN
Gasnetze, Tanks, Speicher, Logistik weiter nutzen
3 PILOTPROJEKTE ETABLIEREN
Regionale Pilotquartiere, Industrieparks, Kommunen
4 DEZENTRALE SYSTEME SKALIEREN
Brennstoffzellen, Speicher, lokale Netze ausbauen
H_2
5 WASSERSTOFF UND SYNTHETISCHE ENERGIETRÄGER HOCHFAHREN
Direkte Nutzung und Mechanisierung parallel weiterentwickeln
H_2
CH_4
6 SYSTEM INTEGRIEREN UND OPTIMIEREN
Sektoren koppeln, Kreisläufe schließen, Effizienz steigern
Reduziert CO_2-Emissionen und fossile Abhängigkeit
Nutzt regionale Reststoffe nachhaltig
Stärkt regionale Wertschöpfung und Versorgungssicherheit
Verbessert Böden und erhöht Erträge
Schließt Stoff- und Energiekreisläufe – ökologisch und ökonomisch sinnvoll
Kein großer Sprung. Viele kleine Schritte.
Jeder Schritt zählt. Jeder Schritt wirkt.
Resilient. Anpassungsfähig. Kumulativ.
Eine sichere, saubere und bezahlbare Energiezukunft ist möglich – wenn wir den richtigen Weg gehen.
Der Transformationspfad macht es möglich.

Der Transformationspfad

Die fünfstufige Prozesskette im Überblick

1. Stufe 1 – Rohstofferfassung: Regionale Sammlung und Aufbereitung organischer Reststoffe aus Landwirtschaft, Forstwirtschaft, Gewerbe, Haushalten und Kläranlagen.
2. Stufe 2 – Wasserstoffproduktion: Thermochemische Vergasung, Elektrolyse mit Überschussstrom und Sekundärnutzung industrieller Wasserstoffströme als ergänzende, plurale Produktionspfade.
3. Stufe 3 – Speicherung: Druckspeicher für kurzfristigen Bedarf, Kavernen für saisonale Pufferung, LOHC für Ferntransport, Methanisierung für Netzintegration.
4. Stufe 4 – Transport: Nutzung bestehender Gasnetze (Methan/Wasserstoff), LOHC in vorhandener Flüssigkeitsinfrastruktur und regionale Wasserstofflogistik.
5. Stufe 5 – Dezentrale Nutzung: Brennstoffzellen in Haushalten, Gewerbe und Industrie generieren Wärme und Strom am Ort des Bedarfs – effizient, emissionsfrei, leise.

Von der Theorie zur Praxis: Die Technologien sind vorhanden. Die Infrastruktur kann angepasst werden. Die Ressourcen existieren. Was zählt, ist die Entschlossenheit, den Weg zu gehen – Schritt für Schritt, System für System, Sektor für Sektor.

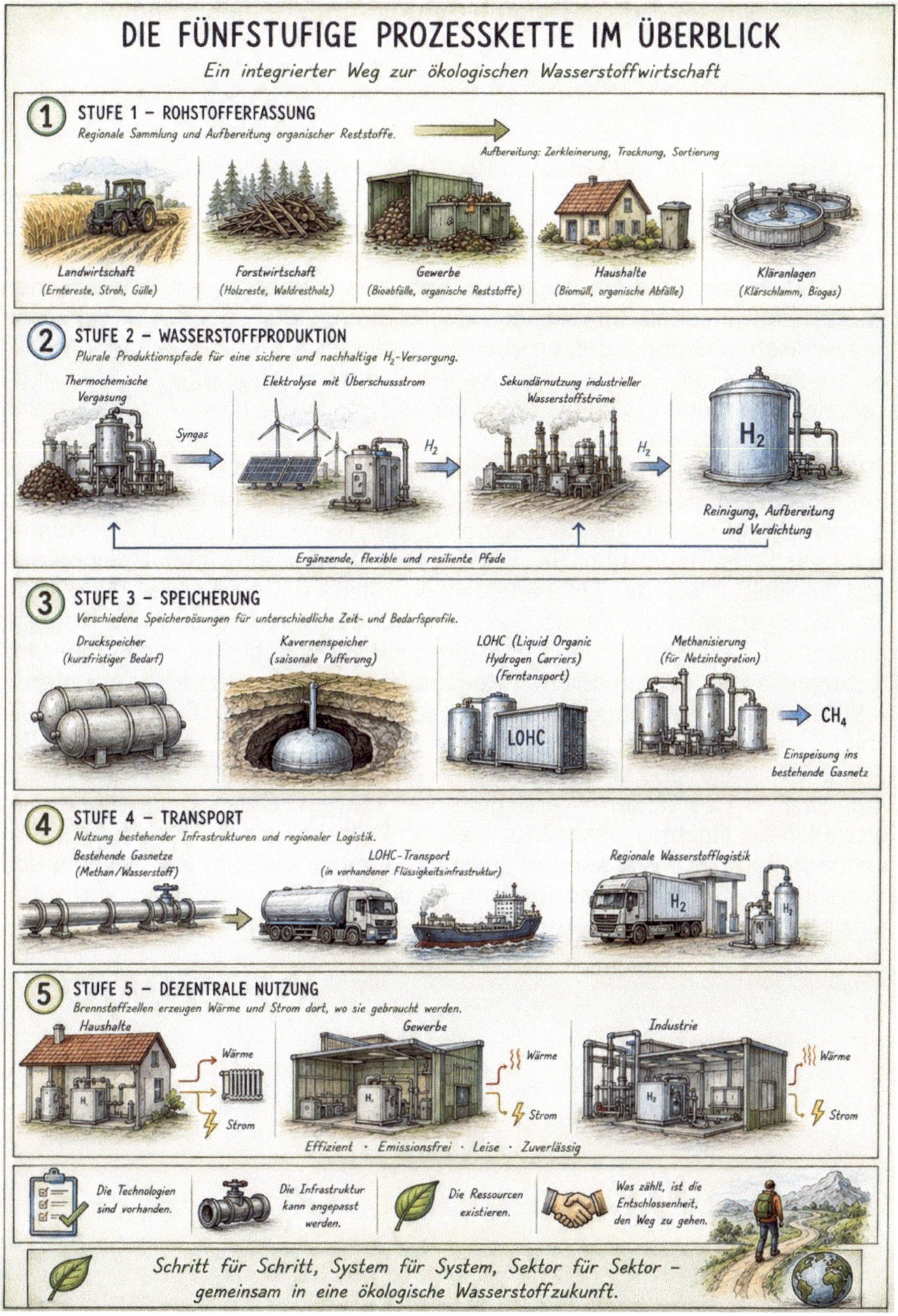

DIE FÜNFSTUFIGE PROZESSKETTE IM ÜBERBLICK
Ein integrierter Weg zur ökologischen Wasserstoffwirtschaft
1 STUFE 1 – ROHSTOFFERFASSUNG
Regionale Sammlung und Aufbereitung organischer Reststoffe.
Aufbereitung: Zerkleinerung, Trocknung, Sortierung
Landwirtschaft (Erntereste, Stroh, Gülle)
Forstwirtschaft (Holzreste, Waldrestholz)
Gewerbe (Bioabfälle, organische Reststoffe)
Haushalte (Biomüll, organische Abfälle)
Kläranlagen (Klärschlamm, Biogas)
2 STUFE 2 – WASSERSTOFFPRODUKTION
Plurale Produktionspfade für eine sichere und nachhaltige H_2-Versorgung.
Thermochemische Vergasung
Syngas
Elektrolyse mit Überschussstrom
H_2
Sekundärnutzung industrieller Wasserstoffströme
H_2
H_2
Reinigung, Aufbereitung und Verdichtung
Ergänzende, flexible und resiliente Pfade
3 STUFE 3 – SPEICHERUNG
Verschiedene Speicherösungen für unterschiedliche Zeit- und Bedarfsprofile.
Druckspeicher (kurzfristiger Bedarf)
Kavernenspeicher (saisonale Pufferung)
LOHC (Liquid Organic Hydrogen Carriers) (Ferntansport)
LOHC
Methanisierung (für Netzintegration)
CH_4
Einspeisung ins bestehende Gasnetz
4 STUFE 4 – TRANSPORT
Nutzung bestehender Infrastrukturen und regionaler Logistik.
Bestehende Gasnetze (Methan/Wasserstoff)
LOHC-Transport (in vorhandener Flüssigkeitsinfrastruktur)
Regionale Wasserstofflogistik
H_2
5 STUFE 5 – DEZENTRALE NUTZUNG
Brennstoffzellen erzeugen Wärme und Strom dort, wo sie gebraucht werden.
Haushalte
Wärme
Strom
Gewerbe
Wärme
Strom
Industrie
Wärme
Strom
Effizient · Emissionsfrei · Leise · Zuverlässig
Die Technologien sind vorhanden.
Die Infrastruktur kann angepasst werden.
Die Ressourcen existieren.
Was zählt, ist die Entschlossenheit, den Weg zu gehen.
Schritt für Schritt, System für System, Sektor für Sektor – gemeinsam in eine ökologische Wasserstoffzukunft.

Die fünfstufige Prozesskette

Kapitel 4: Wasserstoff im Detail – Generierung, Speicherung und Anwendung

„Wer die Natur verstehen will, muss in die Einzelheiten gehen."

Aristoteles, sinngemäß

Die vorangegangenen Kapitel haben das Konzept der ökologischen Wasserstoffwirtschaft in seiner Gesamtarchitektur entfaltet: von den physikalischen Grundgesetzen über die systemische Bestandsaufnahme bis hin zur fünfstufigen Prozesskette und den Transformationspfaden. Nun ist es Zeit, tiefer zu tauchen – in die technischen Details, die diese Architektur erst zum Leben erwecken.

Dieses Kapitel ist ein technisches Kapitel – und stolz darauf. Denn ein Energiesystem, das auf Wasserstoff basiert, steht und fällt mit der präzisen Beherrschung seiner Kerntechnologien: der Generierung von Wasserstoff auf verschiedenen Wegen, der sicheren und kosteneffizienten Speicherung und Logistik sowie der Umwandlung in nutzbare Endenergie. Wer diese Technologien versteht, versteht auch, warum das hier vorgestellte Konzept funktioniert – und warum es in seiner Leistungsfähigkeit weit über das hinausgeht, was herkömmliche Energiesysteme jemals erreichen konnten.

Wasserstoff ist ein sogenannter Sekundärenergieträger. Das bedeutet: Er kommt in der Natur nicht in nutzbarer Form vor, so wie Sonnenlicht oder Wind. Er muss aus Vorprodukten – aus Wasser, aus Biomasse, aus organischen Reststoffen – erst generiert werden. Diese Eigenschaft wird bisweilen als Nachteil wahrgenommen. In Wahrheit ist sie ein Vorteil: Denn sie bedeutet, dass Wasserstoff flexibel aus einer Vielzahl von Quellen und Verfahren gewonnen werden kann – und damit unabhängig von einer einzigen Rohstoffquelle oder einer einzigen Technologie ist.

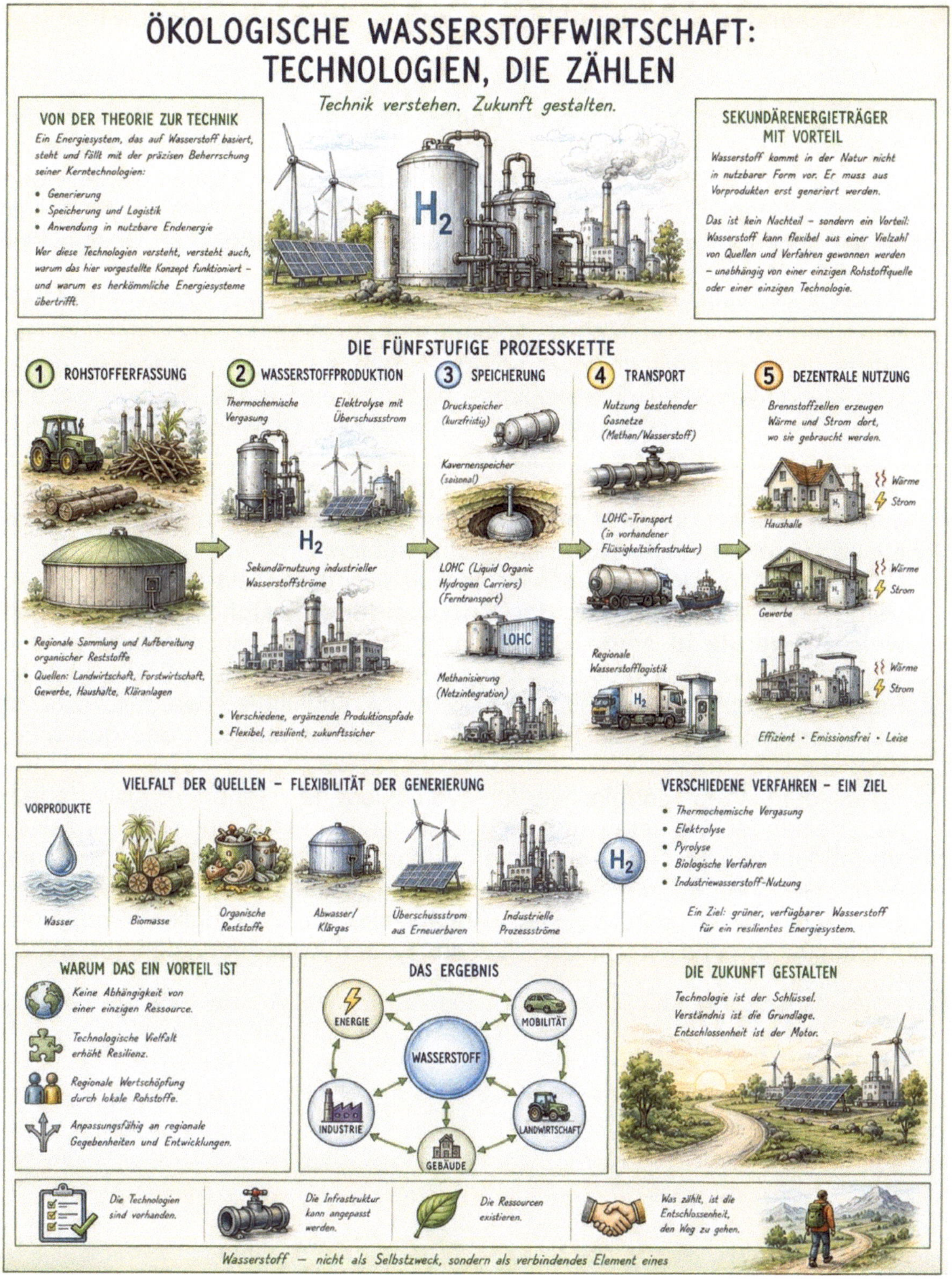
ÖKOLOGISCHE WASSERSTOFFWIRTSCHAFT:
TECHNOLOGIEN, DIE ZÄHLEN
Technik verstehen. Zukunft gestalten.
VON DER THEORIE ZUR TECHNIK
Ein Energiesystem, das auf Wasserstoff basiert, steht und fällt mit der präzisen Beherrschung seiner Kerntechnologien:
• Generierung
• Speicherung und Logistik
• Anwendung in nutzbare Endenergie
Wer diese Technologien versteht, versteht auch, warum das hier vorgestellte Konzept funktioniert – und warum es herkömmliche Energiesysteme übertrifft.
H2
SEKUNDÄRENERGIETRÄGER MIT VORTEIL
Wasserstoff kommt in der Natur nicht in nutzbarer Form vor. Er muss aus Vorprodukten erst generiert werden.
Das ist kein Nachteil – sondern ein Vorteil: Wasserstoff kann flexibel aus einer Vielzahl von Quellen und Verfahren gewonnen werden – unabhängig von einer einzigen Rohstoffquelle oder einer einzigen Technologie.
DIE FÜNFSTUFIGE PROZESSKETTE
1 ROHSTOFFERFASSUNG
• Regionale Sammlung und Aufbereitung organischer Reststoffe
• Quellen: Landwirtschaft, Forstwirtschaft, Gewerbe, Haushalte, Kläranlagen
2 WASSERSTOFFPRODUKTION
Thermochemische Vergasung
Elektrolyse mit Überschussstrom
H2
Sekundärnutzung industrieller Wasserstoffströme
• Verschiedene, ergänzende Produktionspfade
• Flexibel, resilient, zukunftssicher
3 SPEICHERUNG
Druckspeicher (kurzfristig)
Kavernenspeicher (saisonal)
LOHC (Liquid Organic Hydrogen Carriers) (Ferntransport)
LOHC
Methanisierung (Netzintegration)
4 TRANSPORT
Nutzung bestehender Gasnetze (Methan/Wasserstoff)
LOHC-Transport (in vorhandener Flüssigkeitsinfrastruktur)
Regionale Wasserstofflogistik
H2
5 DEZENTRALE NUTZUNG
Brennstoffzellen erzeugen Wärme und Strom dort, wo sie gebraucht werden.
Haushalte
Wärme
Strom
Gewerbe
Wärme
Strom
Wärme
Strom
Effizient • Emissionsfrei • Leise
VIELFALT DER QUELLEN – FLEXIBILITÄT DER GENERIERUNG
VORPRODUKTE
Wasser
Biomasse
Organische Reststoffe
Abwasser/ Klärgas
Überschussstrom aus Erneuerbaren
Industrielle Prozessströme
H2
VERSCHIEDENE VERFAHREN – EIN ZIEL
• Thermochemische Vergasung
• Elektrolyse
• Pyrolyse
• Biologische Verfahren
• Industriewasserstoff-Nutzung
Ein Ziel: grüner, verfügbarer Wasserstoff für ein resilientes Energiesystem.
WARUM DAS EIN VORTEIL IST
Keine Abhängigkeit von einer einzigen Ressource.
Technologische Vielfalt erhöht Resilienz.
Regionale Wertschöpfung durch lokale Rohstoffe.
Anpassungsfähig an regionale Gegebenheiten und Entwicklungen.
DAS ERGEBNIS
ENERGIE
MOBILITÄT
WASSERSTOFF
INDUSTRIE
LANDWIRTSCHAFT
GEBÄUDE
DIE ZUKUNFT GESTALTEN
Technologie ist der Schlüssel.
Verständnis ist die Grundlage.
Entschlossenheit ist der Motor.
Die Technologien sind vorhanden.
Die Infrastruktur kann angepasst werden.
Die Ressourcen existieren.
Was zählt, ist die Entschlossenheit, den Weg zu gehen.
Wasserstoff – nicht als Selbstzweck, sondern als verbindendes Element eines

Wasserstoff im Detail

4.1 Wasserstoff als Sekundärenergieträger: Was das bedeutet und warum es wichtig ist

Im Gegensatz zu primären Energieträgern wie Kohle, Erdöl oder Sonneneinstrahlung, die direkt aus der Natur entnommen oder genutzt werden, muss Wasserstoff erst generiert werden. Diese Generierung erfordert Energie und Rohstoffe. Dieser Umstand ist kein konstruktiver Fehler, sondern eine physikalische Gegebenheit, die das Design der gesamten Wasserstoffwirtschaft prägt.

Die Konsequenz ist bedeutsam: Die „Güte“ von Wasserstoff als Energieträger – also sein ökologischer Fußabdruck und seine wirtschaftliche Effizienz – hängt vollständig von dem Weg ab, auf dem er generiert wurde. Wasserstoff aus Steinkohle ist klimaschädlicher als Erdgas. Wasserstoff aus Erdgas mit CO_2-Abscheidung ist besser, aber nicht CO_2-neutral. Wasserstoff aus erneuerbarem Strom per Elektrolyse ist klimaneutral, solange der Strom tatsächlich erneuerbar ist. Und Wasserstoff aus organischen Reststoffen, die ohnehin anfallen, ist nicht nur klimaneutral, sondern zusätzlich noch eine Lösung für ein wachsendes Entsorgungsproblem.

Die Qualität des Wasserstoffs beginnt also vor dem Elektrolyseur oder dem Vergaser: **Sie beginnt mit der Entscheidung, welche Rohstoffe und welche Energie in seine Generierung fließen.** In einer defossilisierten Wasserstoffwirtschaft muss die Generierung von Wasserstoff aus fossilen Primärenergieträgern mittelfristig vollständig substituiert werden. Das ist nicht optional – es ist die Bedingung für die Sinnhaftigkeit des gesamten Konzepts.

Auf dem Weg dorthin werden verschiedene Generierungsverfahren nebeneinander existieren und sich gegenseitig ergänzen. Kein einzelnes Verfahren kann allein den gesamten Bedarf decken – und das soll es auch nicht. Die Vielzahl der Verfahren ist eine Stärke des Systems, keine Schwäche. Sie schützt vor Abhängigkeiten, ermöglicht regionale Anpassungen und macht das Gesamtsystem widerstandsfähiger gegen Störungen.

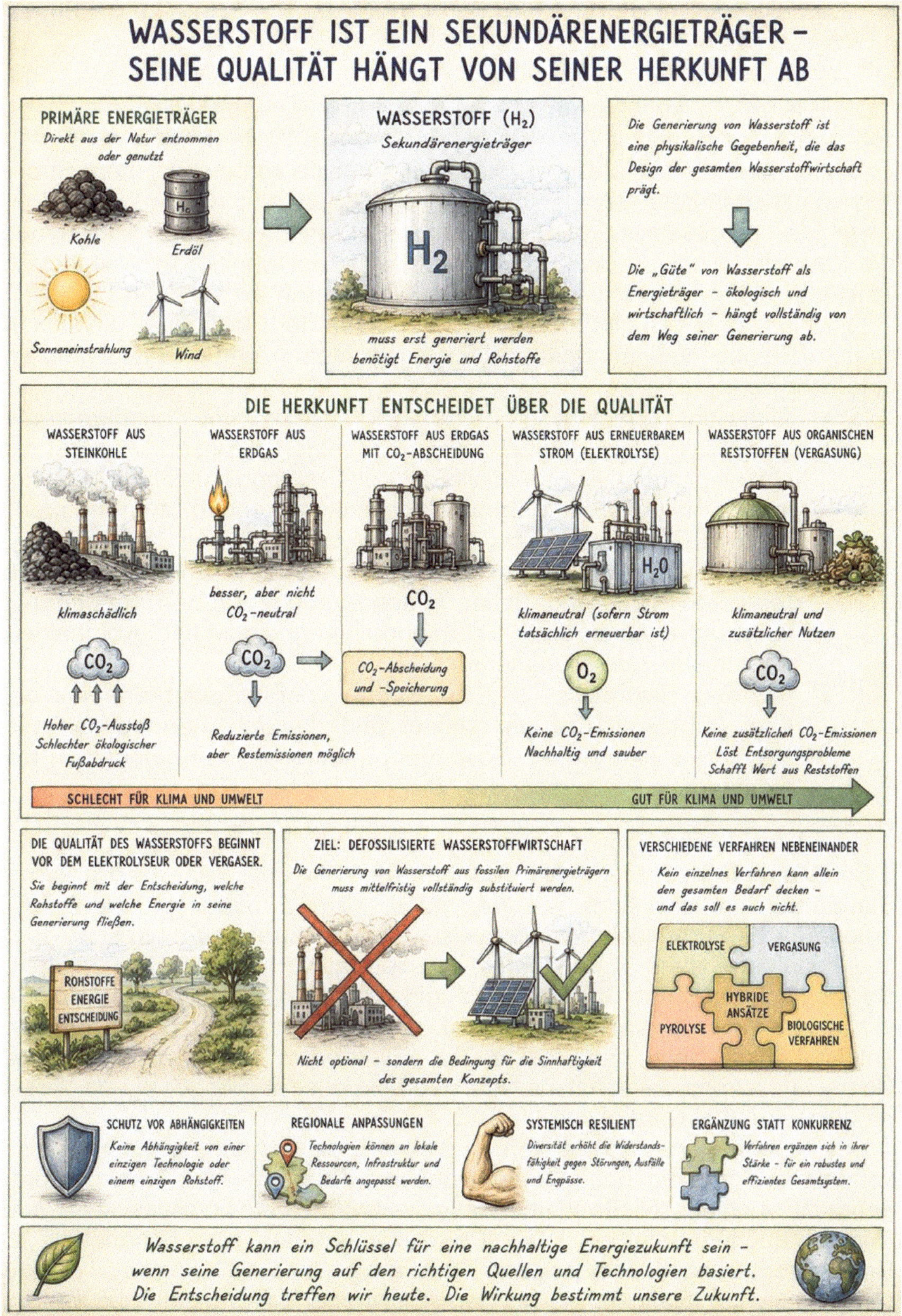
WASSERSTOFF IST EIN SEKUNDÄRENERGIETRÄGER – SEINE QUALITÄT HÄNGT VON SEINER HERKUNFT AB
PRIMÄRE ENERGIETRÄGER
Direkt aus der Natur entnommen oder genutzt
Kohle
Erdöl
Sonneneinstrahlung
Wind
WASSERSTOFF (H_2)
Sekundärenergieträger
H_2
muss erst generiert werden
benötigt Energie und Rohstoffe
Die Generierung von Wasserstoff ist eine physikalische Gegebenheit, die das Design der gesamten Wasserstoffwirtschaft prägt.
Die „Güte" von Wasserstoff als Energieträger – ökologisch und wirtschaftlich – hängt vollständig von dem Weg seiner Generierung ab.
DIE HERKUNFT ENTSCHEIDET ÜBER DIE QUALITÄT
WASSERSTOFF AUS STEINKOHLE
klimaschädlich
CO_2
Hoher CO_2-Ausstoß
Schlechter ökologischer Fußabdruck
WASSERSTOFF AUS ERDGAS
besser, aber nicht CO_2-neutral
CO_2
Reduzierte Emissionen, aber Restemissionen möglich
WASSERSTOFF AUS ERDGAS MIT CO_2-ABSCHEIDUNG
CO_2
CO_2-Abscheidung und -Speicherung
WASSERSTOFF AUS ERNEUERBAREM STROM (ELEKTROLYSE)
H_2O
klimaneutral (sofern Strom tatsächlich erneuerbar ist)
O_2
Keine CO_2-Emissionen
Nachhaltig und sauber
WASSERSTOFF AUS ORGANISCHEN RESTSTOFFEN (VERGASUNG)
klimaneutral und zusätzlicher Nutzen
CO_2
Keine zusätzlichen CO_2-Emissionen
Löst Entsorgungsprobleme
Schafft Wert aus Reststoffen
SCHLECHT FÜR KLIMA UND UMWELT
GUT FÜR KLIMA UND UMWELT
DIE QUALITÄT DES WASSERSTOFFS BEGINNT VOR DEM ELEKTROLYSEUR ODER VERGASER.
Sie beginnt mit der Entscheidung, welche Rohstoffe und welche Energie in seine Generierung fließen.
ROHSTOFFE
ENERGIE
ENTSCHEIDUNG
ZIEL: DEFOSSILISIERTE WASSERSTOFFWIRTSCHAFT
Die Generierung von Wasserstoff aus fossilen Primärenergieträgern muss mittelfristig vollständig substituiert werden.
Nicht optional – sondern die Bedingung für die Sinnhaftigkeit des gesamten Konzepts.
VERSCHIEDENE VERFAHREN NEBENEINANDER
Kein einzelnes Verfahren kann allein den gesamten Bedarf decken – und das soll es auch nicht.
ELEKTROLYSE
VERGASUNG
HYBRIDE ANSÄTZE
PYROLYSE
BIOLOGISCHE VERFAHREN
SCHUTZ VOR ABHÄNGIGKEITEN
Keine Abhängigkeit von einer einzigen Technologie oder einem einzigen Rohstoff.
REGIONALE ANPASSUNGEN
Technologien können an lokale Ressourcen, Infrastruktur und Bedarfe angepasst werden.
SYSTEMISCH RESILIENT
Diversität erhöht die Widerstandsfähigkeit gegen Störungen, Ausfälle und Engpässe.
ERGÄNZUNG STATT KONKURRENZ
Verfahren ergänzen sich in ihrer Stärke – für ein robustes und effizientes Gesamtsystem.
Wasserstoff kann ein Schlüssel für eine nachhaltige Energiezukunft sein – wenn seine Generierung auf den richtigen Quellen und Technologien basiert.
Die Entscheidung treffen wir heute. Die Wirkung bestimmt unsere Zukunft.

Wasserstoff als Sekundärenergieträger

4.2 Elektrolyse: Der direkte Weg von erneuerbarem Strom zu grünem Wasserstoff

Die Elektrolyse ist derzeit das bekannteste und in der öffentlichen Debatte dominante Verfahren zur Generierung von grünem Wasserstoff. Das Prinzip ist bestechend einfach: Wasser (H_2O) wird mithilfe von elektrischem Strom in seine Bestandteile Wasserstoff (H_2) und Sauerstoff (O_2) aufgespalten. Wenn der eingesetzte Strom aus erneuerbaren Quellen stammt – aus Wasserkraft, Windkraft oder Photovoltaik – ist der generierte Wasserstoff vollständig CO_2-frei und wird als „grüner Wasserstoff" bezeichnet.

Technisch gesehen gibt es mehrere Varianten der Elektrolyse, die sich in ihren Betriebsbedingungen, Wirkungsgraden und Einsatzfeldern unterscheiden:

- Alkalische Elektrolyse (AEL): Die älteste und ausgereifteste Technologie, seit Jahrzehnten im industriellen Einsatz. Arbeitet mit einer wässrigen Kalilauge als Elektrolyt, ist robust und langlebig, hat jedoch eine begrenzte Dynamik bei schwankenden Strommengen.
- Protonenaustauschmembran-Elektrolyse (PEM): Modernere Technologie, die besser auf schwankende Stromverfügbarkeit reagieren kann und daher besonders gut für den Betrieb mit volatilen erneuerbaren Energiequellen geeignet ist. Kompakter, aber in der Herstellung teurer.
- Festoxid-Elektrolyse (SOEC): Hochtemperaturverfahren, das bei über 700 Grad Celsius arbeitet und dadurch thermodynamisch besonders effizient ist. Besonders interessant in Kombination mit industriellen Prozessen, die Abwärme bereitstellen.

Ein wesentliches Merkmal, das bei der Planung von Elektrolyseur-Standorten berücksichtigt werden muss, ist die räumliche Nähe zur erneuerbaren Stromquelle. Idealerweise liegen Elektrolyseure direkt an oder in unmittelbarer Nähe zu Windparks, Wasserkraftwerken oder Solaranlagen. So kann der generierte Strom unabhängig vom öffentlichen Stromnetz direkt in Wasserstoff umgewandelt werden. Das vermeidet Übertragungsverluste, entlastet das Netz und macht die Elektrolyse wirtschaftlicher, weil Überschussstrom, der sonst ins Netz gedrückt oder abgeregelt würde, direkt produktiv genutzt werden kann.

Der so generierte Wasserstoff wird direkt vor Ort konfektioniert – also komprimiert, gereinigt und in die gewünschte Speicher- oder Transportform gebracht – und anschließend über das jeweils geeignete Logistiksystem zum Endverbraucher befördert. Die Flexibilität in der Nachbehandlung – Druckspeicherung, Verflüssigung, Bindung in LOHC oder direkte Einspeisung ins Gasnetz als Methan – ist dabei ein wesentlicher Vorzug dieses Produktionspfads.

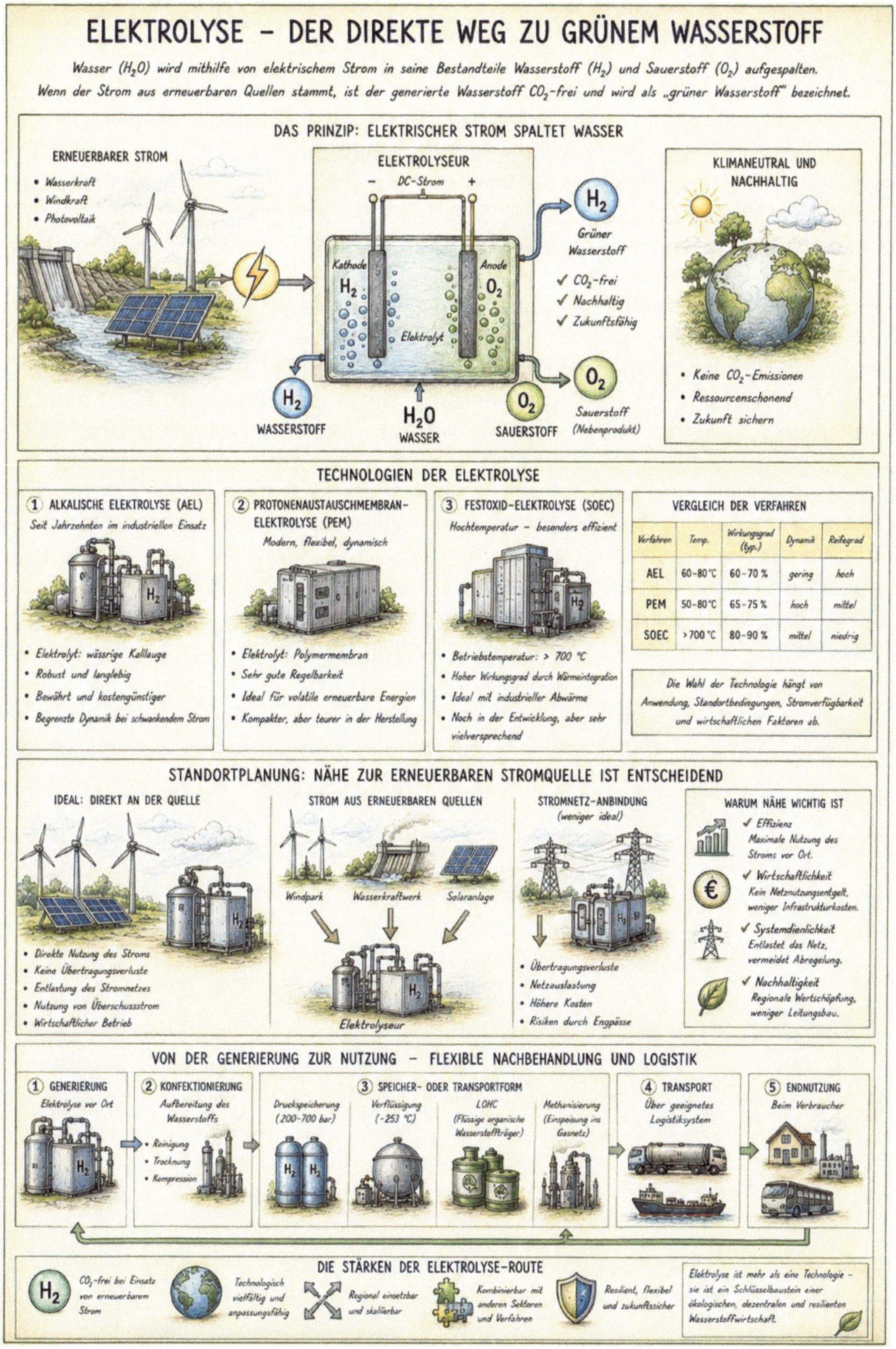
ELEKTROLYSE – DER DIREKTE WEG ZU GRÜNEM WASSERSTOFF
Wasser (H_2O) wird mithilfe von elektrischem Strom in seine Bestandteile Wasserstoff (H_2) und Sauerstoff (O_2) aufgespalten.
Wenn der Strom aus erneuerbaren Quellen stammt, ist der generierte Wasserstoff CO_2-frei und wird als „grüner Wasserstoff" bezeichnet.
DAS PRINZIP: ELEKTRISCHER STROM SPALTET WASSER
ERNEUERBARER STROM
• Wasserkraft
• Windkraft
• Photovoltaik
ELEKTROLYSEUR
– DC-Strom +
Kathode
Anode
H_2
O_2
Elektrolyt
H_2
Grüner Wasserstoff
✓ CO_2-frei
✓ Nachhaltig
✓ Zukunftsfähig
H_2
WASSERSTOFF
H_2O
WASSER
O_2
SAUERSTOFF
O_2
Sauerstoff (Nebenprodukt)
KLIMANEUTRAL UND NACHHALTIG
• Keine CO_2-Emissionen
• Ressourcenschonend
• Zukunft sichern
TECHNOLOGIEN DER ELEKTROLYSE
① ALKALISCHE ELEKTROLYSE (AEL)
Seit Jahrzehnten im industriellen Einsatz
• Elektrolyt: wässrige Kalilauge
• Robust und langlebig
• Bewährt und kostengünstiger
• Begrenzte Dynamik bei schwankendem Strom
② PROTONENAUSTAUSCHMEMBRAN-ELEKTROLYSE (PEM)
Modern, flexibel, dynamisch
• Elektrolyt: Polymermembran
• Sehr gute Regelbarkeit
• Ideal für volatile erneuerbare Energien
• Kompakter, aber teurer in der Herstellung
③ FESTOXID-ELEKTROLYSE (SOEC)
Hochtemperatur – besonders effizient
• Betriebstemperatur: > 700 °C
• Hoher Wirkungsgrad durch Wärmeintegration
• Ideal mit industrieller Abwärme
• Noch in der Entwicklung, aber sehr vielversprechend
VERGLEICH DER VERFAHREN
Verfahren | Temp. | Wirkungsgrad (typ.) | Dynamik | Reifegrad
AEL | 60–80 °C | 60–70 % | gering | hoch
PEM | 50–80 °C | 65–75 % | hoch | mittel
SOEC | >700 °C | 80–90 % | mittel | niedrig
Die Wahl der Technologie hängt von Anwendung, Standortbedingungen, Stromverfügbarkeit und wirtschaftlichen Faktoren ab.
STANDORTPLANUNG: NÄHE ZUR ERNEUERBAREN STROMQUELLE IST ENTSCHEIDEND
IDEAL: DIREKT AN DER QUELLE
• Direkte Nutzung des Stroms
• Keine Übertragungsverluste
• Entlastung des Stromnetzes
• Nutzung von Überschussstrom
• Wirtschaftlicher Betrieb
STROM AUS ERNEUERBAREN QUELLEN
Windpark
Wasserkraftwerk
Solaranlage
Elektrolyseur
STROMNETZ-ANBINDUNG (weniger ideal)
• Übertragungsverluste
• Netzauslastung
• Höhere Kosten
• Risiken durch Engpässe
WARUM NÄHE WICHTIG IST
✓ Effizienz
Maximale Nutzung des Stroms vor Ort.
✓ Wirtschaftlichkeit
Kein Netznutzungsentgelt, weniger Infrastrukturkosten.
✓ Systemdienlichkeit
Entlastet das Netz, vermeidet Abregelung.
✓ Nachhaltigkeit
Regionale Wertschöpfung, weniger Leitungsbau.
VON DER GENERIERUNG ZUR NUTZUNG – FLEXIBLE NACHBEHANDLUNG UND LOGISTIK
① GENERIERUNG
Elektrolyse vor Ort
② KONFEKTIONIERUNG
Aufbereitung des Wasserstoffs
• Reinigung
• Trocknung
• Kompression
③ SPEICHER- ODER TRANSPORTFORM
Druckspeicherung (200–700 bar)
Verflüssigung (-253 °C)
LOHC (Flüssige organische Wasserstoffträger)
Methanisierung (Einspeisung ins Gasnetz)
④ TRANSPORT
Über geeignetes Logistiksystem
⑤ ENDNUTZUNG
Beim Verbraucher
DIE STÄRKEN DER ELEKTROLYSE-ROUTE
CO_2-frei bei Einsatz von erneuerbarem Strom
Technologisch vielfältig und anpassungsfähig
Regional einsetzbar und skalierbar
Kombinierbar mit anderen Sektoren und Verfahren
Resilient, flexibel und zukunftssicher
Elektrolyse ist mehr als eine Technologie – sie ist ein Schlüsselbaustein einer ökologischen, dezentralen und resilienten Wasserstoffwirtschaft.

Elektrolyse

4.3 Thermochemische Vergasung organischer Reststoffe: Feuer neu gedacht

Die thermochemische Vergasung ist der zweite, in seiner Bedeutung für die ökologische Wasserstoffwirtschaft mindestens ebenso wichtige Produktionspfad. Er ist weniger bekannt als die Elektrolyse, hat aber das Potenzial, langfristig den größeren Teil des Wasserstoffbedarfs zu decken – weil er Materialströme erschließt, die ohnehin anfallen und bislang suboptimal verwertet werden.

Um das Prinzip der Vergasung intuitiv zu verstehen, hilft ein Blick in die Geschichte: Die Nutzung des Feuers durch den Menschen war über Jahrtausende nichts anderes als die thermochemische Umwandlung von Organik in Wasserstoff und Kohlenstoff – mit anschließender Oxidation zu Wasser und Kohlendioxid. Bei der Verbrennung von Holz entsteht neben Kohlendioxid auch Kohlenmonoxid und Wasserstoff. Reduziert man die Sauerstoffzufuhr und verwendet besonders feuchtes Holz, steigt der Wasserstoffanteil im entstehenden Gas erheblich. Nach diesem Prinzip – kontrollierte thermochemische Konversion von Organik und Wasser in Wasserstoff und Kohlendioxid – arbeitet die moderne Vergasung.

Das Verfahren läuft in zwei wesentlichen Stufen ab, die in ihrer Kombination den optimalen Wasserstoffertrag gewährleisten:

THERMOCHEMISCHE VERGASUNG – DER ZWEITE WEG ZU WASSERSTOFF
Materialströme nutzen. Ressourcen schonen. Wasserstoff bereitstellen.
WARUM VERGASUNG?
Die thermochemische Vergasung erschließt Materialströme, die ohnehin anfallen und bislang suboptimal verwendet werden. Sie hat das Potenzial, langfristig den größeren Teil des Wasserstoffbedarfs zu decken.
SYNGAS
H_2
DAS ZIEL
Kontrollierte thermochemische Konversion von Organik und Wasser in Wasserstoff und Kohlendioxid – effizient, ressourcenschonend und klimafreundlich.
EIN BLICK IN DIE GESCHICHTE: FEUER ALS URSPRUNG DER VERGASUNG
H_2
CO_2
CO_2
H_2O
Seit Jahrtausenden nutzt der Mensch Feuer zur Umwandlung von Organik.
Bei der Verbrennung von Holz entstehen neben CO_2 auch CO und H_2.
Reduziert man die Sauerstoffzufuhr und verwendet feuchtes Holz, steigt der Wasserstoffanteil im entstehenden Gas erheblich.
Das Prinzip bleibt gleich – die Technik ist heute präziser, effizienter und sauberer.
DAS VERGASUNGSVERFAHREN – ZWEI STUFEN ZUM OPTIMALEN WASSERSTOFFERTRAG
1. STUFE: VERGASUNG (PARTIELLE OXIDATION)
Organischer Rohstoff wird bei hohen Temperaturen (800–1.000 °C) unter begrenzter Sauerstoffzufuhr in Synthesegas umgewandelt.
ROHSTOFFE
Biomasse (Holz, Stroh, Energiepflanzen)
Organische Reststoffe (Gewerbe, Industrie, Haushalte)
Klärschlamm
Gülle, Mist
Vergasungsreaktor (800–1.000 °C)
SYNTHESEGAS (roh)
CO
H_2
CO_2
CH_4
H_2O
...
FESTSTOFF-RESTSTOFF: PFLANZENKOHLE (BIOCHAR)
2. STUFE: GASAUFBEREITUNG & WASSER-GAS-SHIFT
Das Rohgas wird gereinigt und im Wasser-Gas-Shift-Reaktor mit Wasserdampf umgesetzt, um den Wasserstoffanteil zu erhöhen.
GASREINIGUNG
Entfernung von Staub, Teeren, Schwefelverbindungen und anderen Störstoffen.
WASSER-GAS-SHIFT-REAKTION (300–450 °C)
$CO + H_2O \rightleftarrows CO_2 + H_2$
Erhöht den H_2-Anteil im Gas deutlich.
REINES SYNTHESEGAS
H_2
CO_2
(dampf)
Spuren von CO
...
WEITERVERARBEITUNG
H_2-Abtrennung (PSA, Membran, etc.)
H_2
WASSERSTOFF (hochrein)
WICHTIGE REAKTIONEN
$C + O_2 \rightarrow CO_2$
$C + ½O_2 \rightarrow CO$
$C + H_2O \rightarrow CO + H_2$
$CO + H_2O \rightleftarrows CO_2 + H_2$
(Boudouard-Reaktion)
$C + CO_2 \rightleftarrows 2\,CO$
ERGEBNIS
✓ Hoher Wasserstoffanteil im Endgas (typ. 50–60 % H_2)
✓ CO_2 als Nebenprodukt (kann abgeschieden und genutzt oder gespeichert werden)
✓ Pflanzenkohle als wertvolles Koppelprodukt
DAS KOPPELPRODUKT: PFLANZENKOHLE (BIOCHAR)
✓ Reich an stabilem Kohlenstoff
✓ Verbessert Bodenfruchtbarkeit und Wasserhaltevermögen
✓ Speichert Kohlenstoff langfristig im Boden
✓ Bindet Nährstoffe und reduziert Emissionen
✓ Wertvoller Beitrag zur Kreislaufwirtschaft und Klimaschutz
VON RESTSTOFF ZU RESSOURCE – DER KREISLAUF
ANFALLENDE RESTSTOFFE
VERGASUNG
SYNTHESEGAS AUFBEREITUNG
WASSERSTOFF FÜR ENERGIE, INDUSTRIE & MOBILITÄT
PFLANZENKOHLE IN DER LANDWIRTSCHAFT
GESUNDERE BÖDEN KLIMASCHUTZ RESSOURCENSCHONUNG
CO_2-frei bei Einsatz von erneuerbarem Strom
Technologisch vielfältig und anpassungsfähig
Regional einsetzbar und skalierbar
Kombinierbar mit anderen Sektoren und Verfahren
Resilient, flexibel und zukunftssicher
Elektrolyse ist mehr als eine Technologie – sie ist ein Schlüsselbaustein einer ökologischen, dezentralen und resilienten Wasserstoffwirtschaft.

Thermochemische Vergasung

Stufe 1: Dampfreformierung (Steam Reforming) – Thermolyse in Wasserdampfatmosphäre

Im ersten Schritt wird das organische Eingangsmaterial bei Temperaturen von mehr als 850 Grad Celsius in einer Wasserdampfatmosphäre thermisch aufgeschlossen. Die Reaktion ist endotherm – das heißt, sie benötigt Energiezufuhr. Das Ergebnis ist ein Rohgas, das hauptsächlich aus Kohlenmonoxid (CO) und Wasserstoff (H_2) besteht, dazu kleinere Mengen Kohlendioxid, Methan und andere Verbindungen.

$$\text{Organik} + H_2O \longrightarrow CO + H_2$$

Thermolyse in Wasserdampfatmosphäre (>850°C, endotherm)

Das heiße Rohgas muss im Anschluss gereinigt werden: Staub, Teer und Kondensate werden abgeschieden. Dieses Reinigungsverfahren ist technisch gut beherrscht und in industriellem Maßstab seit Jahren im Einsatz. Die bei der Reinigung anfallende Asche kann rezykliert und so weit aufkonzentriert werden, dass eine wirtschaftliche Aufarbeitung auf wertvolle Spurenstoffe möglich wird – auch hier zeigt das Kreislaufprinzip seine Kraft: Selbst Asche ist kein Abfall, sondern ein Ausgangsstoff für Folgeprozesse.

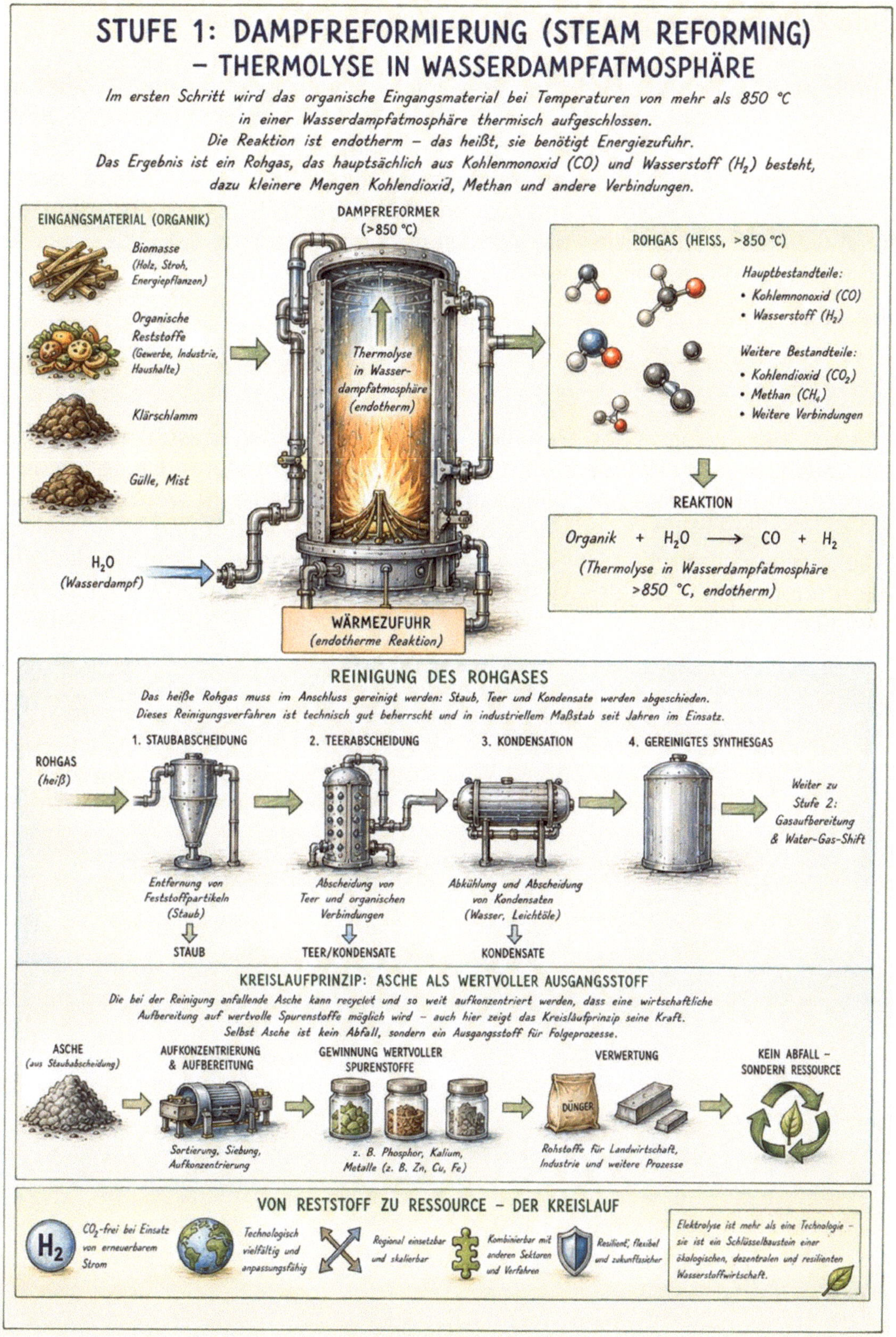

STUFE 1: DAMPFREFORMIERUNG (STEAM REFORMING) – THERMOLYSE IN WASSERDAMPFATMOSPHÄRE
Im ersten Schritt wird das organische Eingangsmaterial bei Temperaturen von mehr als 850 °C in einer Wasserdampfatmosphäre thermisch aufgeschlossen.
Die Reaktion ist endotherm – das heißt, sie benötigt Energiezufuhr.
Das Ergebnis ist ein Rohgas, das hauptsächlich aus Kohlenmonoxid (CO) und Wasserstoff (H_2) besteht, dazu kleinere Mengen Kohlendioxid, Methan und andere Verbindungen.
EINGANGSMATERIAL (ORGANIK)
Biomasse (Holz, Stroh, Energiepflanzen)
Organische Reststoffe (Gewerbe, Industrie, Haushalte)
Klärschlamm
Gülle, Mist
DAMPFREFORMER (>850 °C)
Thermolyse in Wasserdampfatmosphäre (endotherm)
H_2O (Wasserdampf)
WÄRMEZUFUHR (endotherme Reaktion)
ROHGAS (HEISS, >850 °C)
Hauptbestandteile:
• Kohlemnonoxid (CO)
• Wasserstoff (H_2)
Weitere Bestandteile:
• Kohlendioxid (CO_2)
• Methan (CH_4)
• Weitere Verbindungen
REAKTION
Organik + H_2O ⟶ CO + H_2
(Thermolyse in Wasserdampfatmosphäre >850 °C, endotherm)
REINIGUNG DES ROHGASES
Das heiße Rohgas muss im Anschluss gereinigt werden: Staub, Teer und Kondensate werden abgeschieden.
Dieses Reinigungsverfahren ist technisch gut beherrscht und in industriellem Maßstab seit Jahren im Einsatz.
ROHGAS (heiß)
1. STAUBABSCHEIDUNG
Entfernung von Feststoffpartikeln (Staub)
STAUB
2. TEERABSCHEIDUNG
Abscheidung von Teer und organischen Verbindungen
TEER/KONDENSATE
3. KONDENSATION
Abkühlung und Abscheidung von Kondensaten (Wasser, Leichtöle)
KONDENSATE
4. GEREINIGTES SYNTHESGAS
Weiter zu Stufe 2: Gasaufbereitung & Water-Gas-Shift
KREISLAUFPRINZIP: ASCHE ALS WERTVOLLER AUSGANGSSTOFF
Die bei der Reinigung anfallende Asche kann recycelt und so weit aufkonzentriert werden, dass eine wirtschaftliche Aufbereitung auf wertvolle Spurenstoffe möglich wird – auch hier zeigt das Kreislaufprinzip seine Kraft.
Selbst Asche ist kein Abfall, sondern ein Ausgangsstoff für Folgeprozesse.
ASCHE (aus Staubabscheidung)
AUFKONZENTRIERUNG & AUFBEREITUNG
Sortierung, Siebung, Aufkonzentrierung
GEWINNUNG WERTVOLLER SPURENSTOFFE
z. B. Phosphor, Kalium, Metalle (z. B. Zn, Cu, Fe)
VERWERTUNG
DÜNGER
Rohstoffe für Landwirtschaft, Industrie und weitere Prozesse
KEIN ABFALL – SONDERN RESSOURCE
VON RESTSTOFF ZU RESSOURCE – DER KREISLAUF
H_2
CO_2-frei bei Einsatz von erneuerbarem Strom
Technologisch vielfältig und anpassungsfähig
Regional einsetzbar und skalierbar
Kombinierbar mit anderen Sektoren und Verfahren
Resilient, flexibel und zukunftssicher
Elektrolyse ist mehr als eine Technologie – sie ist ein Schlüsselbaustein einer ökologischen, dezentralen und resilienten Wasserstoffwirtschaft.

Dampfreformierung

Stufe 2: Wassergas-Reaktion (Water-Gas Shift Reaction)

Im zweiten Schritt wird das gereinigte Synthesegas einer weiteren Reaktion unterzogen: der Wassergas-Shift-Reaktion (auch: Water-Gas Shift Reaction). Dabei reagiert das Kohlenmonoxid mit zusätzlichem Wasserdampf unter Katalysatoreinfluss bei circa 250 Grad Celsius leicht exotherm zu Kohlendioxid und weiterem Wasserstoff. Diese Reaktion ist damit die entscheidende zweite Wasserstoffgenerierung in der Prozesskette und erhöht den Wasserstoffgehalt des Gases erheblich.

$$CO + H_2O \longrightarrow CO_2 + H_2$$

Wassergas-Reaktion (ca. 250°C, leicht exotherm, katalytisch)

Nach der Wassergas-Reaktion liegt ein Gasgemisch vor, das hauptsächlich aus Wasserstoff und Kohlendioxid besteht. Diese beiden Komponenten müssen anschließend voneinander getrennt werden. Hierfür stehen ausgereifte Industrieverfahren zur Verfügung – etwa Druckwechseladsorption (PSA) oder Membrantrennverfahren – die die geforderten Reinheiten des Wasserstoffs auch in industriellen Dimensionen zuverlässig erreichen.

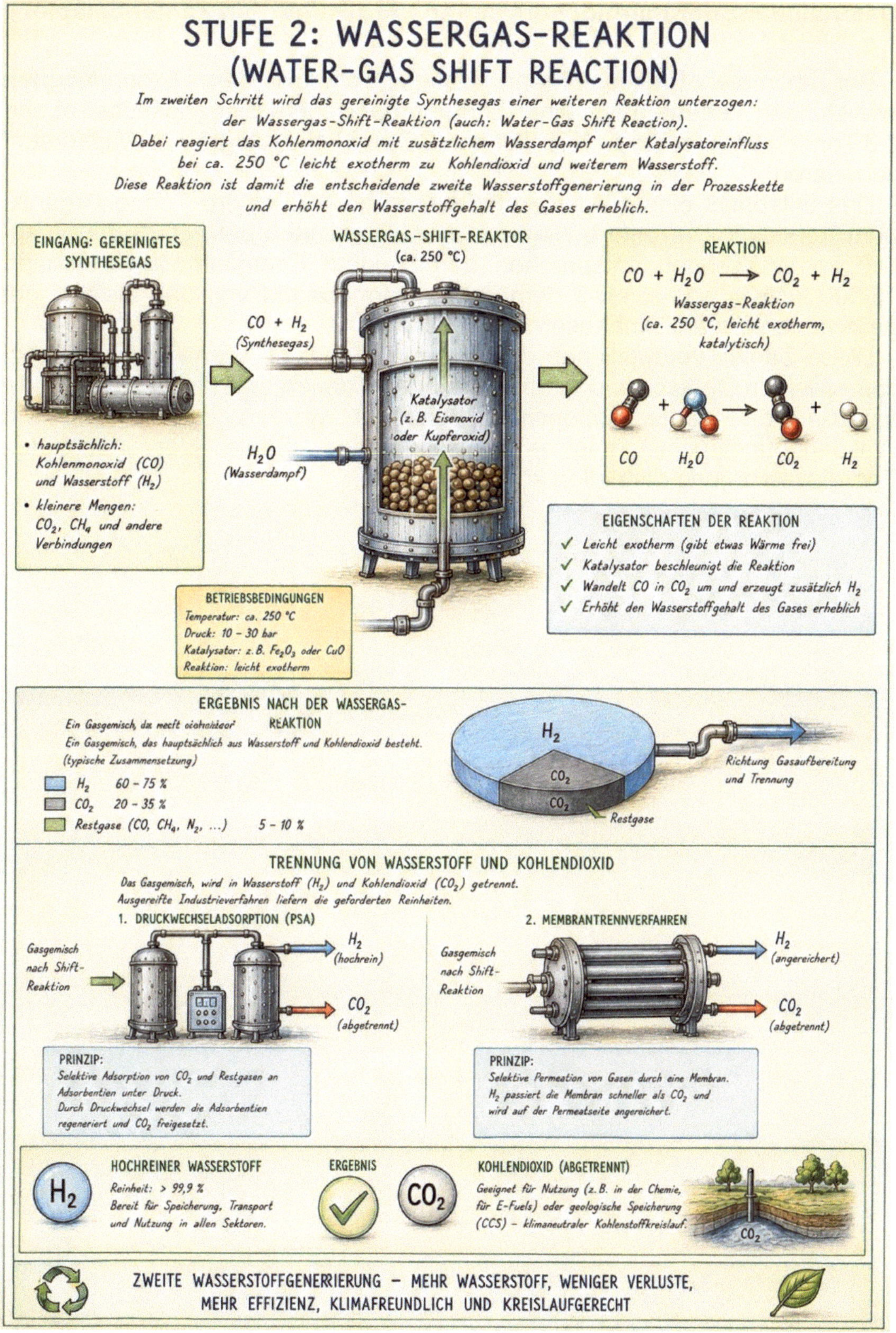
STUFE 2: WASSERGAS-REAKTION
(WATER-GAS SHIFT REACTION)
Im zweiten Schritt wird das gereinigte Synthesegas einer weiteren Reaktion unterzogen: der Wassergas-Shift-Reaktion (auch: Water-Gas Shift Reaction).
Dabei reagiert das Kohlenmonoxid mit zusätzlichem Wasserdampf unter Katalysatoreinfluss bei ca. 250 °C leicht exotherm zu Kohlendioxid und weiterem Wasserstoff.
Diese Reaktion ist damit die entscheidende zweite Wasserstoffgenerierung in der Prozesskette und erhöht den Wasserstoffgehalt des Gases erheblich.
EINGANG: GEREINIGTES SYNTHESEGAS
• hauptsächlich: Kohlenmonoxid (CO) und Wasserstoff (H_2)
• kleinere Mengen: CO_2, CH_4 und andere Verbindungen
WASSERGAS-SHIFT-REAKTOR
(ca. 250 °C)
CO + H_2
(Synthesegas)
H_2O
(Wasserdampf)
Katalysator
(z.B. Eisenoxid oder Kupferoxid)
REAKTION
$CO + H_2O \longrightarrow CO_2 + H_2$
Wassergas-Reaktion
(ca. 250 °C, leicht exotherm, katalytisch)
CO
H_2O
CO_2
H_2
EIGENSCHAFTEN DER REAKTION
✓ Leicht exotherm (gibt etwas Wärme frei)
✓ Katalysator beschleunigt die Reaktion
✓ Wandelt CO in CO_2 um und erzeugt zusätzlich H_2
✓ Erhöht den Wasserstoffgehalt des Gases erheblich
BETRIEBSBEDINGUNGEN
Temperatur: ca. 250 °C
Druck: 10 – 30 bar
Katalysator: z.B. Fe_2O_3 oder CuO
Reaktion: leicht exotherm
ERGEBNIS NACH DER WASSERGAS-REAKTION
Ein Gasgemisch, das hauptsächlich aus Wasserstoff und Kohlendioxid besteht.
(typische Zusammensetzung)
H_2 60 – 75 %
CO_2 20 – 35 %
Restgase (CO, CH_4, N_2, ...) 5 – 10 %
H_2
CO_2
CO_2
Restgase
Richtung Gasaufbereitung und Trennung
TRENNUNG VON WASSERSTOFF UND KOHLENDIOXID
Das Gasgemisch, wird in Wasserstoff (H_2) und Kohlendioxid (CO_2) getrennt.
Ausgereifte Industrieverfahren liefern die geforderten Reinheiten.
1. DRUCKWECHSELADSORPTION (PSA)
Gasgemisch nach Shift-Reaktion
H_2 (hochrein)
CO_2 (abgetrennt)
PRINZIP:
Selektive Adsorption von CO_2 und Restgasen an Adsorbentien unter Druck.
Durch Druckwechsel werden die Adsorbentien regeneriert und CO_2 freigesetzt.
2. MEMBRANTRENNVERFAHREN
Gasgemisch nach Shift-Reaktion
H_2 (angereichert)
CO_2 (abgetrennt)
PRINZIP:
Selektive Permeation von Gasen durch eine Membran.
H_2 passiert die Membran schneller als CO_2 und wird auf der Permeatseite angereichert.
H_2
HOCHREINER WASSERSTOFF
Reinheit: > 99,9 %
Bereit für Speicherung, Transport und Nutzung in allen Sektoren.
ERGEBNIS
CO_2
KOHLENDIOXID (ABGETRENNT)
Geeignet für Nutzung (z.B. in der Chemie, für E-Fuels) oder geologische Speicherung (CCS) – klimaneutraler Kohlenstoffkreislauf.
CO_2
ZWEITE WASSERSTOFFGENERRIERUNG – MEHR WASSERSTOFF, WENIGER VERLUSTE,
MEHR EFFIZIENZ, KLIMAFREUNDLICH UND KREISLAUFGERECHT

Wassergas-Reaktion

Materialbilanz der thermochemischen Vergasung: Ein Zahlenbeispiel

Bei optimaler Prozessführung lassen sich mit dem beschriebenen zweistufigen Verfahren aus einer Tonne organischem Eingangssubstrat und 2,8 Tonnen Wasser bis zu 3,35 Tonnen CO_2 und 450 Kilogramm Wasserstoff generieren.

Das entspricht einem Wasserstoffertrag von 450 kg pro Tonne Organik. Zum Vergleich: Der untere Heizwert von Wasserstoff beträgt 33,3 kWh/kg. 450 kg Wasserstoff entsprechen damit einem Energieinhalt von knapp 15.000 kWh – was in etwa dem Jahreswärmebedarf von drei bis vier gut gedämmten Einfamilienhäusern entspricht.

Diese Zahlen verdeutlichen das enorme Potenzial: Wenn man bedenkt, dass allein in Deutschland jährlich Millionen Tonnen organischer Reststoffe anfallen, die heute suboptimal verwertet werden, ergibt sich ein Wasserstoffpotenzial, das eine bedeutende Säule der nationalen Energieversorgung darstellen könnte.

MATERIALBILANZ DER THERMOCHEMISCHEN VERGASUNG: EIN ZAHLENBEISPIEL
Bei optimaler Prozessführung lassen sich mit dem beschriebenen zweistufigen Verfahren aus einer Tonne organischem Eingangssubstrat und 2,8 Tonnen Wasser bis zu 3,35 Tonnen CO_2 und 450 Kilogramm Wasserstoff generieren.
1 TONNE ORGANISCHES EINGANGSSUBSTRAT
2,8 TONNEN WASSER (H_2O)
STUFE 1
DAMPFREFORMIERUNG (THERMOLYSE)
> 850 °C
ENDOTHERM
ROHGAS (CO, H_2, CO_2, CH_4, u.a.)
STUFE 2
WASSERGAS-REAKTION (WATER-GAS SHIFT)
ca. 250 °C
LEICHT EXOTHERM
KATALYTISCH
3,35 TONNEN CO_2
CO_2
(zur Nutzung oder Speicherung geeignet)
450 kg WASSERSTOFF (H_2)
H_2
(hochrein)
MATERIALBILANZ (BEISPIEL)
EINGANG
Organisches Substrat 1.000 kg
Wasser (H_2O) 2.800 kg
GESAMT 3.800 kg
AUSGANG
Kohlendioxid (CO_2) 3.350 kg
Wasserstoff (H_2) 450 kg
Weitere Nebenstoffe* ~ 0–50 kg
GESAMT 3.800 kg
* z.B. Spurenstoffreiche Asche (zur Aufarbeitung), geringe Mengen CH_4, N_2, etc.
WASSERSTOFFERTRAG
450 kg H_2 pro 1.000 kg Organik
⇒ 450 kg H_2 / Tonne Organik
Unterer Heizwert von H_2: 33,3 kWh/kg
Energieinhalt von 450 kg H_2:
450 kg × 33,3 kWh/kg = 14.985 kWh
≈ 15.000 kWh
ENERGIEEQUIVALENZ: 450 kg H_2 ≈ 15.000 kWh
450 kg H_2
= 15.000 kWh
nutzbare Energie
Entspricht dem Jahreswärmebedarf von 3 bis 4 gut gedämmten Einfamilienhäusern (je nach Gebäudestandard und Region)
DAS POTENZIAL IN DEUTSCHLAND
Jährlich fallen in Deutschland Millionen Tonnen organischer Reststoffe an – aus Landwirtschaft, Forstwirtschaft, Lebensmittelverarbeitung, Gewerbe, Haushalten und Kläranlagen.
Viele davon werden heute nur energetisch gering genutzt oder sogar deponiert.
Durch thermochemische Vergasung können diese wertvollen Ressourcen in sauberen Wasserstoff und nutzbares CO_2 umgewandelt werden.
LANDWIRTSCHAFT
FORSTWIRTSCHAFT
LEBENSMITTEL-VERARBEITUNG
ORGANISCHE RESTSTOFFE
GEWERBE / INDUSTRIE
HAUSHALTE
KLÄRANLAGEN
H_2
SAUBERER WASSERSTOFF
CO_2
NUTZBARES CO_2
(für Industrie, Chemie, Speicher)
THERMOCHEMISCHE VERGASUNG NUTZT, WAS ANFÄLLT – ERZEUGT SAUBERE ENERGIE – SCHLIESST KREISLÄUFE – STÄRKT DIE REGIONALE WERTSCHÖPFUNG – SCHÜTZT DAS KLIMA.

Ein Zahlenbeispiel

Ein entscheidender Vorteil der thermochemischen Vergasung gegenüber der Elektrolyse liegt in der Rohstoffvielfalt. Als Eingangssubstrate können nahezu alle organischen Materialien dienen:

- Biogene Reststoffe aus der Landwirtschaft: Stroh, Grünschnitt, Ernteüberschuss, Tierhaltungsabfälle
- Reststoffe aus Garten- und Landschaftspflege: Kommunaler Grünschnitt, Baumschnitt, Rindenmulch
- Forstwirtschaftliche Reststoffe: Astmaterial, minderwertiges Holz, Rinde, Hackschnitzel
- Reststoffe der Lebensmittelindustrie: Trester, Molke, Schalen, Knochen, Produktionsabfälle
- Klärschlamm: Energiereicher organischer Rückstand der Abwasserbehandlung
- Nicht recycelbare Kunststoffe: Kohlenwasserstoffreiche Materialien, die einer mechanischen Verwertung nicht mehr zugeführt werden können

Eigens angebaute Energiepflanzen sollten in deutlich geringerem Umfang zum Einsatz kommen als heute in der Biogasbranche üblich – sie konkurrieren mit der Nahrungsmittelproduktion um Flächen und sind nur dann sinnvoll, wenn sie auf Flächen angebaut werden, die für die Lebensmittelproduktion nicht geeignet sind.

ROHSTOFFVIELFALT – DIE STÄRKE DER THERMOCHEMISCHEN VERGASUNG
Ein entscheidender Vorteil der thermochemischen Vergasung gegenüber der Elektrolyse liegt in der Rohstoffvielfalt. Als Eingangssubstrate können nahezu alle organischen Materialien dienen.
BIOGENE RESTSTOFFE AUS DER LANDWIRTSCHAFT
Stroh, Grünschnitt, Ernteüberschuss, Tierhaltungsabfälle
RESTSTOFFE AUS GARTEN- UND LANDSCHAFTSPFLEGE
Kommunaler Grünschnitt, Baumschnitt, Rindenmulch
FORSTWIRTSCHAFTLICHE RESTSTOFFE
Astmaterial, minderwertiges Holz, Rinde, Hackschnitzel
RESTSTOFFE DER LEBENSMITTELINDUSTRIE
Trester, Molke, Schalen, Knochen, Produktionsabfälle
TRESTER
MOLKE
KLÄRSCHLAMM
Energiereicher organischer Rückstand der Abwasserbehandlung
NICHT RECYCELBARE KUNSTSTOFFE
Kohlenwasserstoffreiche Materialien, die einer mechanischen Verwertung nicht mehr zugeführt werden
THERMOCHEMISCHE VERGASUNG
> 850 °C
in Wasserdampf-atmosphäre
H_2
WASSERSTOFF
(nutzbare Energie)
CO_2
KOHLENDIOXID
(abscheidbar und nutzbar)
ERGEBNIS:
Aus einer Vielzahl organischer Reststoffe werden Wasserstoff und CO_2 gewonnen – klimafreundlich, effizient und im Kreislauf.
EIGENS ANGEBAUTE ENERGIEPFLANZEN – NUR IN GRENZTEILLEN UND MIT BEDACHT
Eigens angebaute Energiepflanzen sollten in deutlich geringerem Umfang zum Einsatz kommen als heute in der Biogasbranche üblich – sie konkurrieren mit der Nahrungsmittelproduktion um Flächen und sind nur dann sinnvoll, wenn sie auf Flächen angebaut werden, die für die Lebensmittelproduktion nicht geeignet sind.
NICHT ZU EMPFEHLEN: KONKURRENZ ZUR NAHRUNGSMITTELPRODUKTION
Fruchtbare Ackerflächen, die für Lebensmittel genutzt werden können.
ZU EMPFEHLEN: NUTZUNG NICHT GEEIGNETER FLÄCHEN
Marginale, degradierte oder schwer nutzbare Flächen, z.B. Böschungen, Brachland, Moorvernässung.
Vielfalt nutzen. Ressourcen schonen. Kreisläufe schließen.

Rohstoffvielfalt

4.4 Speicherung und Logistik: Der Schlüssel zur Versorgungssicherheit

Wasserstoff zu generieren ist eine Sache. Ihn wirtschaftlich und sicher zu speichern und zu transportieren ist die andere – und in vielerlei Hinsicht die anspruchsvollere. Wasserstoff ist das leichteste Element des Periodensystems: leicht flüchtig, sehr klein in seinen Molekülen, aufwendig zu komprimieren und unter Umgebungsbedingungen leicht entflammbar und explosiv. Diese Eigenschaften machen ihn zu einem technisch interessanten, aber logistisch herausfordernden Energieträger.

In einer wachsenden Wasserstoffwirtschaft werden verschiedene Speicher- und Transporttechnologien nebeneinander existieren, jede für ihren spezifischen Anwendungsfall optimiert. Das Konzept von VAWT-Engineering setzt dabei einen klaren Schwerpunkt auf eine Technologie, die in der öffentlichen Debatte bisher zu wenig Aufmerksamkeit erhalten hat: die Liquid Organic Hydrogen Carriers, kurz LOHC.

WASSERSTOFF: LEICHT – ABER HERAUSFORDERND
Wasserstoff zu generieren ist eine Sache. Ihn wirtschaftlich und sicher zu speichern und zu transportieren ist die andere – und in vielerlei Hinsicht die anspruchsvollere.
Wasserstoff ist das leichteste Element des Periodensystems: leicht flüchtig, sehr klein in seinen Molekülen, aufwendig zu komprimieren und unter Umgebungsbedingungen leicht entflammbar und explosiv.
Diese Eigenschaften machen ihn zu einem technisch interessanten, aber logistisch herausfordernden Energieträger.
LEICHTESTES ELEMENT
sehr geringe Dichte (0,0899 g/m³ bei 0 °C, 1 bar)
H_2
LEICHT FLÜCHTIG
diffundiert leicht durch viele Materialien
SEHR KLEINE MOLEKÜLE
H_2-Molekül ist sehr klein – dringt leicht in Werkstoffe ein
0,074 nm
AUFWENDIG ZU KOMPRIMIEREN
hohe Speicherdrucke nötig (350–700 bar) für ausreichende Dichte
LEICHT ENTFLAMMBAR UND EXPLOSIV
weiter Zündbereich in Luft (4–75 Vol.-%)
Diese Eigenschaften erfordern spezielle Technologien für Speicherung, Transport und Handhabung, um Sicherheit, Effizienz und Wirtschaftlichkeit zu gewährleisten.
VIELFALT DER SPEICHER- UND TRANSPORTTECHNOLOGIEN
In einer wachsenden Wasserstoffwirtschaft werden verschiedene Speicher- und Transporttechnologien nebeneinander existieren, jede für ihren spezifischen Anwendungsfall optimiert.
DRUCKGAS-SPEICHERUNG
(Kurz- bis mittelfristig)
• 350–700 bar
• technisch ausgereift
• geeignet für dezentrale Anwendungen, Mobilität
• hohe Investitionskosten je kg H_2
KAVERNSPEICHERUNG
(Saisonal, großvolumig)
• Speicherung in Salzkavernen
• sehr große Mengen möglich (GWh–TWh)
• ideal für saisonale Pufferung
VERFLÜSSIGUNG (LH_2)
(Transport über weite Strecken)
LH_2
-253 °C
• sehr hohe Energiedichte (volumetrisch)
• aufwendig: Verflüssigung bei -253 °C
• Boil-off-Verluste beachten
PIPELINE-TRANSPORT
(Regional / überregional)
• Nutzung und Anpassung bestehender Gasnetze
• kostengünstig bei großen Mengen und Distanzen
• Materialverträglichkeit entscheidend
LOHC
(Liquid Organic Hydrogen Carriers)
• flüssig bei Umgebungsbedingungen
• sichere, dichte, bestehende Infrastruktur nutzbar
• Fokus-Technologie von VAWT-Engineering
AMMONIAK / E-FUELS
(Chemische Träger)
• Umwandlung in NH_3, Methanol, E-Fuels
• hohe Energiedichte
• zusätzliche energetische Nutzung möglich
LOHC – DER FLÜSSIGE SPEICHER FÜR WASSERSTOFF
Das Konzept von VAVT-Engineering setzt einen klaren Schwerpunkt auf eine Technologie, die in der öffentlichen Debatte bisher zu wenig Aufmerrkankeit erhalten hat: die Liquid Organic Hydrogen Carriers, kurz LOHC.
H_2-AUFLADUNG (HYDRIERUNG)
H_2 wird unter moderaten Bedingungen in ein organisches Trägermedium eingebunden.
LOHC (geladen)
flüssig bei Umgebungstemperatur und -druck
TRANSPORT & LAGERUNG
• Nutzung der bestehenden Flüssigkeitsinfrastruktur (Tanks, Pipelines, Schiffe, LKW, Bahn)
• sicher, effizient, kostengünstig
H_2-ENTLADUNG (DEHYDRIERUNG)
Am Zielort wird der Wasserstoff wieder freigesetzt und für die Nutzung bereitgestellt.
H_2
REINER WASSERSTOFF
zur Nutzung
✓ sicher & nicht explosiv
✓ hohe volumetrische Energiedichte
✓ bestehende Infrastruktur nutzbar
✓ skalierbar & wirtschaftlich
✓ ideal für Langstreckentransport und saisonale Speicherung
FÜR JEDE ANWENDUNG DIE PASSENDE LÖSUNG
HAUSHALTE & GEWERBE
Dezentrale Speicher und lokale Netze
INDUSTRIE
Prozesswärme, Strom, chemische Prozesse
MOBILITÄT
Busse, LKW, Züge, Schiffe, Flugzeuge (E-Fuels)
SAISONALE SPEICHERUNG
Ausgleich von Sommer- und Winterbedarf
EXPORT
Internationale Märkte über LOHC, NH_3 oder E-Fuels
ENERGIESYSTEM-INTEGRATION
Integration erneuerbarer Energien und Versorgung sicherstellen
WASSERSTOFF VERBINDEN. ZUKUNFT SICHERN.
DAS POTENZIAL IN DEUTSCHLAND
Jährlich fallen in Deutschland Millionen Tonnen organischer Reststoffe an – aus Landwirtschaft, Forstwirtschaft, Lebensmittelverarbeitung, Gewerbe, Haushalten und Kläranlagen.
Viele davon werden heute nur energetisch gering genutzt oder sogar deponiert.
Durch thermochemische Vergasung können Wasserstoff und nutzbares CO_2 umgewandelt werden.
LANDWIRTSCHAFT
FORSTWIRTSCHAFT
LEBENSMITTEL-VERARBEITUNG
ORGANISCHE RESTSTOFFE
GEWERBE / INDUSTRIE
H_2
SAUBERER WASSERSTOFF
CO_2
NUTZBARES CO_2 (für Industrie, Chemie, Speicher)
THERMOCHEMISCHE VERGASUNG NUTZT, WAS ANFÄLLT – ERZEUGT SAUBERE ENERGIE – SCHLIESST KREISLÄUFE – STÄRKT DIE REGIONALE WERTSCHÖPFUNG – SCHÜTZT DAS KLIMA.

Speicherung und Logistik

4.4.1 LOHC – Flüssige organische Wasserstoffträger

LOHC sind spezielle organische Trägerflüssigkeiten, die Wasserstoff chemisch binden und bei Bedarf wieder freisetzen können. Als Trägermaterial hat sich vor allem Dibenzyltoluol (DBT) bewährt: eine ölähnliche Flüssigkeit, die bei Raumtemperatur flüssig, chemisch stabil, nicht giftig und unter normalen Umgebungsbedingungen nicht brennbar ist.

Der Prozess funktioniert in zwei Schritten: Beim Beladen (Hydrierung) wird Wasserstoff unter Druck und Wärmezufuhr chemisch in das LOHC-Molekül eingebunden. Der so beladene LOHC kann dann bei Umgebungsdruck (1 bar) und Raumtemperatur (20 Grad Celsius) beliebig lange gelagert und transportiert werden – ohne Druckbehälter, ohne Tiefkühlung, ohne besondere Sicherheitsvorkehrungen. Beim Entladen (Dehydrierung) wird der Wasserstoff am Verwendungsort durch Erwärmung auf typischerweise 270 bis 320 Grad Celsius wieder freigesetzt. Die entladene Trägerflüssigkeit wird unverändert recycelt und steht sofort für den nächsten Ladezyklus zur Verfügung.

LOHC: Die Kerndaten im Überblick

- Speicherdichte: In einem Kubikmeter LOHC lassen sich bis zu 57 kg Wasserstoff speichern – das entspricht 660 Normkubikmetern gasförmigem Wasserstoff.
- Lagerung: Bei Umgebungsdruck (1 bar) und Raumtemperatur (20°C) – keine Spezialbehälter erforderlich.
- Transport: In normalen Tankwagen, auf Tankschiffen und per Schiene möglich – identische Infrastruktur wie für Diesel und Heizöl.
- Dehydrierungstemperatur: 270 bis 320°C – kann durch Abwärme aus der Brennstoffzelle gedeckt werden.
- Trägerflüssigkeit: Vollständig rezyklierbar, kein Verbrauch des Trägermaterials.

Der strategische Vorteil von LOHC gegenüber anderen Speichertechnologien liegt in seiner vollständigen Kompatibilität mit bestehender fossiler Flüssigkeitsinfrastruktur. Tankstellen, Lagertanks, Kesselwagen, Tanker, Pipelines – all diese Infrastruktur, die heute für Diesel, Heizöl oder Benzin genutzt wird, kann mit relativ geringem Umrüstaufwand für LOHC-Wasserstoff genutzt werden. Das reduziert den Investitionsbedarf für den Aufbau einer Wasserstofflogistik erheblich und beschleunigt den möglichen Übergang.

LOHC eignet sich zudem ideal für den Import von Wasserstoff über weite Distanzen: In sonnenreichen oder windstarken Ländern produzierter Wasserstoff kann in LOHC gebunden auf normalen Tankern nach Europa transportiert werden – ohne die extremen Kühl- und Druckanforderungen, die flüssiger Wasserstoff bei −253 Grad Celsius erfordert. Das eröffnet eine globale Lieferkette für grünen Wasserstoff, die tatsächlich praktikabel und wirtschaftlich tragfähig ist.

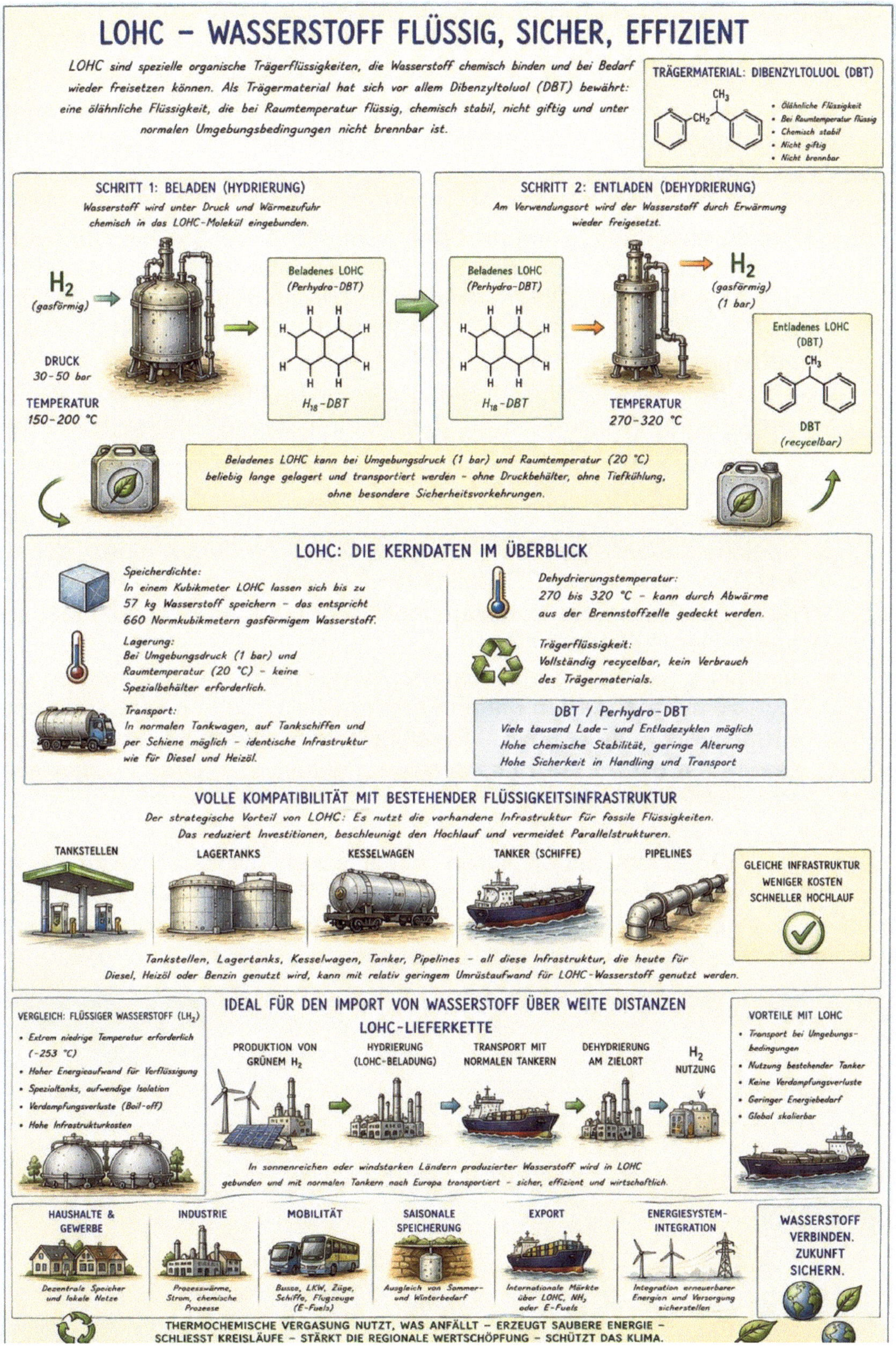
LOHC – WASSERSTOFF FLÜSSIG, SICHER, EFFIZIENT
LOHC sind spezielle organische Trägerflüssigkeiten, die Wasserstoff chemisch binden und bei Bedarf wieder freisetzen können. Als Trägermaterial hat sich vor allem Dibenzyltoluol (DBT) bewährt: eine ölähnliche Flüssigkeit, die bei Raumtemperatur flüssig, chemisch stabil, nicht giftig und unter normalen Umgebungsbedingungen nicht brennbar ist.
TRÄGERMATERIAL: DIBENZYLTOLUOL (DBT)
SCHRITT 1: BELADEN (HYDRIERUNG)
Wasserstoff wird unter Druck und Wärmezufuhr chemisch in das LOHC-Molekül eingebunden.
H2 (gasförmig)
DRUCK 30-50 bar
TEMPERATUR 150-200 °C
Beladenes LOHC (Perhydro-DBT)
H18-DBT
SCHRITT 2: ENTLADEN (DEHYDRIERUNG)
Am Verwendungsort wird der Wasserstoff durch Erwärmung wieder freigesetzt.
H2 (gasförmig) (1 bar)
TEMPERATUR 270-320 °C
Entladenes LOHC (DBT)
DBT (recycelbar)
Beladenes LOHC kann bei Umgebungsdruck (1 bar) und Raumtemperatur (20 °C) beliebig lange gelagert und transportiert werden – ohne Druckbehälter, ohne Tiefkühlung, ohne besondere Sicherheitsvorkehrungen.
LOHC: DIE KERNDATEN IM ÜBERBLICK
Speicherdichte: In einem Kubikmeter LOHC lassen sich bis zu 57 kg Wasserstoff speichern – das entspricht 660 Normkubikmetern gasförmigem Wasserstoff.
Lagerung: Bei Umgebungsdruck (1 bar) und Raumtemperatur (20 °C) – keine Spezialbehälter erforderlich.
Transport: In normalen Tankwagen, auf Tankschiffen und per Schiene möglich – identische Infrastruktur wie für Diesel und Heizöl.
Dehydrierungstemperatur: 270 bis 320 °C – kann durch Abwärme aus der Brennstoffzelle gedeckt werden.
Trägerflüssigkeit: Vollständig recycelbar, kein Verbrauch des Trägermaterials.
DBT / Perhydro-DBT
Viele tausend Lade- und Entladezyklen möglich
Hohe chemische Stabilität, geringe Alterung
Hohe Sicherheit in Handling und Transport
VOLLE KOMPATIBILITÄT MIT BESTEHENDER FLÜSSIGKEITSINFRASTRUKTUR
Der strategische Vorteil von LOHC: Es nutzt die vorhandene Infrastruktur für fossile Flüssigkeiten. Das reduziert Investitionen, beschleunigt den Hochlauf und vermeidet Parallelstrukturen.
TANKSTELLEN
LAGERTANKS
KESSELWAGEN
TANKER (SCHIFFE)
PIPELINES
GLEICHE INFRASTRUKTUR WENIGER KOSTEN SCHNELLER HOCHLAUF
Tankstellen, Lagertanks, Kesselwagen, Tanker, Pipelines – all diese Infrastruktur, die heute für Diesel, Heizöl oder Benzin genutzt wird, kann mit relativ geringem Umrüstaufwand für LOHC-Wasserstoff genutzt werden.
VERGLEICH: FLÜSSIGER WASSERSTOFF (LH2)
Extrem niedrige Temperatur erforderlich (-253 °C)
Hoher Energieaufwand für Verflüssigung
Spezialtanks, aufwendige Isolation
Verdampfungsverluste (Boil-off)
Hohe Infrastrukturkosten
IDEAL FÜR DEN IMPORT VON WASSERSTOFF ÜBER WEITE DISTANZEN
LOHC-LIEFERKETTE
PRODUKTION VON GRÜNEM H2
HYDRIERUNG (LOHC-BELADUNG)
TRANSPORT MIT NORMALEN TANKERN
DEHYDRIERUNG AM ZIELORT
H2 NUTZUNG
In sonnenreichen oder windstarken Ländern produzierter Wasserstoff wird in LOHC gebunden und mit normalen Tankern nach Europa transportiert – sicher, effizient und wirtschaftlich.
VORTEILE MIT LOHC
Transport bei Umgebungsbedingungen
Nutzung bestehender Tanker
Keine Verdampfungsverluste
Geringer Energiebedarf
Global skalierbar
HAUSHALTE & GEWERBE
INDUSTRIE
MOBILITÄT
SAISONALE SPEICHERUNG
EXPORT
ENERGIESYSTEM-INTEGRATION
WASSERSTOFF VERBINDEN. ZUKUNFT SICHERN.
THERMOCHEMISCHE VERGASUNG NUTZT, WAS ANFÄLLT – ERZEUGT SAUBERE ENERGIE – SCHLIESST KREISLÄUFE – STÄRKT DIE REGIONALE WERTSCHÖPFUNG – SCHÜTZT DAS KLIMA.

LOHC – Flüssige organische Wasserstoffträger

4.4.2 Weitere Speichertechnologien im Überblick

LOHC ist der Schwerpunkt des VAWT-Engineering-Konzepts bei Speicherung und Logistik – aber nicht die einzige Option. Ein vollständiges Wasserstoffsystem wird verschiedene Technologien für verschiedene Zwecke kombinieren

:

- Druckwasserstoff: Komprimierter Wasserstoff bei 350 bis 700 bar in Hochdruckbehältern. Ausgereift, weit verbreitet, besonders geeignet für Mobilitätsanwendungen (Brennstoffzellen-Fahrzeuge) und kurzfristige Pufferung. Infrastruktur am Ort (Tankstelle) wird neu aufgebaut.
- Flüssiger Wasserstoff (LH_2): Durch Tiefkühlung auf −253°C verflüssigter Wasserstoff ermöglicht die höchste Energiedichte pro Volumen. Aufwendig in Generierung und Handling, aber interessant für große Mengen und Seetransport.
- Unterirdische Kavernenspeicher: Salzkavernen bieten enorme Speicherkapazitäten für Wasserstoff bei niedrigen spezifischen Kosten pro kWh. Deutschland verfügt über erhebliche Kavernenpotenziale, vor allem im Norddeutschen Becken. Ideal als saisonaler Pufferspeicher.
- Methan-Einspeisung ins Gasnetz: Wasserstoff wird zusammen mit CO_2 zu synthetischem Methan methanisiert und in das bestehende Erdgasnetz eingespeist. Erschließt die gesamte bestehende Gasinfrastruktur Deutschlands inklusive ihrer enormen Speicherkapazitäten.

Alle diese Optionen haben ihren spezifischen Einsatzbereich. Kein einzelnes Verfahren dominiert alle anderen – die Klugheit des Systems liegt in ihrer gezielten Kombination je nach Anwendung, Geographie und Zeitrahmen.

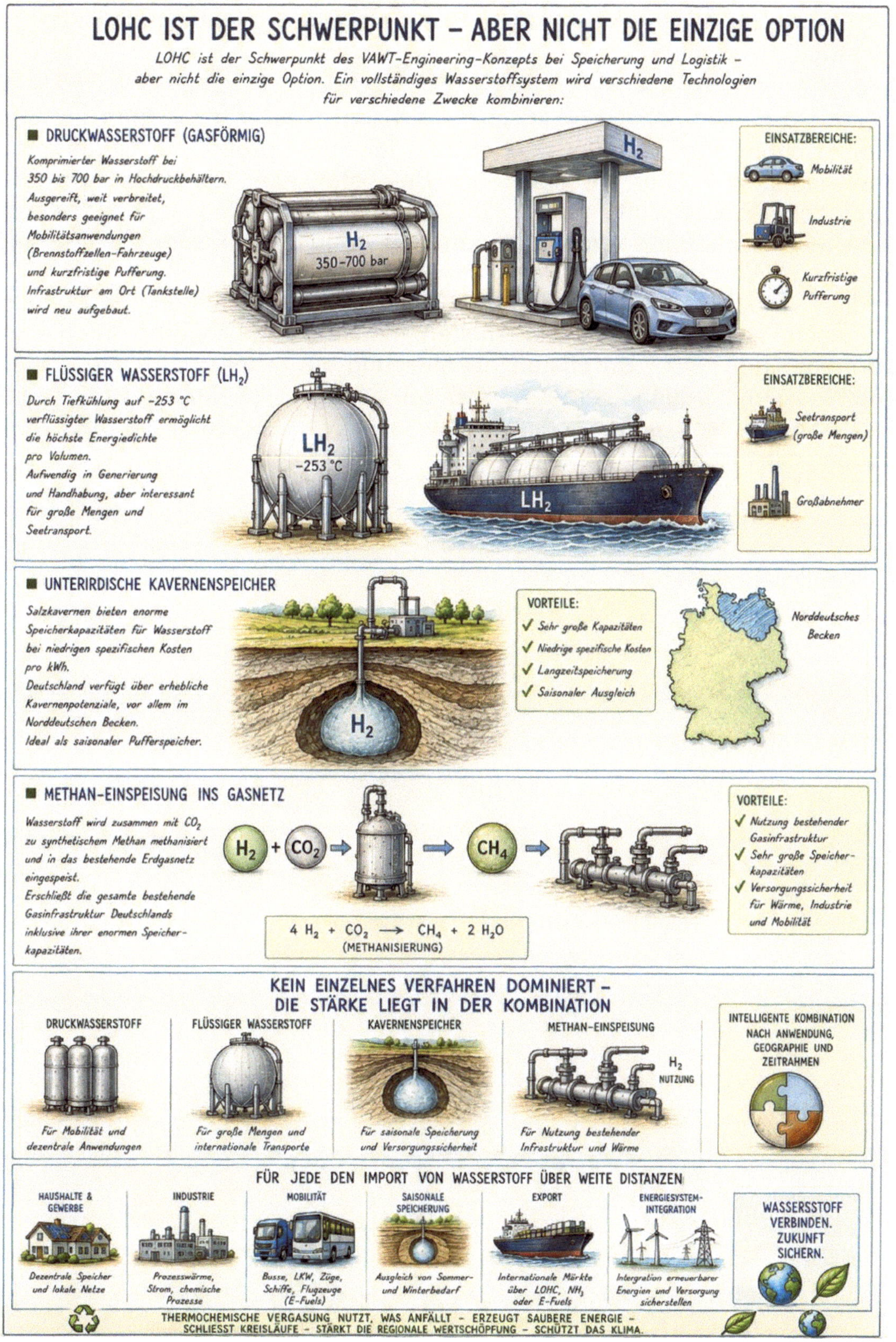
LOHC IST DER SCHWERPUNKT – ABER NICHT DIE EINZIGE OPTION
LOHC ist der Schwerpunkt des VAWT-Engineering-Konzepts bei Speicherung und Logistik – aber nicht die einzige Option. Ein vollständiges Wasserstoffsystem wird verschiedene Technologien für verschiedene Zwecke kombinieren:
DRUCKWASSERSTOFF (GASFÖRMIG)
Komprimierter Wasserstoff bei 350 bis 700 bar in Hochdruckbehältern. Ausgereift, weit verbreitet, besonders geeignet für Mobilitätsanwendungen (Brennstoffzellen-Fahrzeuge) und kurzfristige Pufferung. Infrastruktur am Ort (Tankstelle) wird neu aufgebaut.
H_2
H_2 350–700 bar
EINSATZBEREICHE:
Mobilität
Industrie
Kurzfristige Pufferung
FLÜSSIGER WASSERSTOFF (LH_2)
Durch Tiefkühlung auf −253 °C verflüssigter Wasserstoff ermöglicht die höchste Energiedichte pro Volumen. Aufwendig in Generierung und Handhabung, aber interessant für große Mengen und Seetransport.
LH_2 −253 °C
LH_2
EINSATZBEREICHE:
Seetransport (große Mengen)
Großabnehmer
UNTERIRDISCHE KAVERNENSPEICHER
Salzkavernen bieten enorme Speicherkapazitäten für Wasserstoff bei niedrigen spezifischen Kosten pro kWh. Deutschland verfügt über erhebliche Kavernenpotenziale, vor allem im Norddeutschen Becken. Ideal als saisonaler Pufferspeicher.
H_2
VORTEILE:
✓ Sehr große Kapazitäten
✓ Niedrige spezifische Kosten
✓ Langzeitspeicherung
✓ Saisonaler Ausgleich
Norddeutsches Becken
METHAN-EINSPEISUNG INS GASNETZ
Wasserstoff wird zusammen mit CO_2 zu synthetischem Methan methanisiert und in das bestehende Erdgasnetz eingespeist. Erschließt die gesamte bestehende Gasinfrastruktur Deutschlands inklusive ihrer enormen Speicherkapazitäten.
H_2 + CO_2 → → CH_4 →
$4 H_2 + CO_2 \longrightarrow CH_4 + 2 H_2O$
(METHANISIERUNG)
VORTEILE:
✓ Nutzung bestehender Gasinfrastruktur
✓ Sehr große Speicherkapazitäten
✓ Versorgungssicherheit für Wärme, Industrie und Mobilität
KEIN EINZELNES VERFAHREN DOMINIERT – DIE STÄRKE LIEGT IN DER KOMBINATION
DRUCKWASSERSTOFF
Für Mobilität und dezentrale Anwendungen
FLÜSSIGER WASSERSTOFF
Für große Mengen und internationale Transporte
KAVERNENSPEICHER
Für saisonale Speicherung und Versorgungssicherheit
METHAN-EINSPEISUNG
H_2 NUTZUNG
Für Nutzung bestehender Infrastruktur und Wärme
INTELLIGENTE KOMBINATION NACH ANWENDUNG, GEOGRAPHIE UND ZEITRAHMEN
FÜR JEDE DEN IMPORT VON WASSERSTOFF ÜBER WEITE DISTANZEN
HAUSHALTE & GEWERBE
Dezentrale Speicher und lokale Netze
INDUSTRIE
Prozesswärme, Strom, chemische Prozesse
MOBILITÄT
Busse, LKW, Züge, Schiffe, Flugzeuge (E-Fuels)
SAISONALE SPEICHERUNG
Ausgleich von Sommer- und Winterbedarf
EXPORT
Internationale Märkte über LOHC, NH_3 oder E-Fuels
ENERGIESYSTEM-INTEGRATION
Intergration erneuerbarer Energien und Versorgung sicherstellen
WASSERSSTOFF VERBINDEN. ZUKUNFT SICHERN.
THERMOCHEMISCHE VERGASUNG NUTZT, WAS ANFÄLLT – ERZEUGT SAUBERE ENERGIE – SCHLIESST KREISLÄUFE – STÄRKT DIE REGIONALE WERTSCHÖPFUNG – SCHÜTZT DAS KLIMA.

Speichertechnologien

4.5 Stationäre Anwendungen: Die Brennstoffzellenheizung als Herzstück

Der Weg vom Wasserstoff zur nutzbaren Endenergie führt in der ökologischen Wasserstoffwirtschaft – für die große Mehrzahl der Anwendungen – über die stationäre Brennstoffzelle. Diese Technologie verbindet Wasserstoff und Luftsauerstoff in einer kontrollierten elektrochemischen Reaktion und generiert dabei gleichzeitig elektrischen Strom und Wärme. Einziges Reaktionsprodukt: Wasser.

Klassische „Wärmeerzeuger" wie Gas- oder Ölheizungen, aber auch elektrische Heizer können in Haushalten, Industrie und Gewerbe durch eine wärmegeführte Brennstoffzellenheizung mit integrierter Warmwasserbereitung ersetzt werden. Das ist nicht nur ein Technologietausch, sondern eine systemische Verbesserung auf mehreren Ebenen gleichzeitig.

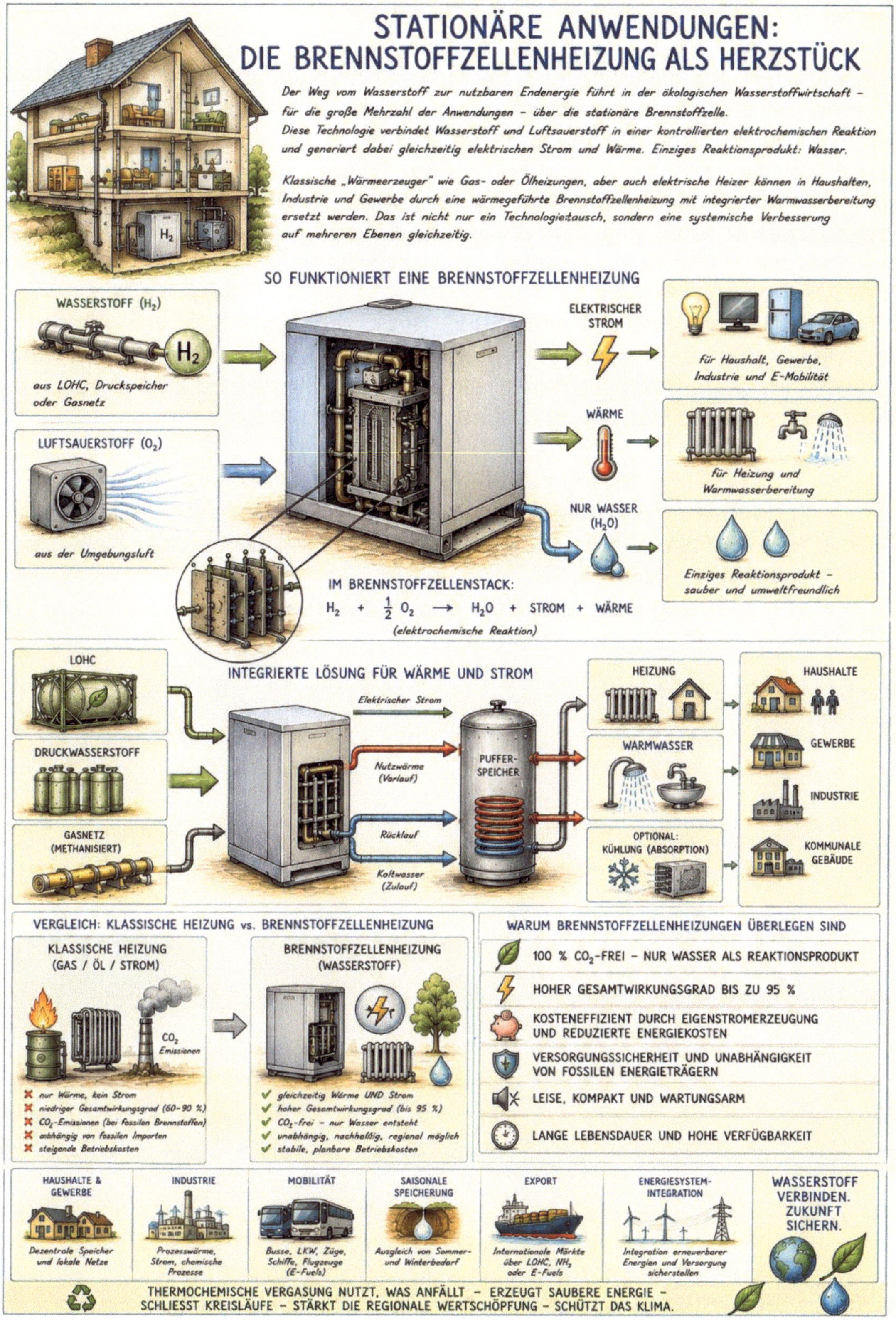
STATIONÄRE ANWENDUNGEN:
DIE BRENNSTOFFZELLENHEIZUNG ALS HERZSTÜCK
Der Weg vom Wasserstoff zur nutzbaren Endenergie führt in der ökologischen Wasserstoffwirtschaft – für die große Mehrzahl der Anwendungen – über die stationäre Brennstoffzelle.
Diese Technologie verbindet Wasserstoff und Luftsauerstoff in einer kontrollierten elektrochemischen Reaktion und generiert dabei gleichzeitig elektrischen Strom und Wärme. Einziges Reaktionsprodukt: Wasser.
Klassische „Wärmeerzeuger" wie Gas- oder Ölheizungen, aber auch elektrische Heizer können in Haushalten, Industrie und Gewerbe durch eine wärmegeführte Brennstoffzellenheizung mit integrierter Warmwasserbereitung ersetzt werden. Das ist nicht nur ein Technologietausch, sondern eine systemische Verbesserung auf mehreren Ebenen gleichzeitig.
H_2
SO FUNKTIONIERT EINE BRENNSTOFFZELLENHEIZUNG
WASSERSTOFF (H_2)
H_2
aus LOHC, Druckspeicher oder Gasnetz
LUFTSAUERSTOFF (O_2)
aus der Umgebungsluft
ELEKTRISCHER STROM
für Haushalt, Gewerbe, Industrie und E-Mobilität
WÄRME
für Heizung und Warmwasserbereitung
NUR WASSER (H_2O)
Einziges Reaktionsprodukt – sauber und umweltfreundlich
IM BRENNSTOFFZELLENSTACK:
$H_2 + \frac{1}{2} O_2 \longrightarrow H_2O$ + STROM + WÄRME
(elektrochemische Reaktion)
LOHC
DRUCKWASSERSTOFF
GASNETZ (METHANISIERT)
INTEGRIERTE LÖSUNG FÜR WÄRME UND STROM
Elektrischer Strom
Nutzwärme (Vorlauf)
Rücklauf
Kaltwasser (Zulauf)
PUFFER-SPEICHER
HEIZUNG
WARMWASSER
OPTIONAL: KÜHLUNG (ABSORPTION)
HAUSHALTE
GEWERBE
INDUSTRIE
KOMMUNALE GEBÄUDE
VERGLEICH: KLASSISCHE HEIZUNG vs. BRENNSTOFFZELLENHEIZUNG
KLASSISCHE HEIZUNG (GAS / ÖL / STROM)
CO_2 Emissionen
nur Wärme, kein Strom
niedriger Gesamtwirkungsgrad (60–90 %)
CO_2-Emissionen (bei fossilen Brennstoffen)
abhängig von fossilen Importen
steigende Betriebskosten
BRENNSTOFFZELLENHEIZUNG (WASSERSTOFF)
gleichzeitig Wärme UND Strom
hoher Gesamtwirkungsgrad (bis 95 %)
CO_2-frei – nur Wasser entsteht
unabhängig, nachhaltig, regional möglich
stabile, planbare Betriebskosten
WARUM BRENNSTOFFZELLENHEIZUNGEN ÜBERLEGEN SIND
100 % CO_2-FREI – NUR WASSER ALS REAKTIONSPRODUKT
HOHER GESAMTWIRKUNGSGRAD BIS ZU 95 %
KOSTENEFFIZIENT DURCH EIGENSTROMERZEUGUNG UND REDUZIERTE ENERGIEKOSTEN
VERSORGUNGSSICHERHEIT UND UNABHÄNGIGKEIT VON FOSSILEN ENERGIETRÄGERN
LEISE, KOMPAKT UND WARTUNGSARM
LANGE LEBENSDAUER UND HOHE VERFÜGBARKEIT
HAUSHALTE & GEWERBE
Dezentrale Speicher und lokale Netze
INDUSTRIE
Prozesswärme, Strom, chemische Prozesse
MOBILITÄT
Busse, LKW, Züge, Schiffe, Flugzeuge (E-Fuels)
SAISONALE SPEICHERUNG
Ausgleich von Sommer- und Winterbedarf
EXPORT
Internationale Märkte über LOHC, NH_3 oder E-Fuels
ENERGIESYSTEM-INTEGRATION
Integration erneuerbarer Energien und Versorgung sicherstellen
WASSERSTOFF VERBINDEN. ZUKUNFT SICHERN.
THERMOCHEMISCHE VERGASUNG NUTZT, WAS ANFÄLLT – ERZEUGT SAUBERE ENERGIE –
SCHLIESST KREISLÄUFE – STÄRKT DIE REGIONALE WERTSCHÖPFUNG – SCHÜTZT DAS KLIMA.

Stationäre Anwendungen

Die wärmegeführte Logik und ihr Effizienzgewinn

In nahezu allen Klimaten und bei fast allen Anwendungen gilt: Auch im Sommer wird bei den meisten Verbrauchern mehr Wärme und Kälte als Strom benötigt. Eine Klimaanlage ist technisch eine Wärmepumpe – sie verschiebt Wärme, sie verbraucht keinen Strom im physikalischen Sinne, aber sie hat thermischen Output als primäres Ziel. Warmwasser, Heizung, Prozesswärme – all das sind Wärmeanwendungen, die zusammen weit mehr als die Hälfte des Gesamtenergiebedarfs eines typischen Gebäudes oder Betriebs ausmachen.

Da die Brennstoffzelle Wärme und Strom im Verhältnis von etwa 1:1 generiert, geht bei wärmegeführtem Betrieb kaum Wärme ungenutzt verloren. Im Gegenteil: Der nicht direkt benötigte Strom wird zum Bonus – er steht zusätzlich zur Verfügung und kann vielfältig genutzt werden:

- Lokale Speicherung in Batteriespeichern für spätere Nutzung
- Laden von Elektrofahrzeugen direkt am Gebäude
- Hocheffiziente Umwandlung in zusätzliche Wärme oder Kälte über eine Wärmepumpe
- Einspeisung ins lokale Netz gegen Vergütung

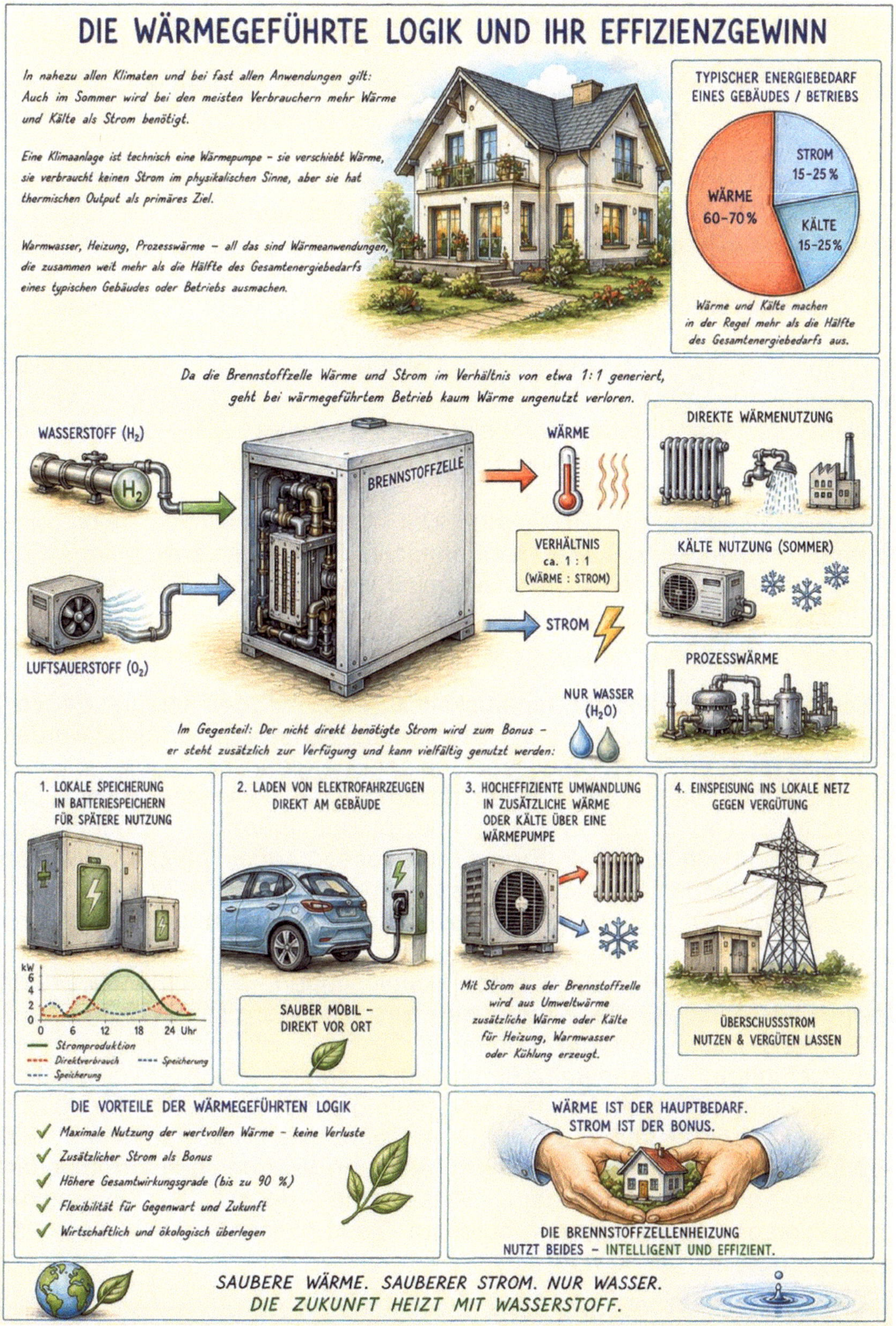
DIE WÄRMEGEFÜHRTE LOGIK UND IHR EFFIZIENZGEWINN
In nahezu allen Klimaten und bei fast allen Anwendungen gilt: Auch im Sommer wird bei den meisten Verbrauchern mehr Wärme und Kälte als Strom benötigt.
Eine Klimaanlage ist technisch eine Wärmepumpe – sie verschiebt Wärme, sie verbraucht keinen Strom im physikalischen Sinne, aber sie hat thermischen Output als primäres Ziel.
Warmwasser, Heizung, Prozesswärme – all das sind Wärmeanwendungen, die zusammen weit mehr als die Hälfte des Gesamtenergiebedarfs eines typischen Gebäudes oder Betriebs ausmachen.
TYPISCHER ENERGIEBEDARF EINES GEBÄUDES / BETRIEBS
WÄRME 60–70 %
STROM 15–25 %
KÄLTE 15–25 %
Wärme und Kälte machen in der Regel mehr als die Hälfte des Gesamtenergiebedarfs aus.
Da die Brennstoffzelle Wärme und Strom im Verhältnis von etwa 1:1 generiert, geht bei wärmegeführtem Betrieb kaum Wärme ungenutzt verloren.
WASSERSTOFF (H_2)
H_2
LUFTSAUERSTOFF (O_2)
BRENNSTOFFZELLE
WÄRME
VERHÄLTNIS ca. 1 : 1 (WÄRME : STROM)
STROM
NUR WASSER (H_2O)
DIREKTE WÄRMENUTZUNG
KÄLTE NUTZUNG (SOMMER)
PROZESSWÄRME
Im Gegenteil: Der nicht direkt benötigte Strom wird zum Bonus – er steht zusätzlich zur Verfügung und kann vielfältig genutzt werden:
1. LOKALE SPEICHERUNG IN BATTERIESPEICHERN FÜR SPÄTERE NUTZUNG
kW
6
4
2
0
0
6
12
18
24 Uhr
Stromproduktion
Direktverbrauch
Speicherung
Speicherung
2. LADEN VON ELEKTROFAHRZEUGEN DIREKT AM GEBÄUDE
SAUBER MOBIL – DIREKT VOR ORT
3. HOCHEFFIZIENTE UMWANDLUNG IN ZUSÄTZLICHE WÄRME ODER KÄLTE ÜBER EINE WÄRMEPUMPE
Mit Strom aus der Brennstoffzelle wird aus Umweltwärme zusätzliche Wärme oder Kälte für Heizung, Warmwasser oder Kühlung erzeugt.
4. EINSPEISUNG INS LOKALE NETZ GEGEN VERGÜTUNG
ÜBERSCHUSSSTROM NUTZEN & VERGÜTEN LASSEN
DIE VORTEILE DER WÄRMEGEFÜHRTEN LOGIK
✓ Maximale Nutzung der wertvollen Wärme – keine Verluste
✓ Zusätzlicher Strom als Bonus
✓ Höhere Gesamtwirkungsgrade (bis zu 90 %)
✓ Flexibilität für Gegenwart und Zukunft
✓ Wirtschaftlich und ökologisch überlegen
WÄRME IST DER HAUPTBEDARF. STROM IST DER BONUS.
DIE BRENNSTOFFZELLENHEIZUNG NUTZT BEIDES – INTELLIGENT UND EFFIZIENT.
SAUBERE WÄRME. SAUBERER STROM. NUR WASSER.
DIE ZUKUNFT HEIZT MIT WASSERSTOFF.

Die wärmegeführte Logik

Leistungsszenarien: Was eine Beispielanlage leisten kann

Um das Potenzial konkret greifbar zu machen, hilft der Blick auf eine reale Beispielanlage. Bei konsequenter Prozessführung kann die thermochemische Vergasung eines organischen Reststoff-Substrats in der Großanlage 257 Kilogramm Wasserstoff pro Stunde generieren. Dieser Wasserstoff wird in Brennstoffzellen eingesetzt und generiert folgende Energiemengen, je nach gewähltem Nutzungspfad:

Leistungsvergleich für eine Anlage mit 257 kg/h Wasserstoffdurchsatz

Einfachste Variante (nur Brennstoffzelle): Ca. 4.200 kWh thermische Leistung + 4.200 kWh elektrische Leistung – insgesamt 8.400 kWh Nutzenergie pro Stunde.

Mit elektrischem Heizstab: Der elektrische Anteil wird vollständig in Wärme umgewandelt – insgesamt sind knapp 8.400 kWh thermischer Leistung möglich.

Mit Wärmepumpe (COP = 4): Der Überschussstrom treibt eine Wärmepumpe an, die das Vier- bis Fünffache der eingesetzten elektrischen Energie als Wärme liefert – insgesamt sind bis zu 21.100 kWh thermischer Leistung theoretisch möglich.

Diese Zahlen illustrieren eindrucksvoll, was mit der Integration von Wärmepumpentechnologie in ein Brennstoffzellensystem erreicht werden kann: eine massive zusätzliche Hebelung der Energieausbeute, die weit über das hinausgeht, was jedes konventionelle System je leisten könnte. Der physikalische Grund: Die Wärmepumpe „pumpt“ thermische Energie aus einer Umgebungsquelle (Luft, Erde, Grundwasser) auf ein nutzbares Niveau – und nutzt dafür den Stromüberschuss aus der Brennstoffzelle. So arbeiten zwei Technologien in einer Kaskade zusammen, die zusammen mehr sind als die Summe ihrer Teile.

Bei konsequentem Einsatz von Kaskadenlösungen – also dem bewussten Design von Anlagen, die Wärme auf verschiedenen Temperaturniveaus nutzen und keine Energie ungenutzt lässt – ist mit einer solchen wärmegeführten Brennstoffzellenanlage sogar eine vollständige Auskoppelung aus bestehenden Versorgungsnetzen möglich. Die einzig limitierende Größe ist dann der vor Ort gespeicherte Wasserstoffvorrat. Ein Gebäude oder Quartier, das seinen gesamten Wärme- und Strombedarf dezentral aus gespeichertem Wasserstoff deckt, ist in seiner Energieversorgung vollkommen autonom – und gleichzeitig CO_2-frei, leise und wartungsarm.

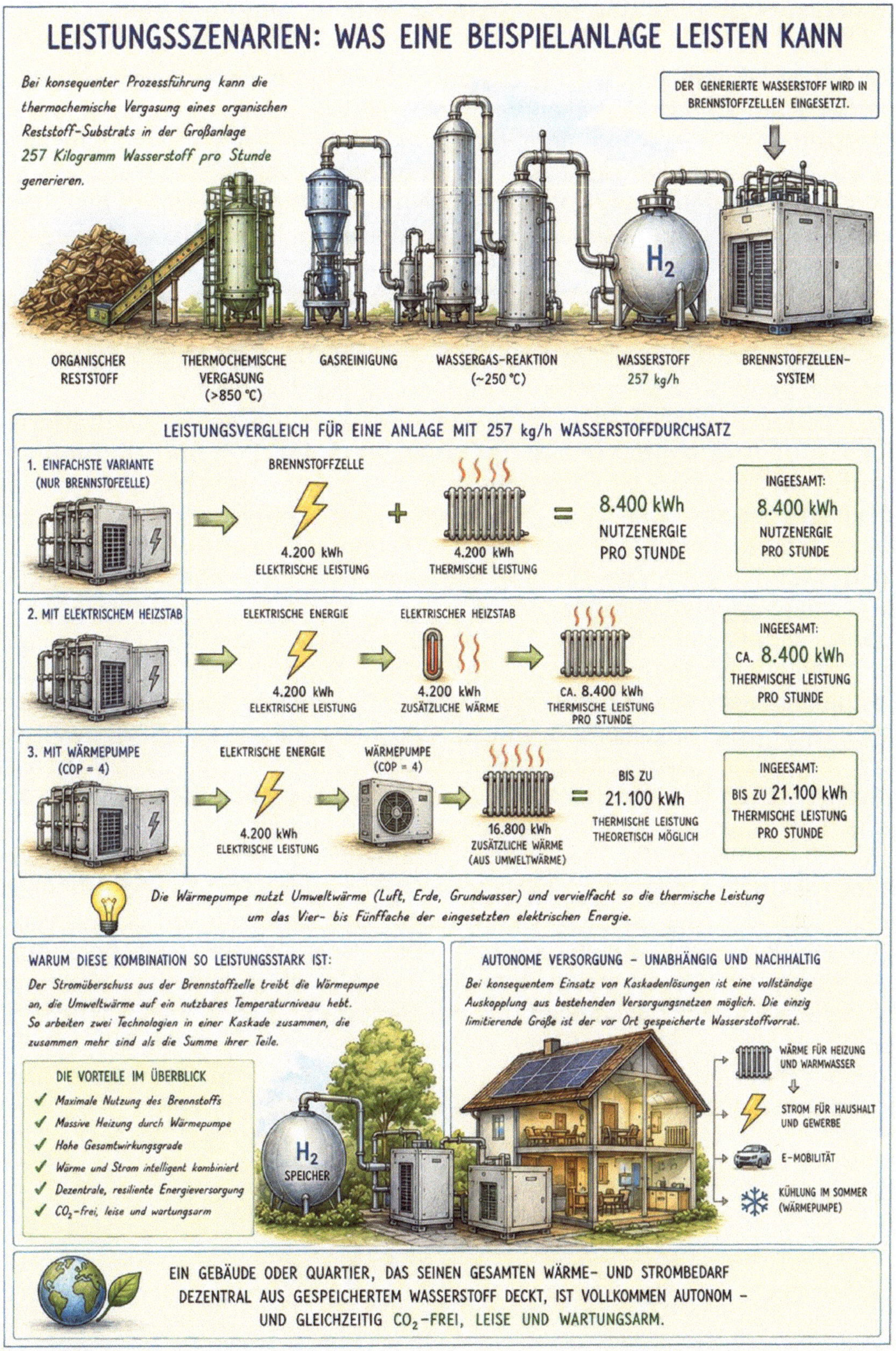
LEISTUNGSSZENARIEN: WAS EINE BEISPIELANLAGE LEISTEN KANN
Bei konsequenter Prozessführung kann die thermochemische Vergasung eines organischen Reststoff-Substrats in der Großanlage 257 Kilogramm Wasserstoff pro Stunde generieren.
DER GENERIERTE WASSERSTOFF WIRD IN BRENNSTOFFZELLEN EINGESETZT.
H_2
ORGANISCHER RESTSTOFF
THERMOCHEMISCHE VERGASUNG (>850 °C)
GASREINIGUNG
WASSERGAS-REAKTION (~250 °C)
WASSERSTOFF 257 kg/h
BRENNSTOFFZELLEN-SYSTEM
LEISTUNGSVERGLEICH FÜR EINE ANLAGE MIT 257 kg/h WASSERSTOFFDURCHSATZ
1. EINFACHSTE VARIANTE (NUR BRENNSTOFEELLE)
BRENNSTOFFZELLE
4.200 kWh ELEKTRISCHE LEISTUNG
4.200 kWh THERMISCHE LEISTUNG
8.400 kWh NUTZENERGIE PRO STUNDE
INGEESAMT: 8.400 kWh NUTZENERGIE PRO STUNDE
2. MIT ELEKTRISCHEM HEIZSTAB
ELEKTRISCHE ENERGIE
ELEKTRISCHER HEIZSTAB
4.200 kWh ELEKTRISCHE LEISTUNG
4.200 kWh ZUSÄTZLICHE WÄRME
CA. 8.400 kWh THERMISCHE LEISTUNG PRO STUNDE
INGEESAMT: CA. 8.400 kWh THERMISCHE LEISTUNG PRO STUNDE
3. MIT WÄRMEPUMPE (COP = 4)
ELEKTRISCHE ENERGIE
WÄRMEPUMPE (COP = 4)
4.200 kWh ELEKTRISCHE LEISTUNG
16.800 kWh ZUSÄTZLICHE WÄRME (AUS UMWELTWÄRME)
BIS ZU 21.100 kWh THERMISCHE LEISTUNG THEORETISCH MÖGLICH
INGEESAMT: BIS ZU 21.100 kWh THERMISCHE LEISTUNG PRO STUNDE
Die Wärmepumpe nutzt Umweltwärme (Luft, Erde, Grundwasser) und vervielfacht so die thermische Leistung um das Vier- bis Fünffache der eingesetzten elektrischen Energie.
WARUM DIESE KOMBINATION SO LEISTUNGSSTARK IST:
Der Stromüberschuss aus der Brennstoffzelle treibt die Wärmepumpe an, die Umweltwärme auf ein nutzbares Temperaturniveau hebt. So arbeiten zwei Technologien in einer Kaskade zusammen, die zusammen mehr sind als die Summe ihrer Teile.
DIE VORTEILE IM ÜBERBLICK
✓ Maximale Nutzung des Brennstoffs
✓ Massive Heizung durch Wärmepumpe
✓ Hohe Gesamtwirkungsgrade
✓ Wärme und Strom intelligent kombiniert
✓ Dezentrale, resiliente Energieversorgung
✓ CO_2-frei, leise und wartungsarm
H_2 SPEICHER
AUTONOME VERSORGUNG – UNABHÄNGIG UND NACHHALTIG
Bei konsequentem Einsatz von Kaskadenlösungen ist eine vollständige Auskopplung aus bestehenden Versorgungsnetzen möglich. Die einzig limitierende Größe ist der vor Ort gespeicherte Wasserstoffvorrat.
WÄRME FÜR HEIZUNG UND WARMWASSER
STROM FÜR HAUSHALT UND GEWERBE
E-MOBILITÄT
KÜHLUNG IM SOMMER (WÄRMEPUMPE)
EIN GEBÄUDE ODER QUARTIER, DAS SEINEN GESAMTEN WÄRME- UND STROMBEDARF DEZENTRAL AUS GESPEICHERTEM WASSERSTOFF DECKT, IST VOLLKOMMEN AUTONOM – UND GLEICHZEITIG CO_2-FREI, LEISE UND WARTUNGSARM.

Leistungsszenarien

4.6 Wasserstoffmobilität: Ein eigener Zweig mit eigener Logik

Während die stationäre Nutzung von Wasserstoff über Brennstoffzellen von der Wärme-Logik dominiert wird, folgt die Wasserstoffmobilität anderen Gesetzen. Mobile Anwendungen haben eine fundamentale Einschränkung, die im Stationärbetrieb nicht gilt: Die anfallende Wärme kann nur in sehr begrenztem Umfang genutzt werden. Ein Fahrzeug, das durch die Stadt fährt, kann die Abwärme seiner Brennstoffzelle nicht für die Gebäudeheizung verwenden.

Aus diesem Grund ist die außergewöhnlich hohe Effizienz der wärmegeführten stationären Wasserstoffanwendungen in der Mobilität nicht realisierbar. Trotzdem bietet Wasserstoff in der Mobilität klare Vorteile – jedoch in anderen Anwendungsfeldern, als häufig diskutiert wird.

Für den individuellen Pkw-Verkehr auf der Kurzstrecke **ist die batterie-elektrische Antriebstechnik in der Regel wirtschaftlich und energetisch überlegen.** Der Wirkungsgrad des gesamten Antriebsstrangs – von der Stromgenerierung bis zur Bewegung des Fahrzeugs – ist bei Batteriefahrzeugen derzeit höher als bei Brennstoffzellen-Fahrzeugen, weil die Umwandlungsschritte (Strom → Wasserstoff → Strom → Bewegung) jeweils mit Verlusten verbunden sind.

Ganz anders sieht das Bild für den Schwerlastverkehr, den Öffentlichen Personennahverkehr mit Bussen, den Schienenverkehr, die Schifffahrt und die Luftfahrt aus. Hier sind Batterien in ihrer Energiedichte und ihrem Gewicht an Grenzen, die physikalisch bedingt und nicht kurzfristig zu überwinden sind. Für diese Anwendungen bietet Wasserstoff – mit seiner hohen gravimetrischen Energiedichte von 33,3 kWh/kg – systemische Vorteile, die keine andere emissionsfreie Technologie heute bieten kann.

Die Infrastruktur für die Wasserstoffmobilität wird auf Basis von Druckwasserstoff aufgebaut: Tankstellen mit Hochdrucktanks und schnellen Befüllsystemen, die ähnlich wie heutige Benzintankstellen in wenigen Minuten den Tank füllen können. Die Schnittstelle zwischen dem übergeordneten Wasserstoffsystem und dem Mobilitätssektor liegt dabei bei der Belieferung der Tankstellen und der Bevorratung von Druckwasserstoff vor Ort. An diesem Punkt müssen die verschiedenen Logistikpfade – LOHC, direkte Pipeline, Drucktransport – in den mobilitätsgerechten Hochdruckwasserstoff überführt werden.

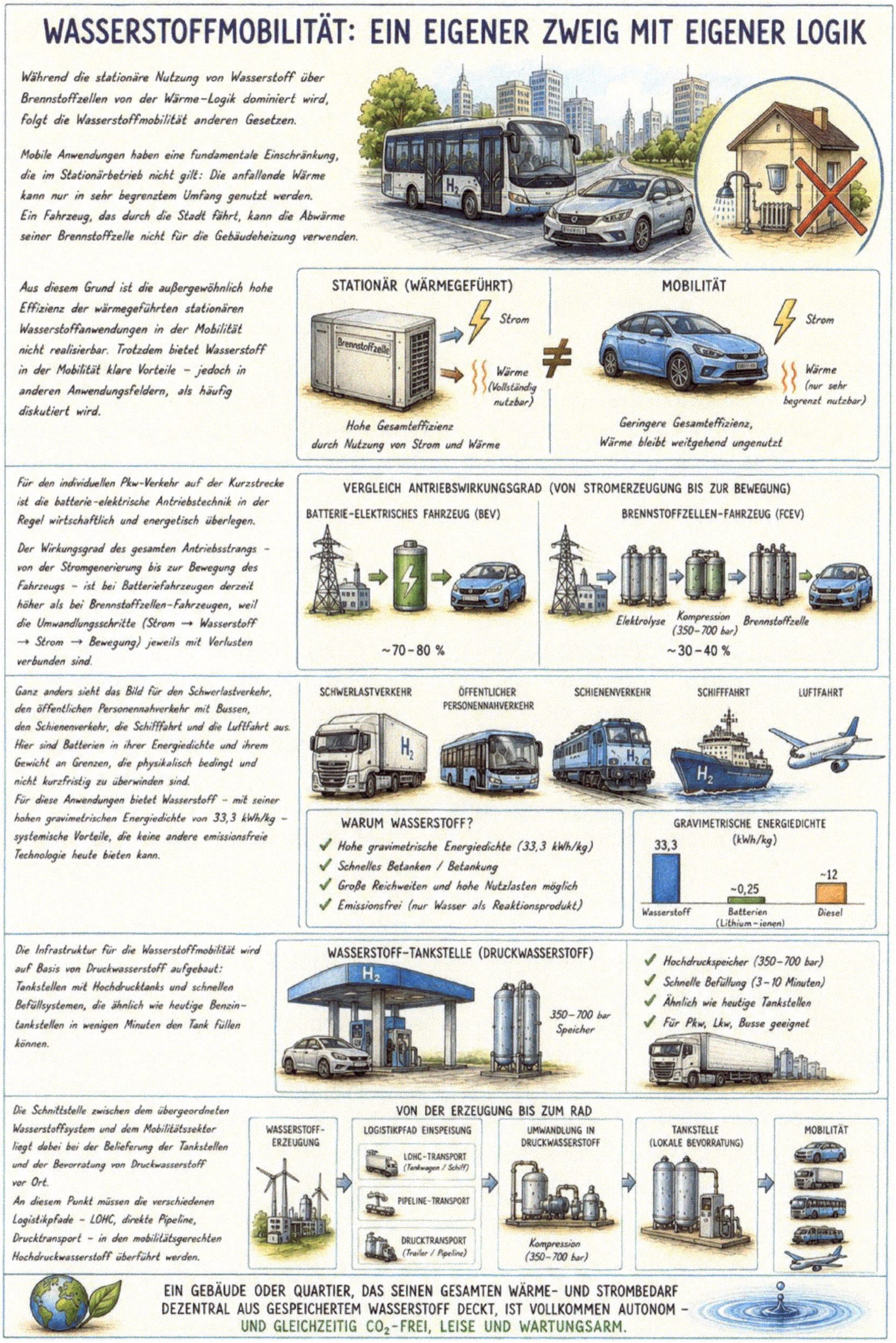

WASSERSTOFFMOBILITÄT: EIN EIGENER ZWEIG MIT EIGENER LOGIK
Während die stationäre Nutzung von Wasserstoff über Brennstoffzellen von der Wärme-Logik dominiert wird, folgt die Wasserstoffmobilität anderen Gesetzen.
Mobile Anwendungen haben eine fundamentale Einschränkung, die im Stationärbetrieb nicht gilt: Die anfallende Wärme kann nur in sehr begrenztem Umfang genutzt werden. Ein Fahrzeug, das durch die Stadt fährt, kann die Abwärme seiner Brennstoffzelle nicht für die Gebäudeheizung verwenden.
H2
Aus diesem Grund ist die außergewöhnlich hohe Effizienz der wärmegeführten stationären Wasserstoffanwendungen in der Mobilität nicht realisierbar. Trotzdem bietet Wasserstoff in der Mobilität klare Vorteile – jedoch in anderen Anwendungsfeldern, als häufig diskutiert wird.
STATIONÄR (WÄRMEGEFÜHRT)
Brennstoffzelle
Strom
Wärme (Vollständig nutzbar)
Hohe Gesamteffizienz durch Nutzung von Strom und Wärme
≠
MOBILITÄT
Strom
Wärme (nur sehr begrenzt nutzbar)
Geringere Gesamteffizienz, Wärme bleibt weitgehend ungenutzt
Für den individuellen Pkw-Verkehr auf der Kurzstrecke ist die batterie-elektrische Antriebstechnik in der Regel wirtschaftlich und energetisch überlegen.
Der Wirkungsgrad des gesamten Antriebsstrangs – von der Stromgenerierung bis zur Bewegung des Fahrzeugs – ist bei Batteriefahrzeugen derzeit höher als bei Brennstoffzellen-Fahrzeugen, weil die Umwandlungsschritte (Strom → Wasserstoff → Strom → Bewegung) jeweils mit Verlusten verbunden sind.
VERGLEICH ANTRIEBSWIRKUNGSGRAD (VON STROMERZEUGUNG BIS ZUR BEWEGUNG)
BATTERIE-ELEKTRISCHES FAHRZEUG (BEV)
~70 – 80 %
BRENNSTOFFZELLEN-FAHRZEUG (FCEV)
Elektrolyse
Kompression (350–700 bar)
Brennstoffzelle
~30 – 40 %
Ganz anders sieht das Bild für den Schwerlastverkehr, den öffentlichen Personennahverkehr mit Bussen, den Schienenverkehr, die Schifffahrt und die Luftfahrt aus. Hier sind Batterien in ihrer Energiedichte und ihrem Gewicht an Grenzen, die physikalisch bedingt und nicht kurzfristig zu überwinden sind.
Für diese Anwendungen bietet Wasserstoff – mit seiner hohen gravimetrischen Energiedichte von 33,3 kWh/kg – systemische Vorteile, die keine andere emissionsfreie Technologie heute bieten kann.
SCHWERLASTVERKEHR
ÖFFENTLICHER PERSONENNAHVERKEHR
SCHIENENVERKEHR
SCHIFFFAHRT
LUFTFAHRT
WARUM WASSERSTOFF?
✓ Hohe gravimetrische Energiedichte (33,3 kWh/kg)
✓ Schnelles Betanken / Betankung
✓ Große Reichweiten und hohe Nutzlasten möglich
✓ Emissionsfrei (nur Wasser als Reaktionsprodukt)
GRAVIMETRISCHE ENERGIEDICHTE (kWh/kg)
33,3
~0,25
~12
Wasserstoff
Batterien (Lithium-ionen)
Diesel
Die Infrastruktur für die Wasserstoffmobilität wird auf Basis von Druckwasserstoff aufgebaut: Tankstellen mit Hochdrucktanks und schnellen Befüllsystemen, die ähnlich wie heutige Benzintankstellen in wenigen Minuten den Tank füllen können.
WASSERSTOFF-TANKSTELLE (DRUCKWASSERSTOFF)
H2
350–700 bar Speicher
✓ Hochdruckspeicher (350–700 bar)
✓ Schnelle Befüllung (3–10 Minuten)
✓ Ähnlich wie heutige Tankstellen
✓ Für Pkw, Lkw, Busse geeignet
Die Schnittstelle zwischen dem übergeordneten Wasserstoffsystem und dem Mobilitätssektor liegt dabei bei der Belieferung der Tankstellen und der Bevorratung von Druckwasserstoff vor Ort.
An diesem Punkt müssen die verschiedenen Logistikpfade – LOHC, direkte Pipeline, Drucktransport – in den mobilitätsgerechten Hochdruckwasserstoff überführt werden.
VON DER ERZEUGUNG BIS ZUM RAD
WASSERSTOFF-ERZEUGUNG
LOGISTIKPFAD EINSPEISUNG
LOHC-TRANSPORT (Tankwagen / Schiff)
PIPELINE-TRANSPORT
DRUCKTRANSPORT (Trailer / Pipeline)
UMWANDLUNG IN DRUCKWASSERSTOFF
Kompression (350–700 bar)
TANKSTELLE (LOKALE BEVORRATUNG)
MOBILITÄT
EIN GEBÄUDE ODER QUARTIER, DAS SEINEN GESAMTEN WÄRME- UND STROMBEDARF DEZENTRAL AUS GESPEICHERTEM WASSERSTOFF DECKT, IST VOLLKOMMEN AUTONOM – UND GLEICHZEITIG CO2-FREI, LEISE UND WARTUNGSARM.

Wasserstoffmobilität

4.7 Die Kohle der Zukunft: Was mit dem CO_2 aus der Vergasung passiert

Ein Aspekt, der in vielen Betrachtungen der Vergasungstechnologie unterbelichtet bleibt, ist die Frage nach dem Verbleib des Kohlendioxids, das bei der Wassergas-Reaktion entsteht. Bei optimaler Prozessführung fallen pro Tonne organischen Inputs bis zu 3,35 Tonnen CO_2 an. Was geschieht damit?

Die erste und einfachste Antwort lautet: Das CO_2 aus der biogenen Vergasung ist Teil des atmosphärischen Kreislaufs. Es stammt aus Biomasse, die den Kohlenstoff zuvor durch Photosynthese aus der Luft entnommen hat. Die Rückgabe an die Atmosphäre ist daher per Saldo neutral – kein zusätzlicher fossiler Kohlenstoff tritt in das System ein.

Die zweite, weitaus interessantere Antwort betrifft die aktive Nutzung des CO_2 als Ressource. Kohlendioxid ist in mehrfacher Hinsicht ein wertvoller Rohstoff:

- Methanisierung: $CO_2 + H_2 \rightarrow CH_4$ (Methan). Synthetisches Erdgas zur Einspeisung ins bestehende Gasnetz und zur Nutzung als Kraftstoff (E-Fuel).
- Methanol-Synthese: $CO_2 + H_2 \rightarrow CH_3OH$. Methanol als vielseitiger Chemierohstoff, Kraftstoff oder Energieträger für Brennstoffzellen.
- Algenkultivierung: CO_2 als Wachstumsgrundlage für Algen, die wiederum als Biomasse, als Öl oder als Rohstoff für weitere Vergasung genutzt werden können.
- Kohlenstoffabscheidung und -speicherung (CCS): Langfristige geologische Speicherung des biogenen CO_2 führt zu einem negativen CO_2-Fußabdruck des Gesamtprozesses – also zur aktiven CO_2-Entnahme aus der Atmosphäre.

Die Kombination von biogener Vergasung mit CCS – sogenanntes BECCS (Bioenergy with Carbon Capture and Storage) – gilt in vielen Klimaszenarien als eine der wenigen Technologien, die tatsächlich negative Emissionen generiert und damit aktiv zum Abbau der atmosphärischen CO_2-Konzentration beitragen können. Im Rahmen der ökologischen Wasserstoffwirtschaft könnte dies langfristig einen zusätzlichen klimapolitischen Wert darstellen, der über die bloße CO_2-Neutralität hinausgeht.

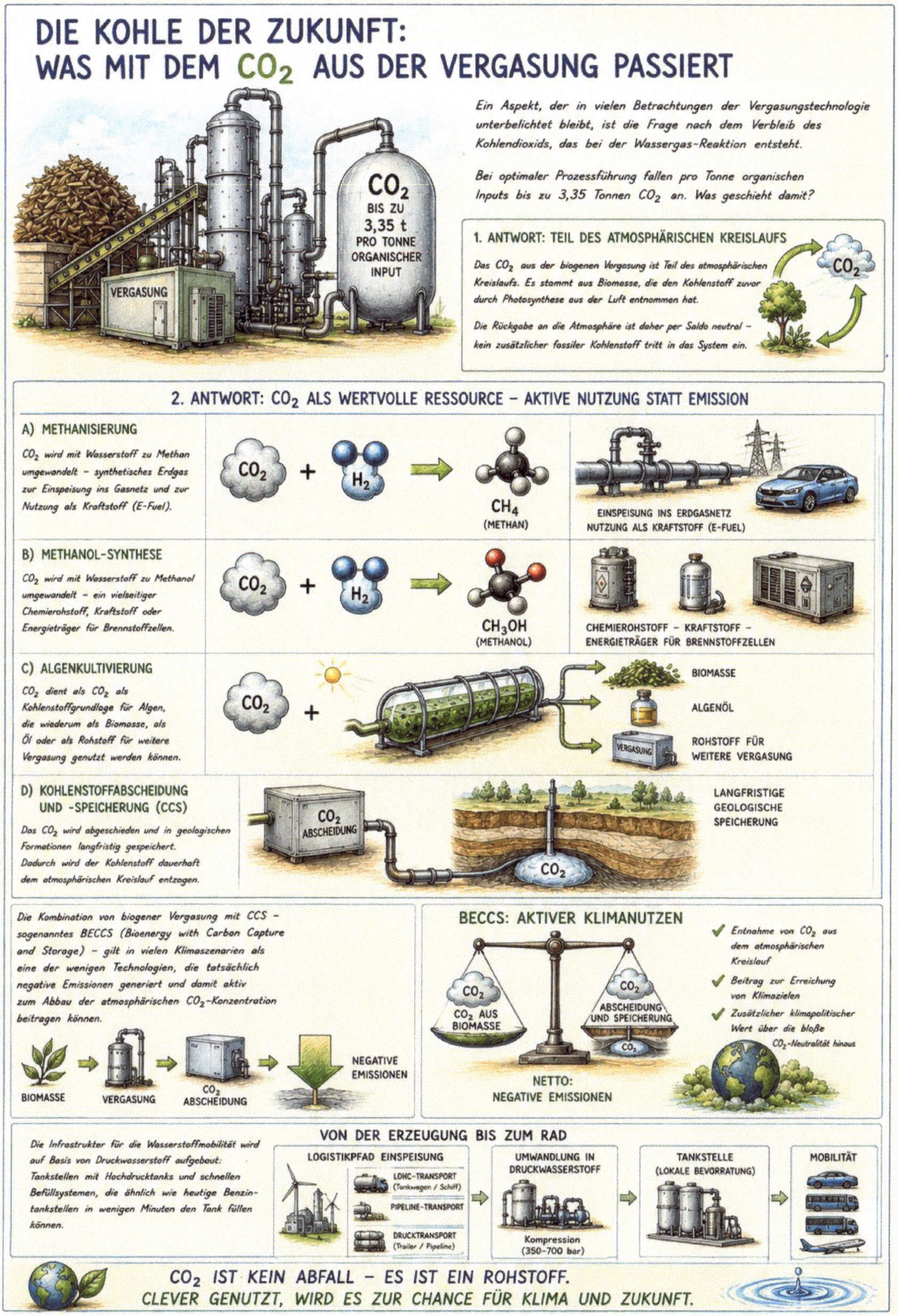
DIE KOHLE DER ZUKUNFT:
WAS MIT DEM CO_2 AUS DER VERGASUNG PASSIERT
Ein Aspekt, der in vielen Betrachtungen der Vergasungstechnologie unterbelichtet bleibt, ist die Frage nach dem Verbleib des Kohlendioxids, das bei der Wassergas-Reaktion entsteht.
Bei optimaler Prozessführung fallen pro Tonne organischen Inputs bis zu 3,35 Tonnen CO_2 an. Was geschieht damit?
VERGASUNG
CO_2 BIS ZU 3,35 t PRO TONNE ORGANISCHER INPUT
1. ANTWORT: TEIL DES ATMOSPHÄRISCHEN KREISLAUFS
Das CO_2 aus der biogenen Vergasung ist Teil des atmosphärischen Kreislaufs. Es stammt aus Biomasse, die den Kohlenstoff zuvor durch Photosynthese aus der Luft entnommen hat.
Die Rückgabe an die Atmosphäre ist daher per Saldo neutral – kein zusätzlicher fossiler Kohlenstoff tritt in das System ein.
CO_2
2. ANTWORT: CO_2 ALS WERTVOLLE RESSOURCE – AKTIVE NUTZUNG STATT EMISSION
A) METHANISIERUNG
CO_2 wird mit Wasserstoff zu Methan umgewandelt – synthetisches Erdgas zur Einspeisung ins Gasnetz und zur Nutzung als Kraftstoff (E-Fuel).
CO_2 + H_2
CH_4 (METHAN)
EINSPEISUNG INS ERDGASNETZ
NUTZUNG ALS KRAFTSTOFF (E-FUEL)
B) METHANOL-SYNTHESE
CO_2 wird mit Wasserstoff zu Methanol umgewandelt – ein vielseitiger Chemierohstoff, Kraftstoff oder Energieträger für Brennstoffzellen.
CO_2 + H_2
CH_3OH (METHANOL)
CHEMIEROHSTOFF – KRAFTSTOFF – ENERGIETRÄGER FÜR BRENNSTOFFZELLEN
C) ALGENKULTIVIERUNG
CO_2 dient als CO_2 als Kohlenstoffgrundlage für Algen, die wiederum als Biomasse, als Öl oder als Rohstoff für weitere Vergasung genutzt werden können.
CO_2 +
BIOMASSE
ALGENÖL
VERGASUNG
ROHSTOFF FÜR WEITERE VERGASUNG
D) KOHLENSTOFFABSCHEIDUNG UND -SPEICHERUNG (CCS)
Das CO_2 wird abgeschieden und in geologischen Formationen langfristig gespeichert. Dadurch wird der Kohlenstoff dauerhaft dem atmosphärischen Kreislauf entzogen.
CO_2 ABSCHEIDUNG
CO_2
LANGFRISTIGE GEOLOGISCHE SPEICHERUNG
Die Kombination von biogener Vergasung mit CCS – sogenanntes BECCS (Bioenergy with Carbon Capture and Storage) – gilt in vielen Klimaszenarien als eine der wenigen Technologien, die tatsächlich negative Emissionen generiert und damit aktiv zum Abbau der atmosphärischen CO_2-Konzentration beitragen können.
BIOMASSE
VERGASUNG
CO_2 ABSCHEIDUNG
NEGATIVE EMISSIONEN
BECCS: AKTIVER KLIMANUTZEN
CO_2
CO_2 AUS BIOMASSE
CO_2
ABSCHEIDUNG UND SPEICHERUNG
NETTO: NEGATIVE EMISSIONEN
Entnahme von CO_2 aus dem atmosphärischen Kreislauf
Beitrag zur Erreichung von Klimazielen
Zusätzlicher klimapolitischer Wert über die bloße CO_2-Neutralität hinaus
VON DER ERZEUGUNG BIS ZUM RAD
Die Infrastrukter für die Wasserstoffmobilität wird auf Basis von Druckwasserstoff aufgebaut: Tankstellen mit Hochdrucktanks und schnellen Befüllsystemen, die ähnlich wie heutige Benzintankstellen in wenigen Minuten den Tank füllen können.
LOGISTIKPFAD EINSPEISUNG
LOHC-TRANSPORT (Tankwagen / Schiff)
PIPELINE-TRANSPORT
DRUCKTRANSPORT (Trailer / Pipeline)
UMWANDLUNG IN DRUCKWASSERSTOFF
Kompression (350–700 bar)
TANKSTELLE (LOKALE BEVORRATUNG)
MOBILITÄT
CO_2 IST KEIN ABFALL – ES IST EIN ROHSTOFF.
CLEVER GENUTZT, WIRD ES ZUR CHANCE FÜR KLIMA UND ZUKUNFT.

Die Kohle der Zukunft

Die Technologiebausteine im Überblick

- Wasserstoffgenerierung: Elektrolyse (PEM, alkalisch, SOEC) + thermochemische Vergasung (Dampfreformierung + Wassergas-Shift-Reaktion) + Sekundärnutzung industrieller Wasserstoffströme.
- Mengenpotenzial Vergasung: Aus 1 t organischem Input + 2,8 t Wasser werden bis zu 450 kg H_2 + 3,35 t CO_2 generiert.
- Speicherung: LOHC (57 kg H_2/m^3, Umgebungsdruck, recycelbare Trägerflüssigkeit), Druckspeicher, Kavernen, Methanisierung ins Gasnetz.
- Stationäre Nutzung: Brennstoffzellenheizung (Wärme:Strom = 1:1) – mit Wärmepumpe (COP 4) bis zu 21.100 kWh thermischer Leistung aus 257 kg/h H_2 theoretisch möglich.
- Mobilität: Druckwasserstoff-Infrastruktur für Schwerverkehr, Busse, Bahn, Schifffahrt – eigene Infrastruktur, kein direkter Effizienzübertrag aus stationärer Wärmeführung.
- CO_2-Management: Biogenes CO_2 ist klimaneutral; Weiternutzung zu Methan, Methanol oder per CCS zu negativen Emissionen möglich.

Technik ist keine Magie – sie ist angewandte Physik. Und die Physik arbeitet in diesem System für uns, nicht gegen uns. Das ist der Unterschied zum fossilen Zeitalter.

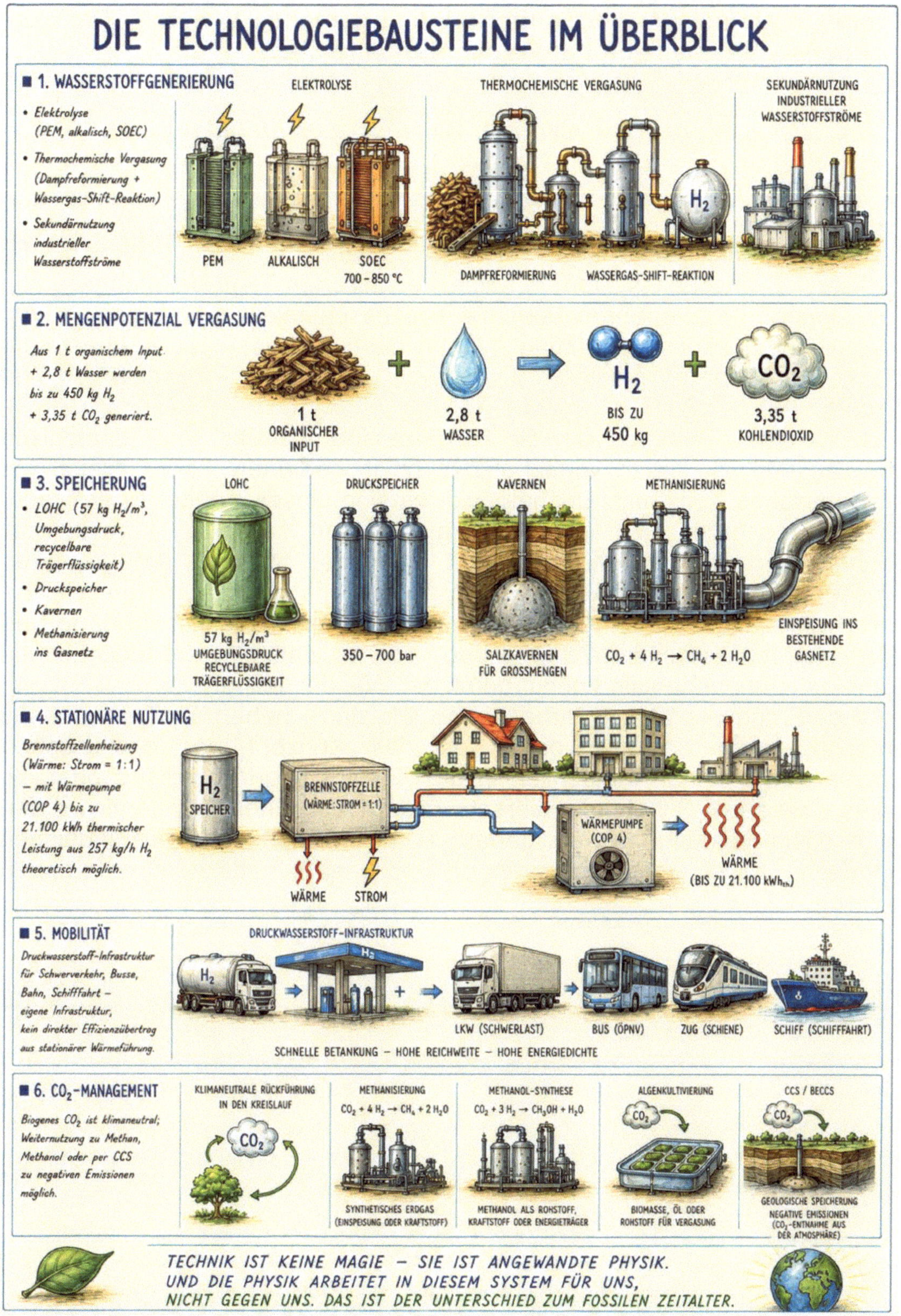

Die Technologiebausteine

Kapitel 5: Wirtschaft, Wertschöpfung und gerechter Wandel – Die ökonomische Dimension der Wasserstoffwirtschaft

„Preis ist, was du bezahlst. Wert ist, was du bekommst.“

Warren Buffett

Die vorangegangenen Kapitel haben das ökologische Wasserstoffwirtschaftssystem in seiner technischen Tiefe beleuchtet – von den Generierungsverfahren über die Prozesschemie bis zu Speicherung, Logistik und dezentraler Nutzung. Wer bis hierher gelesen hat, ist überzeugt: Die Technologien funktionieren. Die Physik stimmt. Die Prozessketten sind erprobt.

Doch eine Technologie, die physikalisch korrekt und ökologisch überzeugend ist, aber wirtschaftlich nicht gedeihen kann, bleibt ein akademisches Konstrukt. Deshalb widmet sich dieses Kapitel einer Frage, die in technisch geprägten Energiebüchern zu kurz kommt: der ökonomischen Dimension. Wer sind die wirtschaftlichen Akteure einer Wasserstoffwirtschaft? Welche Geschäftsmodelle entstehen neu, welche verschwinden? Wie verändern sich Energiepreise, Investitionsbedarfe und Wertschöpfungsstrukturen? Und welche regulatorischen Rahmenbedingungen sind nötig, damit der Wandel gelingt?

Diese Fragen sind keine Nebensache. Sie sind – neben der Technik – die entscheidenden Faktoren dafür, ob das Konzept der ökologischen Wasserstoffwirtschaft tatsächlich in die Realität übertragen wird oder als gutes Konzept in Schubladen verschwindet. Denn Energiesysteme werden nicht allein von Ingenieuren gebaut – sie werden von wirtschaftlichen Anreizen, politischen Entscheidungen und gesellschaftlichen Präferenzen geformt.

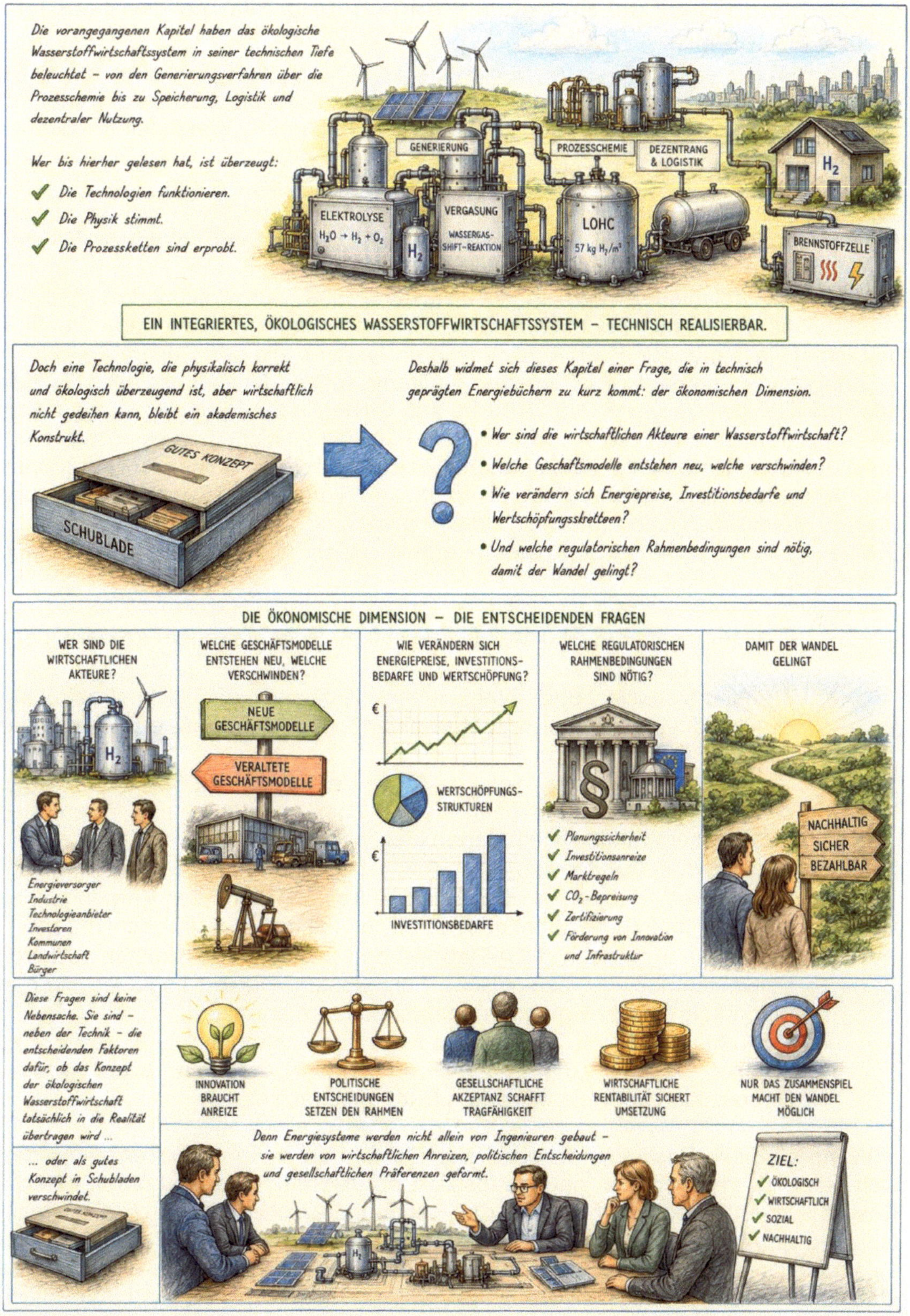

Die vorangegangenen Kapitel haben das ökologische Wasserstoffwirtschaftssystem in seiner technischen Tiefe beleuchtet – von den Generierungsverfahren über die Prozesschemie bis zu Speicherung, Logistik und dezentraler Nutzung.
Wer bis hierher gelesen hat, ist überzeugt:
✓ Die Technologien funktionieren.
✓ Die Physik stimmt.
✓ Die Prozessketten sind erprobt.
GENERIERUNG
PROZESSCHEMIE
DEZENTRANG & LOGISTIK
ELEKTROLYSE
$H_2O \rightarrow H_2 + O_2$
H_2
VERGASUNG
WASSERGAS-SHIFT-REAKTION
LOHC
$57\ kg\ H_2/m^3$
H_2
BRENNSTOFFZELLE
EIN INTEGRIERTES, ÖKOLOGISCHES WASSERSTOFFWIRTSCHAFTSSYSTEM – TECHNISCH REALISIERBAR.
Doch eine Technologie, die physikalisch korrekt und ökologisch überzeugend ist, aber wirtschaftlich nicht gedeihen kann, bleibt ein akademisches Konstrukt.
GUTES KONZEPT
SCHUBLADE
Deshalb widmet sich dieses Kapitel einer Frage, die in technisch geprägten Energiebüchern zu kurz kommt: der ökonomischen Dimension.
• Wer sind die wirtschaftlichen Akteure einer Wasserstoffwirtschaft?
• Welche Geschaftsmodelle entstehen neu, welche verschwinden?
• Wie verändern sich Energiepreise, Investitionsbedarfe und Wertschöpfungsskretten?
• Und welche regulatorischen Rahmenbedingungen sind nötig, damit der Wandel gelingt?
DIE ÖKONOMISCHE DIMENSION – DIE ENTSCHEIDENDEN FRAGEN
WER SIND DIE WIRTSCHAFTLICHEN AKTEURE?
H_2
Energieversorger
Industrie
Technologieanbieter
Investoren
Kommunen
Landwirtschaft
Bürger
WELCHE GESCHÄFTSMODELLE ENTSTEHEN NEU, WELCHE VERSCHWINDEN?
NEUE GESCHÄFTSMODELLE
VERALTETE GESCHÄFTSMODELLE
WIE VERÄNDERN SICH ENERGIEPREISE, INVESTITIONSBEDARFE UND WERTSCHÖPFUNG?
€
WERTSCHÖPFUNGSSTRUKTUREN
€
INVESTITIONSBEDARFE
WELCHE REGULATORISCHEN RAHMENBEDINGUNGEN SIND NÖTIG?
§
✓ Planungssicherheit
✓ Investitionsanreize
✓ Marktregeln
✓ CO_2-Bepreisung
✓ Zertifizierung
✓ Förderung von Innovation und Infrastruktur
DAMIT DER WANDEL GELINGT
NACHHALTIG
SICHER
BEZAHLBAR
Diese Fragen sind keine Nebensache. Sie sind – neben der Technik – die entscheidenden Faktoren dafür, ob das Konzept der ökologischen Wasserstoffwirtschaft tatsächlich in die Realität übertragen wird …
INNOVATION BRAUCHT ANREIZE
POLITISCHE ENTSCHEIDUNGEN SETZEN DEN RAHMEN
GESELLSCHAFTLICHE AKZEPTANZ SCHAFFT TRAGFÄHIGKEIT
WIRTSCHAFTLICHE RENTABILITÄT SICHERT UMSETZUNG
NUR DAS ZUSAMMENSPIEL MACHT DEN WANDEL MÖGLICH
… oder als gutes Konzept in Schubladen verschwindet.
Denn Energiesysteme werden nicht allein von Ingenieuren gebaut – sie werden von wirtschaftlichen Anreizen, politischen Entscheidungen und gesellschaftlichen Präferenzen geformt.
H_2
ZIEL:
✓ ÖKOLOGISCH
✓ WIRTSCHAFTLICH
✓ SOZIAL
✓ NACHHALTIG

Die ökonomische Dimension der Wasserstoffwirtschaft

5.1 Der blinde Fleck der Energiekostenrechnung: Warum Preisvergleiche täuschen

Wenn in der öffentlichen Debatte über Wasserstoff gesprochen wird, dominiert oft ein einziger Parameter: der Preis pro Kilogramm Wasserstoff. Grüner Wasserstoff kostet heute typischerweise ein Vielfaches von Erdgas auf vergleichbarer Energiebasis. Diese Tatsache wird häufig als Hauptargument gegen eine schnelle Einführung der Wasserstoffwirtschaft ins Feld geführt. Diese Argumentation ist aus zwei Gründen problematisch. Erstens vergleicht sie den heutigen Preis einer noch nicht skalierten Technologie mit dem Preis einer seit Jahrzehnten optimierten und in vielfältiger Weise subventionierten fossilen Infrastruktur. Zweitens – und das ist der konzeptionell entscheidende Punkt – betrachtet sie immer nur einen Ausschnitt des Systems, nie das Gesamtsystem.

Es ist genau jene Falle des Teilsystemdenkens, vor der der Prolog dieses Buches gewarnt hat: der Vergleich von **Äpfeln mit Birnen**. Der Preis von Erdgas am Heizungsbrenner ergibt kein vollständiges Bild, wenn nicht berücksichtigt wird, welche Wirkungsgradkette dahintersteht, welche externen Kosten im Marktpreis nicht enthalten sind, welche Parallelinfrastruktur vorgehalten werden muss und welcher gesellschaftliche Aufwand für die Abmilderung der Klimafolgen entsteht.

Eine systemisch korrekte Kostenrechnung muss alle folgenden Positionen einbeziehen:

- Direkte generierungskosten: Der Preis des Energieträgers an der Quelle (pro kWh oder kg H_2).
- Transportverluste und Netzkosten: Aufwand für Netzinfrastruktur, Druckverluste und Übertragungsaufwand, die im Endpreis enthalten, aber meist nicht sichtbar sind.
- Umwandlungsverluste: Welcher Anteil der eingesetzten Primärenergie kommt als Nutzenergie beim Verbraucher an? Im heutigen zentralen Stromgenerierungssystem gehen hier massive Anteile verloren.
- Infrastrukturinvestitionskosten: Bau, Wartung und Erneuerung von Kraftwerken, Netzen und Speichern – Kosten, die in der Vergangenheit oft durch öffentliche Mittel oder staatliche Garantien getragen wurden.
- Externe Kosten: CO_2-Bepreisung, Gesundheitskosten durch Luftverschmutzung, ökologische Folgekosten. Diese Positionen sind im Marktpreis fossiler Energieträger bisher kaum enthalten.
- Opportunitätskosten: Was kostet es, das bestehende fossile System zu erhalten, anstatt zu transformieren? Der Netzausbau allein wird in Deutschland auf viele Milliarden Euro geschätzt.

Wenn all diese Positionen in eine faire Gesamtrechnung einfließen, verändert sich das Bild erheblich. Der heutige fossile Energiepreis ist massiv durch externe Kosten subventioniert, die nicht auf der Rechnung erscheinen: durch die Gratis-Nutzung der Atmosphäre als CO_2-Deponie, durch gesellschaftliche Übernahme von Gesundheits- und Klimafolgekosten, durch jahrzehntelange direkte und indirekte staatliche Förderung fossiler Industrien. Eine Wasserstoffwirtschaft, die diese Kosten internalisiert, ist nicht teurer als das fossilbasierte System – sie ist bei vollständiger Betrachtung günstiger.

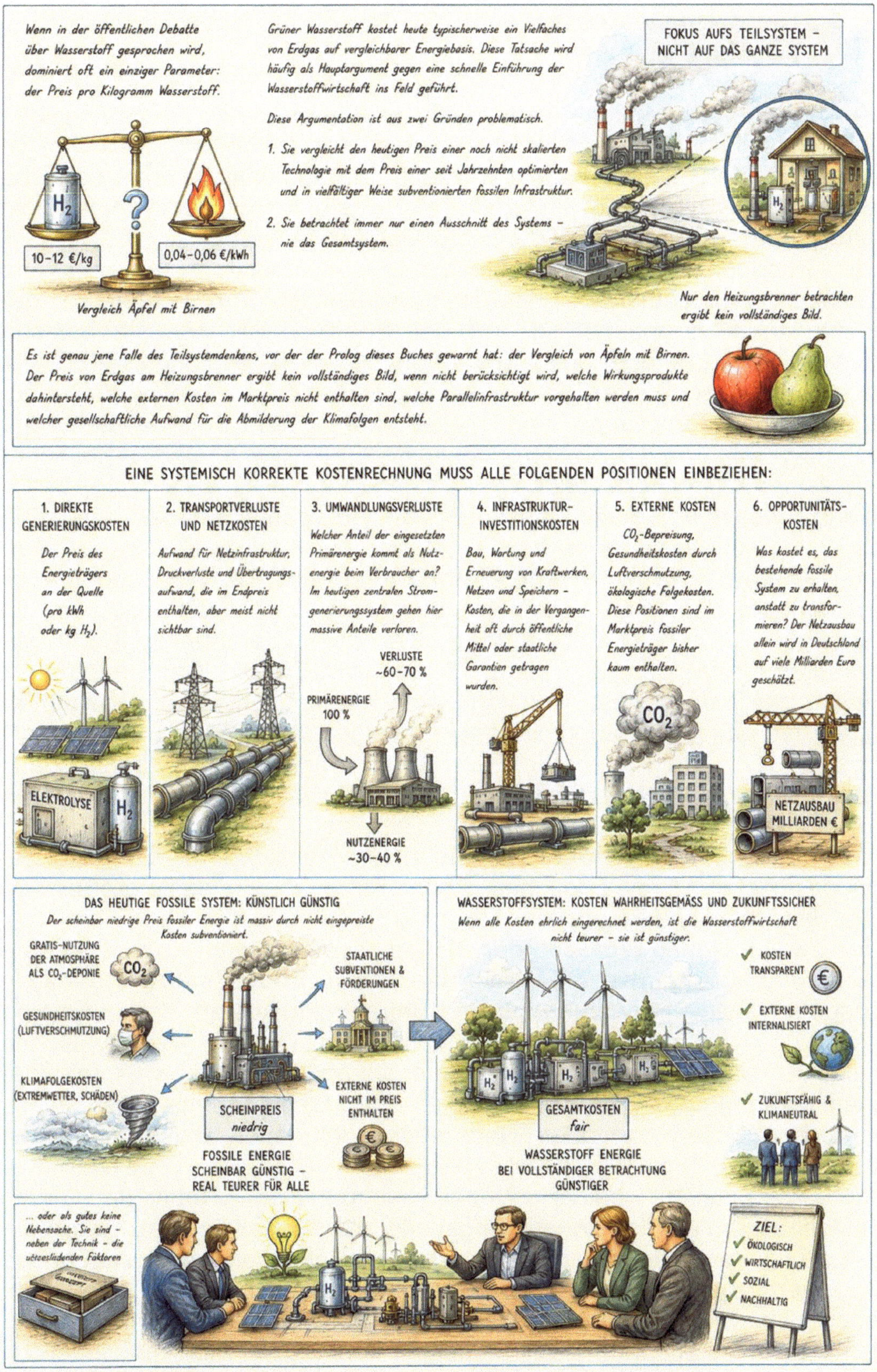

Wenn in der öffentlichen Debatte über Wasserstoff gesprochen wird, dominiert oft ein einziger Parameter: der Preis pro Kilogramm Wasserstoff.
10–12 €/kg
0,04–0,06 €/kWh
Vergleich Äpfel mit Birnen
Grüner Wasserstoff kostet heute typischerweise ein Vielfaches von Erdgas auf vergleichbarer Energiebasis. Diese Tatsache wird häufig als Hauptargument gegen eine schnelle Einführung der Wasserstoffwirtschaft ins Feld geführt.
Diese Argumentation ist aus zwei Gründen problematisch.
1. Sie vergleicht den heutigen Preis einer noch nicht skalierten Technologie mit dem Preis einer seit Jahrzehnten optimierten und in vielfältiger Weise subventionierten fossilen Infrastruktur.
2. Sie betrachtet immer nur einen Ausschnitt des Systems – nie das Gesamtsystem.
FOKUS AUFS TEILSYSTEM – NICHT AUF DAS GANZE SYSTEM
Nur den Heizungsbrenner betrachten ergibt kein vollständiges Bild.
Es ist genau jene Falle des Teilsystemdenkens, vor der der Prolog dieses Buches gewarnt hat: der Vergleich von Äpfeln mit Birnen. Der Preis von Erdgas am Heizungsbrenner ergibt kein vollständiges Bild, wenn nicht berücksichtigt wird, welche Wirkungsprodukte dahintersteht, welche externen Kosten im Marktpreis nicht enthalten sind, welche Parallelinfrastruktur vorgehalten werden muss und welcher gesellschaftliche Aufwand für die Abmilderung der Klimafolgen entsteht.
EINE SYSTEMISCH KORREKTE KOSTENRECHNUNG MUSS ALLE FOLGENDEN POSITIONEN EINBEZIEHEN:
1. DIREKTE GENERIERUNGSKOSTEN
Der Preis des Energieträgers an der Quelle (pro kWh oder kg H_2).
ELEKTROLYSE
H_2
2. TRANSPORTVERLUSTE UND NETZKOSTEN
Aufwand für Netzinfrastruktur, Druckverluste und Übertragungsaufwand, die im Endpreis enthalten, aber meist nicht sichtbar sind.
3. UMWANDLUNGSVERLUSTE
Welcher Anteil der eingesetzten Primärenergie kommt als Nutzenergie beim Verbraucher an? Im heutigen zentralen Stromgenerierungssystem gehen hier massive Anteile verloren.
VERLUSTE ~60–70 %
PRIMÄRENERGIE 100 %
NUTZENERGIE ~30–40 %
4. INFRASTRUKTUR-INVESTITIONSKOSTEN
Bau, Wartung und Erneuerung von Kraftwerken, Netzen und Speichern – Kosten, die in der Vergangenheit oft durch öffentliche Mittel oder staatliche Garantien getragen wurden.
5. EXTERNE KOSTEN
CO_2-Bepreisung, Gesundheitskosten durch Luftverschmutzung, ökologische Folgekosten. Diese Positionen sind im Marktpreis fossiler Energieträger bisher kaum enthalten.
CO_2
6. OPPORTUNITÄTSKOSTEN
Was kostet es, das bestehende fossile System zu erhalten, anstatt zu transformieren? Der Netzausbau allein wird in Deutschland auf viele Milliarden Euro geschätzt.
NETZAUSBAU MILLIARDEN €
DAS HEUTIGE FOSSILE SYSTEM: KÜNSTLICH GÜNSTIG
Der scheinbar niedrige Preis fossiler Energie ist massiv durch nicht eingepreiste Kosten subventioniert.
GRATIS-NUTZUNG DER ATMOSPHÄRE ALS CO_2-DEPONIE
CO_2
GESUNDHEITSKOSTEN (LUFTVERSCHMUTZUNG)
KLIMAFOLGEKOSTEN (EXTREMWETTER, SCHÄDEN)
STAATLICHE SUBVENTIONEN & FÖRDERUNGEN
EXTERNE KOSTEN NICHT IM PREIS ENTHALTEN
SCHEINPREIS niedrig
FOSSILE ENERGIE SCHEINBAR GÜNSTIG – REAL TEURER FÜR ALLE
WASSERSTOFFSYSTEM: KOSTEN WAHRHEITSGEMÄSS UND ZUKUNFTSSICHER
Wenn alle Kosten ehrlich eingerechnet werden, ist die Wasserstoffwirtschaft nicht teurer – sie ist günstiger.
✓ KOSTEN TRANSPARENT
✓ EXTERNE KOSTEN INTERNALISIERT
✓ ZUKUNFTSFÄHIG & KLIMANEUTRAL
GESAMTKOSTEN fair
WASSERSTOFF ENERGIE BEI VOLLSTÄNDIGER BETRACHTUNG GÜNSTIGER
... oder als gutes keine Nebensache. Sie sind – neben der Technik – die
ZIEL:
✓ ÖKOLOGISCH
✓ WIRTSCHAFTLICH
✓ SOZIAL
✓ NACHHALTIG

Energiekostenrechnung

5.2 Der doppelte Kostenhebel: Wie Reststoffe Energiepreise nachhaltig senken

Ein besonders wirksames wirtschaftliches Argument für die ökologische Wasserstoffwirtschaft liegt in der Nutzung organischer Reststoffe als primäre Wasserstoffquelle. Dieser Aspekt verdient eine ausführliche wirtschaftliche Betrachtung, denn hier liegt ein struktureller Kostenvorteil, der in keinem rein elektrolysebasierten Wasserstoffsystem realisierbar wäre.

Das Grundprinzip: Organische Reststoffe – Altkunststoffe, Klärschlamm, Grünschnitt, Holzabfälle, Lebensmittelreststoffe, Prozessabfälle der Industrie – fallen unabhängig von der Energiepolitik an. Sie müssen behandelt, verwertet oder entsorgt werden. Diese Behandlung kostet Geld: Deponienutzungsgebühren, Verbrennungskosten, Transportaufwand, regulatorische Compliance und vieles mehr. Für Unternehmen und Kommunen sind diese Entsorgungskosten ein realer und erheblicher Kostenfaktor in ihrer Kalkulation.

Wenn dieselben Reststoffe nun als Eingangsmaterial für eine Wasserstofffabrik genutzt werden, kehrt sich die Kostensituation um: **Aus einem Kostenfaktor wird eine Einnahmequelle.** Die Wasserstofffabrik übernimmt die Reststoffe – idealerweise gegen eine Annahmegebühr, die unterhalb der bisherigen Entsorgungskosten des Lieferanten liegt. Für den Lieferanten ist das günstiger als die Alternative. Für die Wasserstofffabrik bedeutet es, dass die Rohstoffkosten durch Entsorgungsgebühren kompensiert oder sogar überkompensiert werden.

Das ist der erste Hebel: Die Generierungskosten für Wasserstoff aus Reststoffen sind strukturell niedriger als für Wasserstoff aus primären Rohstoffen, weil ein erheblicher Teil der Rohstoffkosten durch Entsorgungsgebühren getragen wird. Je mehr organische Reststoffe von der Logik des „Abfalls" in die Logik des „Rohstoffs" wechseln, desto größer wird dieses wirtschaftliche Potenzial.

Der zweite Hebel liegt auf der Nutzungsseite. Durch die dezentrale Generierung von Wärme und Strom direkt beim Endverbraucher entfallen Transportverluste, Netzgebühren und Infrastrukturkosten des zentralen Versorgungssystems. Diese Kostenpositionen machen bei typischen Haushalts- und Gewerbetarifen heute einen erheblichen Anteil der Gesamtrechnung aus – oft mehr als die reinen Generierungskosten selbst. Wer sich aus dem zentralen Netz auskoppelt, spart diese Positionen vollständig ein.

Die Kombination beider Hebel – günstige Rohstoffe durch Reststoffnutzung auf der Generierungsseite und Wegfall der Netzkosten auf der Nutzungsseite – ergibt ein wirtschaftliches Potenzial, das Energiepreise für Endverbraucher erheblich senken kann. Das ist keine Spekulation, sondern das vorhersagbare Ergebnis aus bekannten Kostentreibern und einem klar verstandenen Systemdesign. Und es ist die wirtschaftliche Grundlage für die im Konzept enthaltene Aussage, dass die Energiepreise in einer ökologischen Wasserstoffwirtschaft sinken werden.

Ein besonders wirksames wirtschaftliches Argument für die ökologische Wasserstoffwirtschaft liegt in der Nutzung organischer Reststoffe als primäre Wasserstoffquelle. Dieser Aspekt verdeutt eine ausführliche wirtschaftliche Betrachtung, denn hier liegt ein struktureller Kostenvorteil, der in keinem rein elektrolysebasierten Wasserstoffsystem realisierbar wäre.
H2
DAS GRUNDPRINZIP: RESTSTOFFE FALLEN AN – UNABHÄNGIG VON DER ENERGIEPOLITIK
ALTKUNSTSTOFFE
KLÄRSCHLAMM
GRÜNSCHNITT / HOLZABFÄLLE
LEBENSMITTEL-RESTSTOFFE
INDUSTRIE-PROZESSABFÄLLE
MÜSSEN BEHANDELT, VERWERTET ODER ENTSORGT WERDEN
• Deponierungsgebühren
• Verbrennungskosten
• Transportaufwand
• Regulatorische Compliance
u. v. m.
= KOSTENFAKTOR FÜR UNTERNEHMEN UND KOMMUNEN
WENN DIESE RESTSTOFFE IN EINER WASSERSTOFFFABRIK GENUTZT WERDEN, KEHRT SICH DIE KOSTENSITUATION UM
H2
H2
RESTSTOFF-LIEFERANT
Zahlt heute für Entsorgung
ANNAHMEGEBÜHR
(unterhalb der bisherigen Entsorgungskosten)
WASSERSTOFFFABRIK
✓ Übernimmt Reststoffe
✓ Nutzt sie als Rohstoff zur H2-Generierung
✓ Rohstoffkosten durch Entsorgungsgebühren kompensiert oder überkompensiert
WASSERSTOFF
FÜR DEN LIEFERANTEN:
Günstiger als die Alternative (Entsorgung)
FÜR DIE WASSERSTOFFFABRIK:
Rohstoffkosten sinken durch Entsorgungsgebühren
= Erster Hebel
HEBEL 1
Die Generierungskosten für Wasserstoff aus Reststoffen sind strukturell niedriger als für Wasserstoff aus primären Rohstoffen, weil ein erheblicher Teil der Rohstoffkosten durch Entsorgungsgebühren getragen wird. Je mehr organische Reststoffe von der Logik des „Abfalls“ in die Logik des „Rohstoffs“ wechseln, desto größer wird dieses wirtschaftliche Potenzial.
ZWEITER HEBEL: DEZENTRALE NUTZUNG SPART NETZ- UND INFRASTRUKTURKOSTEN
ZENTRALES VERSORGUNGSSYSTEM (HEUTE)
• Transportverluste
• Netzkosten und Netzentgelte
• Aufbau und Wartung der Infrastruktur
• Messung, Abrechnung, Regulierung
• Reservekraftwerke und Systemkosten
AUFTEILUNG DER KOSTEN BEI STROM UND WÄRME (TYPISCH)
20-30 %
70-80 %
Reine Generierungskosten
Netz-, Abgaben-, Infrastruktur-, Systemkosten
DEZENTRALE ERZEUGUNG MIT WASSERSTOFF (VOR ORT)
Brennstoffzelle Wärme & Strom
H2
✓ Keine Transportverluste
✓ Keine Netzentgelte
✓ Keine teure Netzinfrastruktur
✓ Keine Systemkosten und Umlagen
✓ Nutzung genau dort, wo Energie benötigt wird
Wer sich aus dem zentralen Netz auskoppelt, spart diese Positionen vollständig ein.
= Zweiter Hebel
DIE KOMBINATION BEIDER HEBEL ERGIBT EIN MASSIVES WIRTSCHAFTLICHES POTENZIAL
GÜNSTIGE ROHSTOFFE DURCH RESTSTOFFNUTZUNG
€
Rohstoffkosten werden durch Entsorgungsgebühren kompensiert oder sogar überkompensiert
+
WEGFALL DER NETZ- UND INFRASTRUKTURKOSTEN
€
Transport, Netze, Abgaben und Systemkosten entfallen komplett
=
NIEDRIGERE ENERGIEKOSTEN FÜR ENDVERBRAUCHER
Kosten
100 %
75 %
50 %
25 %
0 %
-30 % bis -60 % möglich
Heutiges fossiles System
Wasserstoffsystem (mit Reststoffen & dezentral)
ERGEBNIS:
✓ Energiepreise sinken
✓ Unabhängigkeit steigt
✓ Wertschöpfung bleibt in der Region
✓ Neue Geschäftsmodelle entstehen
✓ Umwelt- und Klimanutzen inklusive
WIN-WIN FÜR WIRTSCHAFT, GESELLSCHAFT UND KLIMA
Das ist keine Spekulation, sondern das vorhersagbare Ergebnis aus bekannten Kostenhebeln und einem klar verstandenen Systemdesign. Und es ist die wirtschaftliche Grundlage für die im Konzept enthaltene Aussage, dass die Energiepreise in einer ökologischen Wasserstoffwirtschaft sinken werden.
ZUKUNFT GESTALTEN

Der doppelte Kostenhebel

5.3 Investitionslogik: Warum die Wasserstoffinfrastruktur günstiger ist als ihr Ruf

Ein häufiger Einwand gegen eine rasche Einführung der Wasserstoffwirtschaft lautet: Die nötigen Investitionen in Wasserstofffabriken, Speicher und Logistik seien zu hoch. Dieser Einwand ist verständlich – aber zu einfach. Er ignoriert zwei entscheidende Gegenrechnungen.

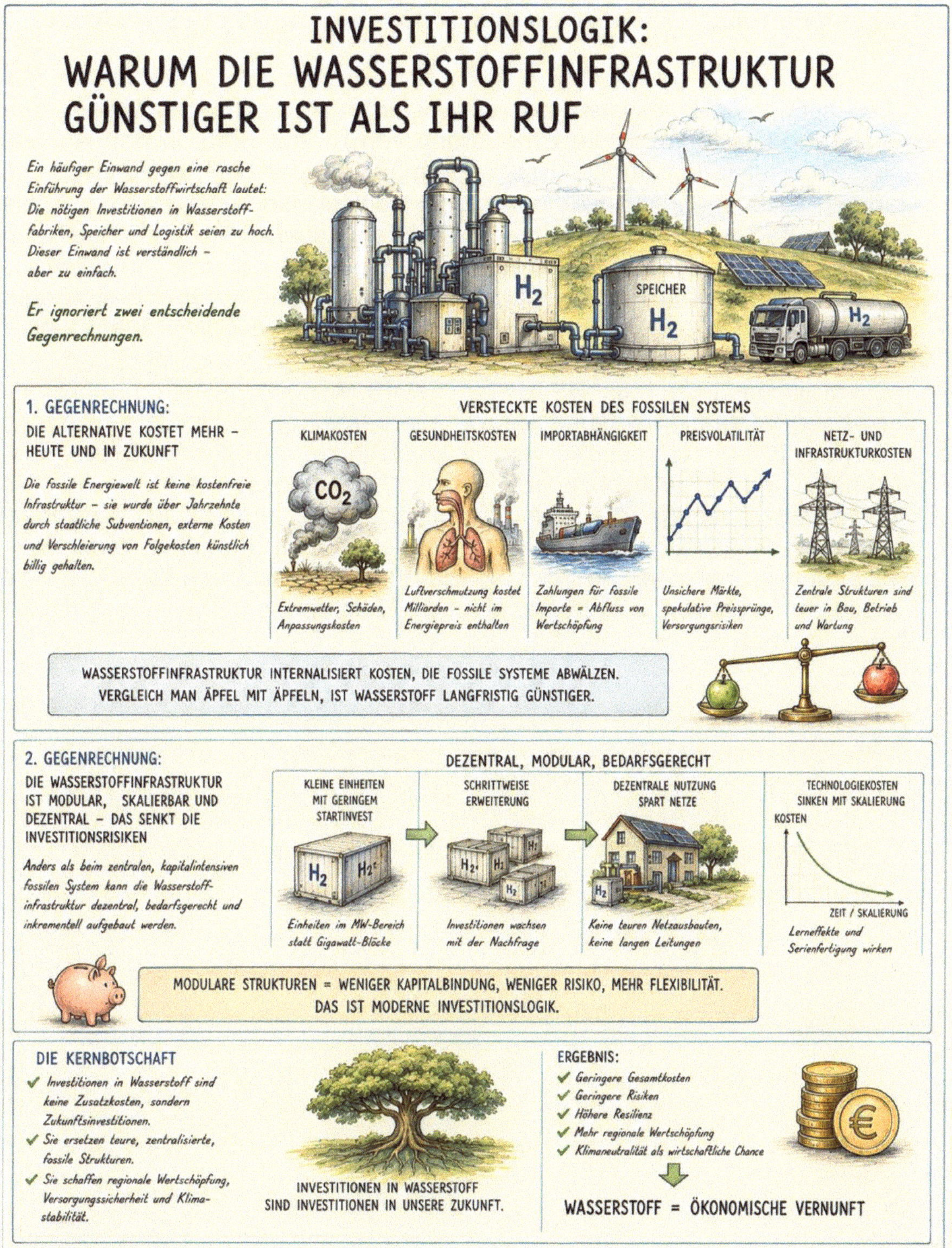
INVESTITIONSLOGIK:
WARUM DIE WASSERSTOFFINFRASTRUKTUR GÜNSTIGER IST ALS IHR RUF
Ein häufiger Einwand gegen eine rasche Einführung der Wasserstoffwirtschaft lautet: Die nötigen Investitionen in Wasserstoff-fabriken, Speicher und Logistik seien zu hoch. Dieser Einwand ist verständlich – aber zu einfach.
Er ignoriert zwei entscheidende Gegenrechnungen.
H2
SPEICHER H2
H2
1. GEGENRECHNUNG:
DIE ALTERNATIVE KOSTET MEHR – HEUTE UND IN ZUKUNFT
Die fossile Energiewelt ist keine kostenfreie Infrastruktur – sie wurde über Jahrzehnte durch staatliche Subventionen, externe Kosten und Verschleierung von Folgekosten künstlich billig gehalten.
VERSTECKTE KOSTEN DES FOSSILEN SYSTEMS
KLIMAKOSTEN
CO2
Extremwetter, Schäden, Anpassungskosten
GESUNDHEITSKOSTEN
Luftverschmutzung kostet Milliarden – nicht im Energiepreis enthalten
IMPORTABHÄNGIGKEIT
Zahlungen für fossile Importe = Abfluss von Wertschöpfung
PREISVOLATILITÄT
Unsichere Märkte, spekulative Preissprünge, Versorgungsrisiken
NETZ- UND INFRASTRUKTURKOSTEN
Zentrale Strukturen sind teuer in Bau, Betrieb und Wartung
WASSERSTOFFINFRASTRUKTUR INTERNALISIERT KOSTEN, DIE FOSSILE SYSTEME ABWÄLZEN.
VERGLEICH MAN ÄPFEL MIT ÄPFELN, IST WASSERSTOFF LANGFRISTIG GÜNSTIGER.
2. GEGENRECHNUNG:
DIE WASSERSTOFFINFRASTRUKTUR IST MODULAR, SKALIERBAR UND DEZENTRAL – DAS SENKT DIE INVESTITIONSRISIKEN
Anders als beim zentralen, kapitalintensiven fossilen System kann die Wasserstoff-infrastruktur dezentral, bedarfsgerecht und inkrementell aufgebaut werden.
DEZENTRAL, MODULAR, BEDARFSGERECHT
KLEINE EINHEITEN MIT GERINGEM STARTINVEST
Einheiten im MW-Bereich statt Gigawatt-Blöcke
SCHRITTWEISE ERWEITERUNG
Investitionen wachsen mit der Nachfrage
DEZENTRALE NUTZUNG SPART NETZE
Keine teuren Netzausbauten, keine langen Leitungen
TECHNOLOGIEKOSTEN SINKEN MIT SKALIERUNG
KOSTEN
ZEIT / SKALIERUNG
Lerneffekte und Serienfertigung wirken
MODULARE STRUKTUREN = WENIGER KAPITALBINDUNG, WENIGER RISIKO, MEHR FLEXIBILITÄT.
DAS IST MODERNE INVESTITIONSLOGIK.
DIE KERNBOTSCHAFT
✓ Investitionen in Wasserstoff sind keine Zusatzkosten, sondern Zukunftsinvestitionen.
✓ Sie ersetzen teure, zentralisierte, fossile Strukturen.
✓ Sie schaffen regionale Wertschöpfung, Versorgungssicherheit und Klima-stabilität.
INVESTITIONEN IN WASSERSTOFF SIND INVESTITIONEN IN UNSERE ZUKUNFT.
ERGEBNIS:
✓ Geringere Gesamtkosten
✓ Geringere Risiken
✓ Höhere Resilienz
✓ Mehr regionale Wertschöpfung
✓ Klimaneutralität als wirtschaftliche Chance
WASSERSTOFF = ÖKONOMISCHE VERNUNFT

Investitionslogik

Gegenrechnung 1: Die Kosten des Status quo werden unterschätzt

Das heutige Energiesystem ist nicht kostenlos zu unterhalten. Es erfordert laufende Investitionen in die Erneuerung von Kraftwerken, in den Ausbau und die Instandhaltung des Stromnetzes, in Gasleitungen, in Raffinerieanlagen, in Tankerflotten und Kohletransportinfrastruktur. Viele dieser Systeme nähern sich dem Ende ihrer technischen Lebenszeit und müssen in den nächsten Jahrzehnten ohnehin ersetzt oder grundlegend erneuert werden. Die Frage ist also nicht: „Investition in Wasserstoff oder keine Investition?" Die Frage ist: „Investition in Wasserstoff oder Reinvestition in das fossile System?"

Zusätzlich steht der massive Ausbau des Hochspannungsstromnetzes an, der für die Integration wachsender erneuerbarer Kapazitäten als zwingend gilt. Allein dieser Netzausbau wird in Deutschland auf zig Milliarden Euro geschätzt und ist politisch noch nicht final beschlossen. Eine dezentrale Wasserstoffwirtschaft, die den Transportbedarf über das Stromnetz signifikant reduziert, könnte diesen Netzausbaubedarf erheblich verringern – eine Einsparung, die in der direkten Investitionsrechnung für die Wasserstoffinfrastruktur nicht erscheint, de facto aber enorme wirtschaftliche Bedeutung hat.

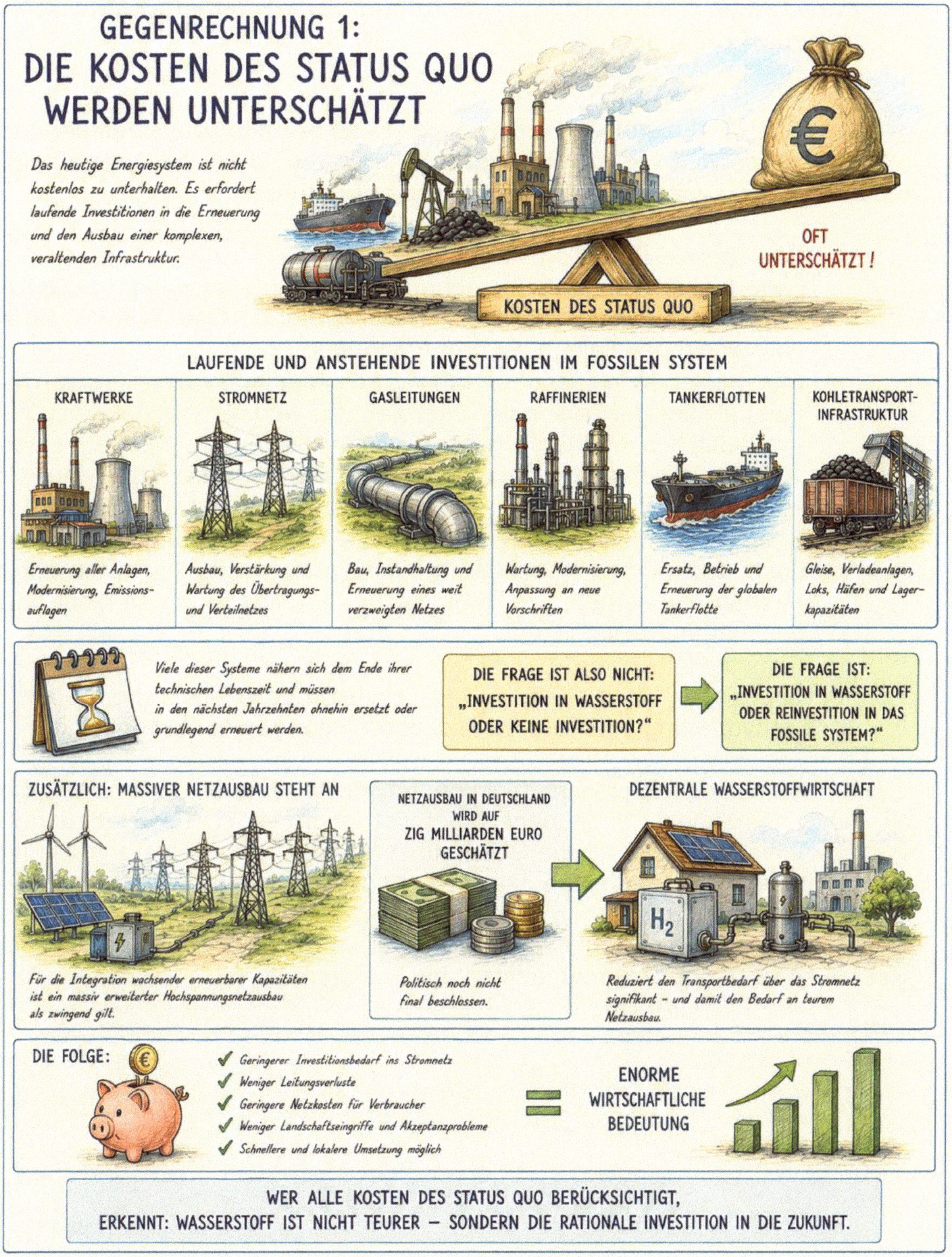
GEGENRECHNUNG 1:
DIE KOSTEN DES STATUS QUO WERDEN UNTERSCHÄTZT
Das heutige Energiesystem ist nicht kostenlos zu unterhalten. Es erfordert laufende Investitionen in die Erneuerung und den Ausbau einer komplexen, veraltenden Infrastruktur.
OFT UNTERSCHÄTZT!
KOSTEN DES STATUS QUO
LAUFENDE UND ANSTEHENDE INVESTITIONEN IM FOSSILEN SYSTEM
KRAFTWERKE
Erneuerung aller Anlagen, Modernisierung, Emissionsauflagen
STROMNETZ
Ausbau, Verstärkung und Wartung des Übertragungs- und Verteilnetzes
GASLEITUNGEN
Bau, Instandhaltung und Erneuerung eines weit verzweigten Netzes
RAFFINERIEN
Wartung, Modernisierung, Anpassung an neue Vorschriften
TANKERFLOTTEN
Ersatz, Betrieb und Erneuerung der globalen Tankerflotte
KOHLETRANSPORT-INFRASTRUKTUR
Gleise, Verladeanlagen, Loks, Häfen und Lagerkapazitäten
Viele dieser Systeme nähern sich dem Ende ihrer technischen Lebenszeit und müssen in den nächsten Jahrzehnten ohnehin ersetzt oder grundlegend erneuert werden.
DIE FRAGE IST ALSO NICHT: „INVESTITION IN WASSERSTOFF ODER KEINE INVESTITION?“
DIE FRAGE IST: „INVESTITION IN WASSERSTOFF ODER REINVESTITION IN DAS FOSSILE SYSTEM?“
ZUSÄTZLICH: MASSIVER NETZAUSBAU STEHT AN
Für die Integration wachsender erneuerbarer Kapazitäten ist ein massiv erweiterter Hochspannungsnetzausbau als zwingend gilt.
NETZAUSBAU IN DEUTSCHLAND WIRD AUF ZIG MILLIARDEN EURO GESCHÄTZT
Politisch noch nicht final beschlossen.
DEZENTRALE WASSERSTOFFWIRTSCHAFT
H2
Reduziert den Transportbedarf über das Stromnetz signifikant – und damit den Bedarf an teurem Netzausbau.
DIE FOLGE:
Geringerer Investitionsbedarf ins Stromnetz
Weniger Leitungsverluste
Geringere Netzkosten für Verbraucher
Weniger Landschaftseingriffe und Akzeptanzprobleme
Schnellere und lokalere Umsetzung möglich
=
ENORME WIRTSCHAFTLICHE BEDEUTUNG
WER ALLE KOSTEN DES STATUS QUO BERÜCKSICHTIGT, ERKENNT: WASSERSTOFF IST NICHT TEURER – SONDERN DIE RATIONALE INVESTITION IN DIE ZUKUNFT.

Gegenrechnung 1

Gegenrechnung 2: Infrastruktursynergien reduzieren den Neuinvestitionsbedarf drastisch

Das VAWT-Engineering-Konzept ist explizit so gestaltet, dass bestehende Infrastruktur so weit wie möglich weitergenutzt wird. Diese Synergieeffekte reduzieren den zusätzlichen Investitionsbedarf erheblich
:

- Bestehende Diesellogistikinfrastruktur – Tankwagen, Tankstellen, Lagertanks – kann mit überschaubarem Umrüstaufwand für LOHC-Wasserstoff genutzt werden. Das vermeidet den Aufbau einer vollständig parallelen Logistikinfrastruktur.
- Das bestehende Gasnetz kann durch Methanisierung (Power-to-Gas) als riesiger saisonaler Energiepuffer und als Transportweg für synthetisches Methan weitergenutzt werden. Der Neubau eines vollständig separaten Wasserstoffrohrleitungsnetzes wäre deutlich kostspieliger.
- Bestehende Kavernenspeicher – heute für Erdgas genutzt – können nach technischer Anpassung Wasserstoff oder synthetisches Methan aufnehmen. Die geologische Infrastruktur muss nicht neu geschaffen werden.
- Industrielle Abwärme, die heute ungenutzt an die Umgebung abgegeben wird, kann als Energiequelle für die LOHC-Dehydrierung oder andere Prozessschritte genutzt werden.

Die Gesamtinvestition in eine funktionsfähige Wasserstoffinfrastruktur, die all diese Synergien konsequent nutzt, ist nach seriösen Schätzungen voraussichtlich niedriger als die Gesamtinvestitionen, die zur Instandhaltung und Weiterentwicklung der heutigen Energiesysteme erforderlich wären – selbst ohne die externen Kosten des fossilen Systems einzurechnen. Sobald diese externen Kosten fair eingerechnet werden, verschiebt sich die Rechnung noch deutlicher zugunsten der Transformation.

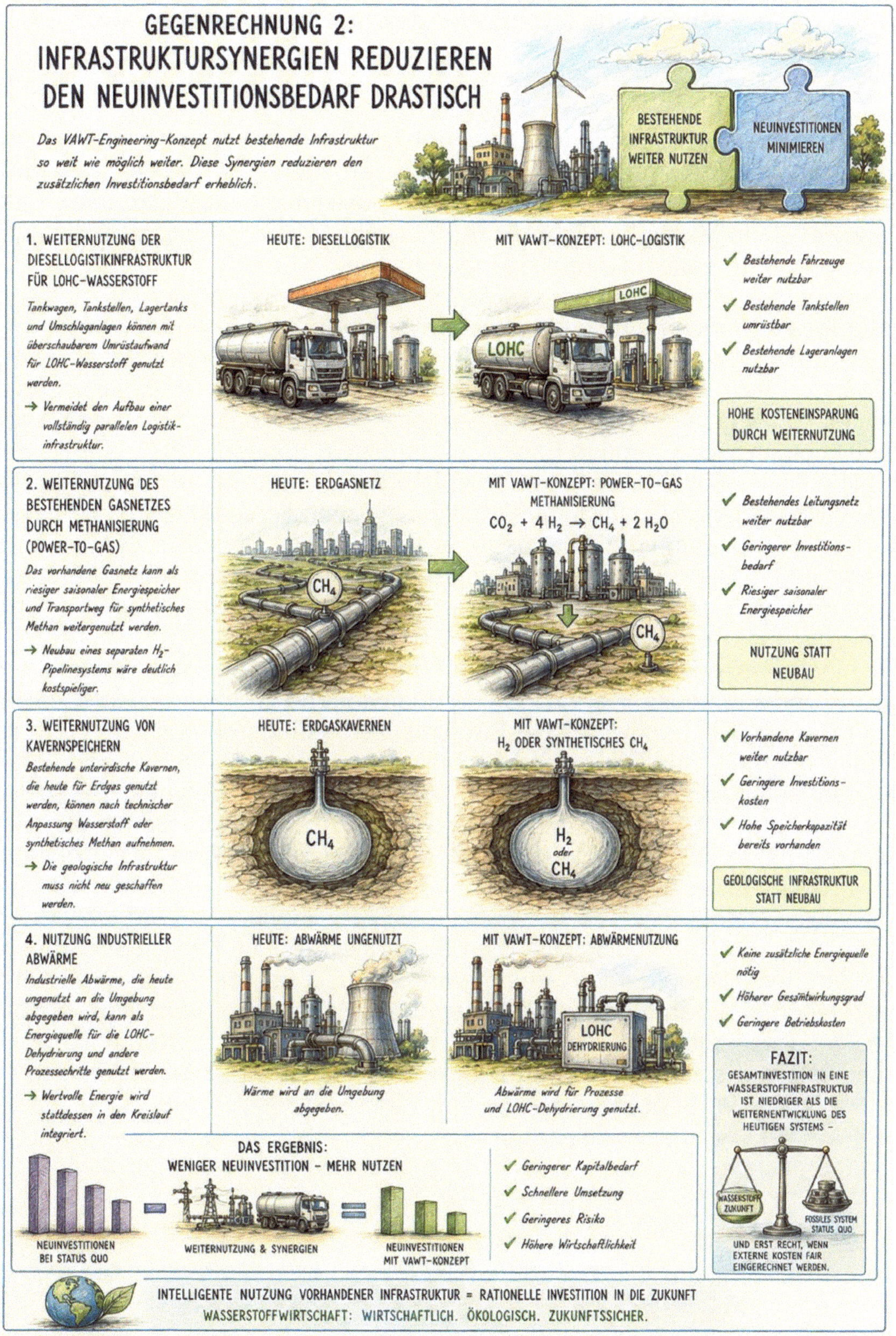

GEGENRECHNUNG 2:
INFRASTRUKTURSYNERGIEN REDUZIEREN DEN NEUINVESTITIONSBEDARF DRASTISCH
Das VAWT-Engineering-Konzept nutzt bestehende Infrastruktur so weit wie möglich weiter. Diese Synergien reduzieren den zusätzlichen Investitionsbedarf erheblich.
BESTEHENDE INFRASTRUKTUR WEITER NUTZEN
NEUINVESTITIONEN MINIMIEREN
1. WEITERNUTZUNG DER DIESELLOGISTIKINFRASTRUKTUR FÜR LOHC-WASSERSTOFF
Tankwagen, Tankstellen, Lagertanks und Umschlaganlagen können mit überschaubarem Umrüstaufwand für LOHC-Wasserstoff genutzt werden.
→ Vermeidet den Aufbau einer vollständig parallelen Logistik-infrastruktur.
HEUTE: DIESELLOGISTIK
MIT VAWT-KONZEPT: LOHC-LOGISTIK
LOHC
✓ Bestehende Fahrzeuge weiter nutzbar
✓ Bestehende Tankstellen umrüstbar
✓ Bestehende Lageranlagen nutzbar
HOHE KOSTENEINSPARUNG DURCH WEITERNUTZUNG
2. WEITERNUTZUNG DES BESTEHENDEN GASNETZES DURCH METHANISIERUNG (POWER-TO-GAS)
Das vorhandene Gasnetz kann als riesiger saisonaler Energiespeicher und Transportweg für synthetisches Methan weitergenutzt werden.
→ Neubau eines separaten H_2-Pipelinesystems wäre deutlich kostspieliger.
HEUTE: ERDGASNETZ
CH_4
MIT VAWT-KONZEPT: POWER-TO-GAS METHANISIERUNG
$CO_2 + 4 H_2 \rightarrow CH_4 + 2 H_2O$
CH_4
✓ Bestehendes Leitungsnetz weiter nutzbar
✓ Geringerer Investitions-bedarf
✓ Riesiger saisonaler Energiespeicher
NUTZUNG STATT NEUBAU
3. WEITERNUTZUNG VON KAVERNSPEICHERN
Bestehende unterirdische Kavernen, die heute für Erdgas genutzt werden, können nach technischer Anpassung Wasserstoff oder synthetisches Methan aufnehmen.
→ Die geologische Infrastruktur muss nicht neu geschaffen werden.
HEUTE: ERDGASKAVERNEN
CH_4
MIT VAWT-KONZEPT: H_2 ODER SYNTHETISCHES CH_4
H_2 oder CH_4
✓ Vorhandene Kavernen weiter nutzbar
✓ Geringere Investitions-kosten
✓ Hohe Speicherkapazität bereits vorhanden
GEOLOGISCHE INFRASTRUKTUR STATT NEUBAU
4. NUTZUNG INDUSTRIELLER ABWÄRME
Industrielle Abwärme, die heute ungenutzt an die Umgebung abgegeben wird, kann als Energiequelle für die LOHC-Dehydrierung und andere Prozessschritte genutzt werden.
→ Wertvolle Energie wird stattdessen in den Kreislauf integriert.
HEUTE: ABWÄRME UNGENUTZT
Wärme wird an die Umgebung abgegeben.
MIT VAWT-KONZEPT: ABWÄRMENUTZUNG
LOHC DEHYDRIERUNG
Abwärme wird für Prozesse und LOHC-Dehydrierung genutzt.
✓ Keine zusätzliche Energiequelle nötig
✓ Höherer Gesamtwirkungsgrad
✓ Geringere Betriebskosten
FAZIT:
GESAMTINVESTITION IN EINE WASSERSTOFFINFRASTRUKTUR IST NIEDRIGER ALS DIE WEITERNENTWICKLUNG DES HEUTIGEN SYSTEMS –
WASSERSTOFF ZUKUNFT
FOSSILES SYSTEM STATUS QUO
UND ERST RECHT, WENN EXTERNE KOSTEN FAIR EINGERECHNET WERDEN.
DAS ERGEBNIS:
WENIGER NEUINVESTITION – MEHR NUTZEN
NEUINVESTITIONEN BEI STATUS QUO
WEITERNUTZUNG & SYNERGIEN
NEUINVESTITIONEN MIT VAWT-KONZEPT
✓ Geringerer Kapitalbedarf
✓ Schnellere Umsetzung
✓ Geringeres Risiko
✓ Höhere Wirtschaftlichkeit
INTELLIGENTE NUTZUNG VORHANDENER INFRASTRUKTUR = RATIONELLE INVESTITION IN DIE ZUKUNFT
WASSERSTOFFWIRTSCHAFT: WIRTSCHAFTLICH. ÖKOLOGISCH. ZUKUNFTSSICHER.

Gegenrechnung 2

5.4 Neue Wertschöpfungsketten: Wer gewinnt in der Wasserstoffwirtschaft?

Jeder Systemwandel schafft Gewinner und Verlierer. Die Frage, wer in einer Wasserstoffwirtschaft wirtschaftlich profitiert, ist keine zynische Nebenfrage – sie ist entscheidend für die politische Durchsetzbarkeit des Wandels. Denn Veränderungen finden nur statt, wenn genügend mächtige Akteure ein Interesse an ihrem Gelingen haben.

Regionale Wertschöpfung als struktureller Vorteil

Einer der bemerkenswertesten Aspekte der ökologischen Wasserstoffwirtschaft ist ihre Tendenz zur Regionalisierung von Wertschöpfung. Das heutige Energiesystem ist in hohem Maße zentralisiert und von internationalen Lieferketten abhängig: Öl und Gas aus dem Nahen Osten, Norwegen oder Nordafrika, Kohle aus Australien oder Kolumbien. Die Wertschöpfung, die in der Energiegenerierung steckt, findet dabei zu einem erheblichen Teil im Ausland statt und verleiht damit fremden Volkswirtschaften und politischen Systemen strategische Macht über unsere Versorgungssicherheit.

In einer Wasserstoffwirtschaft, die auf regionalen organischen Reststoffen basiert, verbleibt diese Wertschöpfung überwiegend im Inland, idealerweise in der Region. Die Landwirtin, die Stroh als Vergasungsrohstoff liefert, erhält einen wirtschaftlichen Gegenwert für Material, das sie bislang auf dem Feld ließ oder aufwendig mulchte. Das Holzverarbeitungsunternehmen, das seine Holzreste verkauft statt verbrennt, steigert seinen Ertrag. Die Gemeinde, die Klärschlamm nicht mehr teuer entsorgen muss, sondern als Rohstoff verwertet, entlastet ihren Haushalt.

Die Wasserstofffabrik selbst schafft lokale Arbeitsplätze: im Betrieb, in der Wartung, in der Rohstofflogistik. Die dezentrale Brennstoffzellenversorgung erfordert Installation und Wartung vor Ort – Jobs, die strukturell nicht ausgelagert werden können. Die regionale Verteilung von Wasserstoff schafft Beschäftigung in der Transportwirtschaft. Kurzum: Die Wasserstoffwirtschaft ist ihrer Struktur nach regionenwirtschaftsfreundlich.

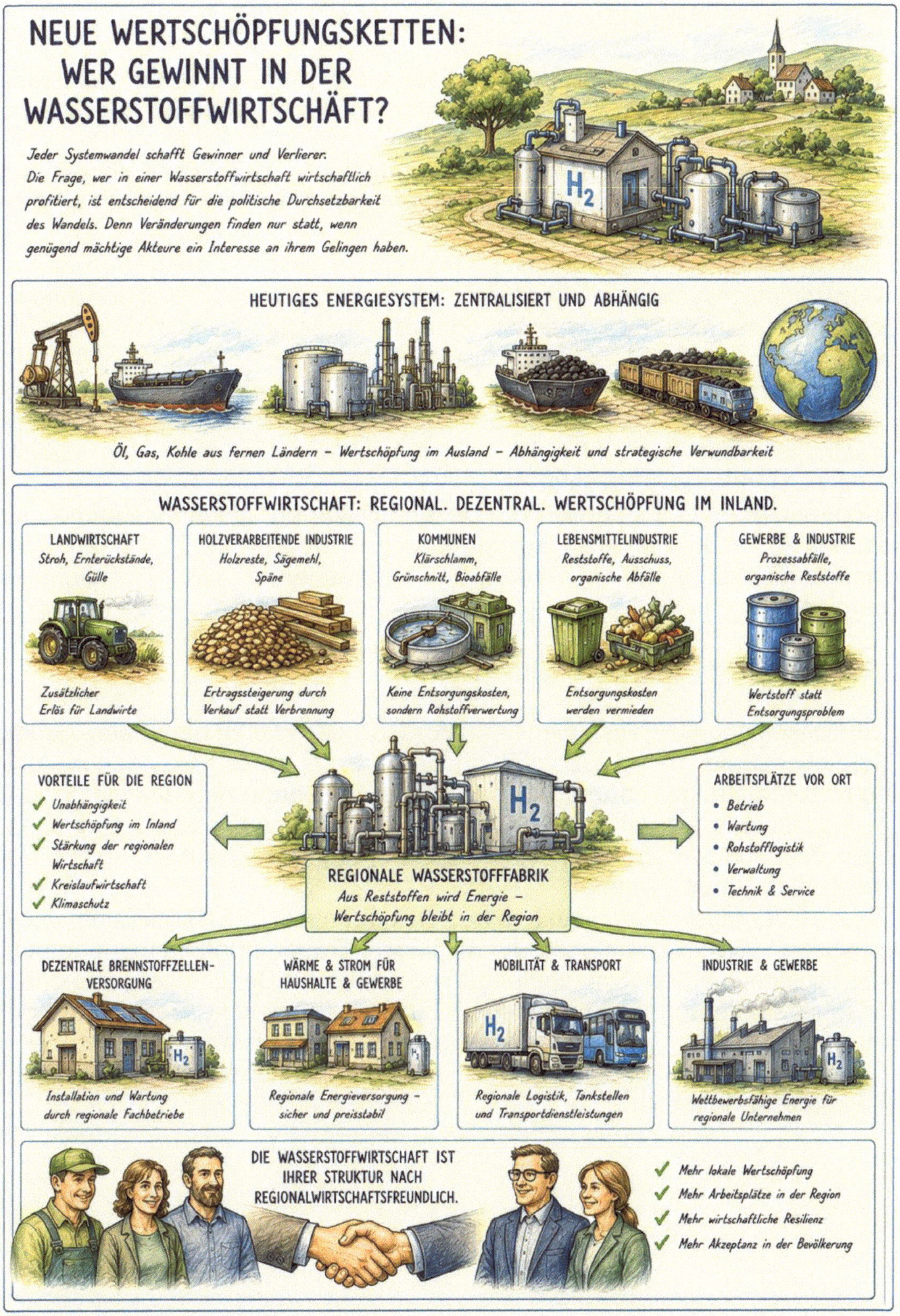
NEUE WERTSCHÖPFUNGSKETTEN: WER GEWINNT IN DER WASSERSTOFFWIRTSCHÄFT?
Jeder Systemwandel schafft Gewinner und Verlierer. Die Frage, wer in einer Wasserstoffwirtschaft wirtschaftlich profitiert, ist entscheidend für die politische Durchsetzbarkeit des Wandels. Denn Veränderungen finden nur statt, wenn genügend mächtige Akteure ein Interesse an ihrem Gelingen haben.
H2
HEUTIGES ENERGIESYSTEM: ZENTRALISIERT UND ABHÄNGIG
Öl, Gas, Kohle aus fernen Ländern – Wertschöpfung im Ausland – Abhängigkeit und strategische Verwundbarkeit
WASSERSTOFFWIRTSCHAFT: REGIONAL. DEZENTRAL. WERTSCHÖPFUNG IM INLAND.
LANDWIRTSCHAFT
Stroh, Ernterückstände, Gülle
Zusätzlicher Erlös für Landwirte
HOLZVERARBEITENDE INDUSTRIE
Holzreste, Sägemehl, Späne
Ertragssteigerung durch Verkauf statt Verbrennung
KOMMUNEN
Klärschlamm, Grünschnitt, Bioabfälle
Keine Entsorgungskosten, sondern Rohstoffverwertung
LEBENSMITTELINDUSTRIE
Reststoffe, Ausschuss, organische Abfälle
Entsorgungskosten werden vermieden
GEWERBE & INDUSTRIE
Prozessabfälle, organische Reststoffe
Wertstoff statt Entsorgungsproblem
VORTEILE FÜR DIE REGION
✓ Unabhängigkeit
✓ Wertschöpfung im Inland
✓ Stärkung der regionalen Wirtschaft
✓ Kreislaufwirtschaft
✓ Klimaschutz
H2
REGIONALE WASSERSTOFFABRIK
Aus Reststoffen wird Energie – Wertschöpfung bleibt in der Region
ARBEITSPLÄTZE VOR ORT
• Betrieb
• Wartung
• Rohstofflogistik
• Verwaltung
• Technik & Service
DEZENTRALE BRENNSTOFFZELLEN-VERSORGUNG
Installation und Wartung durch regionale Fachbetriebe
WÄRME & STROM FÜR HAUSHALTE & GEWERBE
Regionale Energieversorgung – sicher und preisstabil
MOBILITÄT & TRANSPORT
Regionale Logistik, Tankstellen und Transportdienstleistungen
INDUSTRIE & GEWERBE
Wettbewerbsfähige Energie für regionale Unternehmen
DIE WASSERSTOFFWIRTSCHAFT IST IHRER STRUKTUR NACH REGIONALWIRTSCHAFTSFREUNDLICH.
✓ Mehr lokale Wertschöpfung
✓ Mehr Arbeitsplätze in der Region
✓ Mehr wirtschaftliche Resilienz
✓ Mehr Akzeptanz in der Bevölkerung

Regionale Wertschöpfung

Konkrete Gewinner

Landwirtschaft und Forstwirtschaft: Als Lieferanten biogener Reststoffe erschließen sie eine neue, stabile Einnahmequelle für Material, das bislang Kosten verursachte oder ungenutzt blieb.

Abfallwirtschaft und Recyclingindustrie: Die thermochemische Verwertung nicht recycelbarer Fraktionen eröffnet ein neues Geschäftsfeld mit stabilem Rohstoffstrom.

Handwerk und Gebäudetechnik: Installation und Wartung dezentraler Brennstoffzellensysteme erfordern lokale Fachleute. Heizungsbauer, Elektriker, Energieberater werden in der Wasserstoffwirtschaft dringend gebraucht.

Maschinen- und Anlagenbau: Die Herstellung von Vergasern, Elektrolyseuren, Brennstoffzellen und LOHC-Systemen ist eine hochwertige Industrieaufgabe, für die der deutsche Maschinenbau mit seiner Traditionsstärke gut aufgestellt ist.

Kommunen und Stadtwerke: Dezentralisierung schafft Räume für kommunale Energieversorgungsmodelle. Stadtwerke können zu Wasserstoffversorgern werden, Kommunen zu regionalen Energieproduzenten.

Strukturelle Herausforderungen

Ehrlichkeit gebietet, auch die Herausforderungen klar zu benennen. Große Energiekonzerne, deren Geschäftsmodell auf zentraler Stromgenerierung und Netzinfrastruktur beruht, müssen sich grundlegend neu ausrichten. Die Öl- und Gasindustrie verliert ihre Rolle als Primärrohstofflieferant. Regionen, deren Wirtschaft auf fossiler Energiegenerierung aufgebaut ist, stehen vor erheblichem Strukturwandel.

Diese Veränderungen sind bei konsequenter Defossilisierung nicht vermeidbar. Sie können aber durch kluges Transformationsmanagement aktiv begleitet werden: Umschulungsprogramme für Beschäftigte, regionale Wirtschaftsförderung für betroffene Gebiete, frühzeitige Beteiligung der Betroffenen an der Gestaltung des Wandels. Strukturwandel gelingt, wenn er als aktiv gestaltet erlebt wird – nicht als über die Betroffenen hinweggrollende Welle.

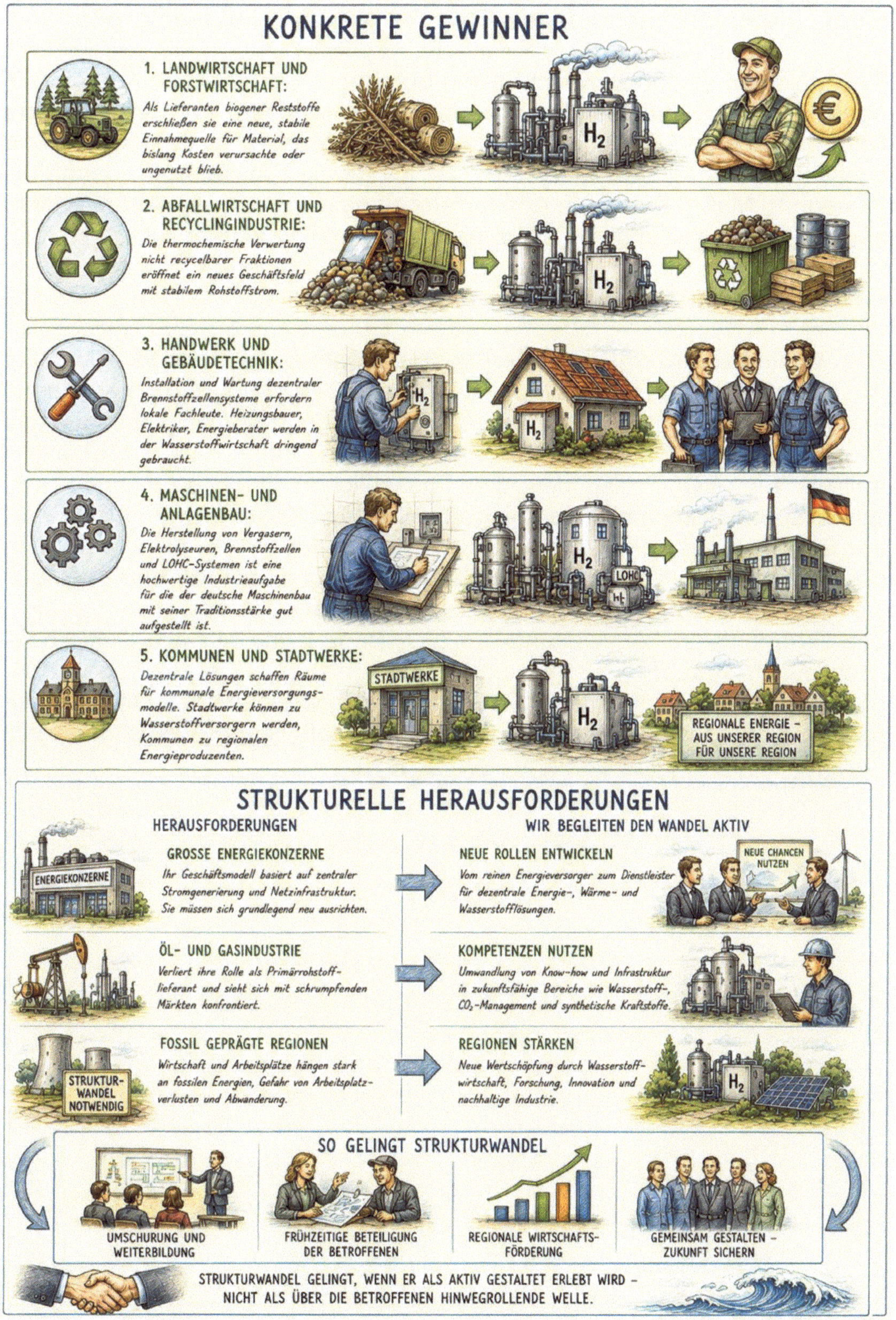
KONKRETE GEWINNER
1. LANDWIRTSCHAFT UND FORSTWIRTSCHAFT:
Als Lieferanten biogener Reststoffe erschließen sie eine neue, stabile Einnahmequelle für Material, das bislang Kosten verursachte oder ungenutzt blieb.
H2
2. ABFALLWIRTSCHAFT UND RECYCLINGINDUSTRIE:
Die thermochemische Verwertung nicht recycelbarer Fraktionen eröffnet ein neues Geschäftsfeld mit stabilem Rohstoffstrom.
3. HANDWERK UND GEBÄUDETECHNIK:
Installation und Wartung dezentraler Brennstoffzellensysteme erfordern lokale Fachleute. Heizungsbauer, Elektriker, Energieberater werden in der Wasserstoffwirtschaft dringend gebraucht.
4. MASCHINEN- UND ANLAGENBAU:
Die Herstellung von Vergasern, Elektrolyseuren, Brennstoffzellen und LOHC-Systemen ist eine hochwertige Industrieaufgabe für die der deutsche Maschinenbau mit seiner Traditionsstärke gut aufgestellt ist.
LOHC
5. KOMMUNEN UND STADTWERKE:
Dezentrale Lösungen schaffen Räume für kommunale Energieversorgungsmodelle. Stadtwerke können zu Wasserstoffversorgern werden, Kommunen zu regionalen Energieproduzenten.
STADTWERKE
REGIONALE ENERGIE – AUS UNSERER REGION FÜR UNSERE REGION
STRUKTURELLE HERAUSFORDERUNGEN
HERAUSFORDERUNGEN
WIR BEGLEITEN DEN WANDEL AKTIV
ENERGIEKONZERNE
GROSSE ENERGIEKONZERNE
Ihr Geschäftsmodell basiert auf zentraler Stromgenerierung und Netzinfrastruktur. Sie müssen sich grundlegend neu ausrichten.
NEUE ROLLEN ENTWICKELN
Vom reinen Energieversorger zum Dienstleister für dezentrale Energie-, Wärme- und Wasserstofflösungen.
NEUE CHANCEN NUTZEN
ÖL- UND GASINDUSTRIE
Verliert ihre Rolle als Primärrohstofflieferant und sieht sich mit schrumpfenden Märkten konfrontiert.
KOMPETENZEN NUTZEN
Umwandlung von Know-how und Infrastruktur in zukunftsfähige Bereiche wie Wasserstoff-, CO2-Management und synthetische Kraftstoffe.
STRUKTURWANDEL NOTWENDIG
FOSSIL GEPRÄGTE REGIONEN
Wirtschaft und Arbeitsplätze hängen stark an fossilen Energien, Gefahr von Arbeitsplatzverlusten und Abwanderung.
REGIONEN STÄRKEN
Neue Wertschöpfung durch Wasserstoffwirtschaft, Forschung, Innovation und nachhaltige Industrie.
SO GELINGT STRUKTURWANDEL
UMSCHURUNG UND WEITERBILDUNG
FRÜHZEITIGE BETEILIGUNG DER BETROFFENEN
REGIONALE WIRTSCHAFTSFÖRDERUNG
GEMEINSAM GESTALTEN – ZUKUNFT SICHERN
STRUKTURWANDEL GELINGT, WENN ER ALS AKTIV GESTALTET ERLEBT WIRD – NICHT ALS ÜBER DIE BETROFFENEN HINWEGROLLENDE WELLE.

Konkrete Gewinner

5.5 Was die Politik leisten muss: Regulierung als Schlüsselgröße

Technologien setzen sich nicht allein durch ihre Überlegenheit durch. Sie brauchen regulatorische Rahmenbedingungen, die faire Wettbewerbsbedingungen schaffen, Fehlanreize abbauen und Investitionssicherheit gewährleisten. Das gilt für die Wasserstoffwirtschaft in besonderem Maße, weil sie in Konkurrenz zu einem fossil geprägten System steht, das über Jahrzehnte in seine heutige Form gewachsen ist.

CO_2-Bepreisung als Grundvoraussetzung

Die wichtigste einzelne Regulierungsmaßnahme, die den Übergang zur Wasserstoffwirtschaft begünstigt, ist eine konsequente und ausreichend hohe Bepreisung von CO_2-Emissionen. Solange fossile Brennstoffe die Atmosphäre kostenlos als CO_2-Deponie nutzen können, sind sie künstlich verbilligt. Ein CO_2-Preis, der die tatsächlichen sozialen Kosten von Treibhausgasemissionen widerspiegelt, schafft die Kostensymmetrie, die ein fairer Systemvergleich erfordert. Aktuelle Schätzungen der sozialen Kosten einer Tonne CO_2 liegen je nach Methodologie zwischen 100 und über 800 Euro – weit über dem bisherigen EU-Emissionshandelspreis.

Die Erhöhung und Ausweitung der CO_2-Bepreisung auf alle Sektoren – einschließlich Verkehr, Wärme und Landwirtschaft – ist eine politische Grundvoraussetzung für einen fairen Systemwettbewerb. Ohne diese Grundlage werden saubere Technologien stets gegen eine künstlich verbilligte fossile Konkurrenz antreten müssen.

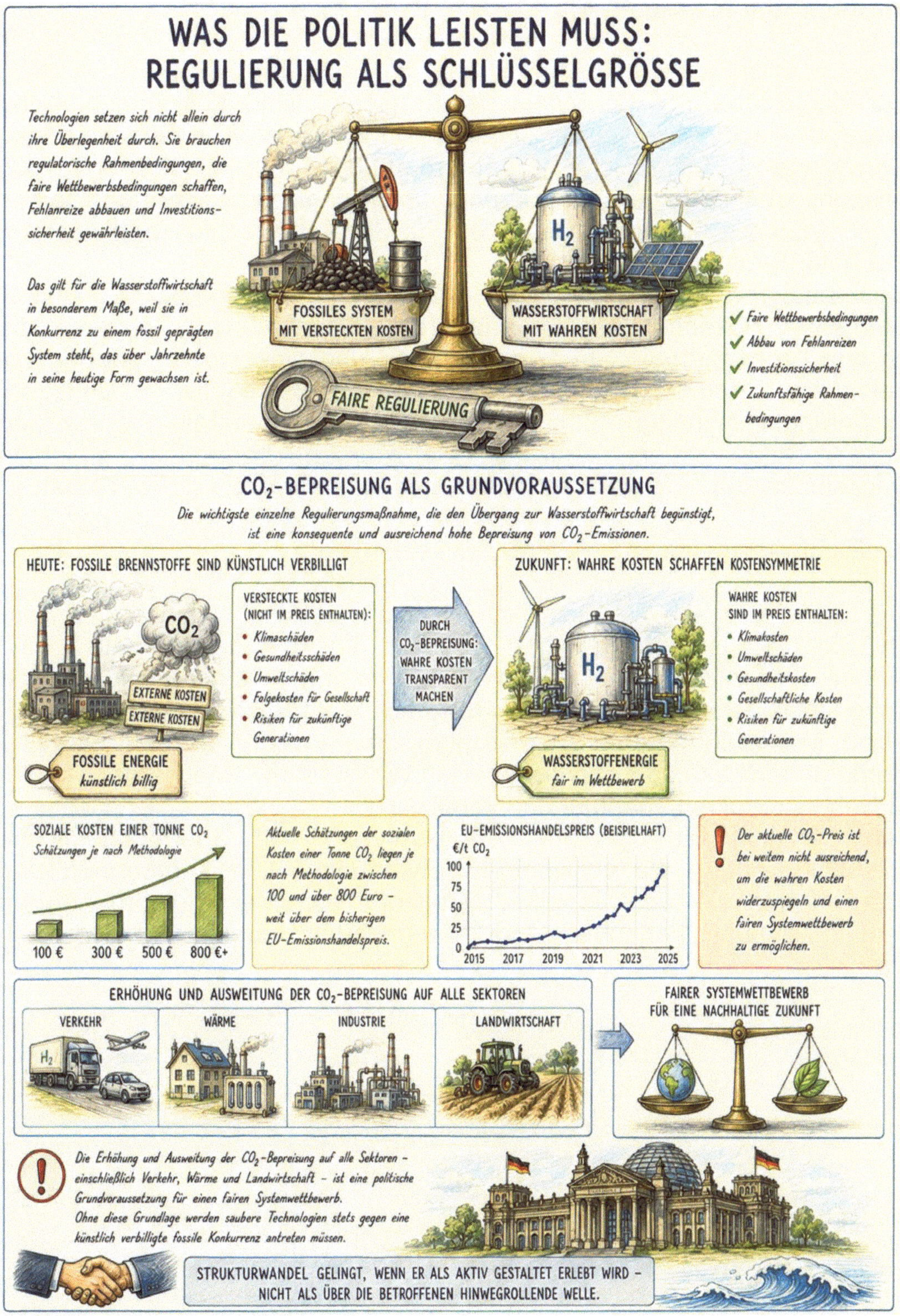
WAS DIE POLITIK LEISTEN MUSS:
REGULIERUNG ALS SCHLÜSSELGRÖSSE
Technologien setzen sich nicht allein durch ihre Überlegenheit durch. Sie brauchen regulatorische Rahmenbedingungen, die faire Wettbewerbsbedingungen schaffen, Fehlanreize abbauen und Investitionssicherheit gewährleisten.
Das gilt für die Wasserstoffwirtschaft in besonderem Maße, weil sie in Konkurrenz zu einem fossil geprägten System steht, das über Jahrzehnte in seine heutige Form gewachsen ist.
FOSSILES SYSTEM MIT VERSTECKTEN KOSTEN
H_2
WASSERSTOFFWIRTSCHAFT MIT WAHREN KOSTEN
FAIRE REGULIERUNG
✓ Faire Wettbewerbsbedingungen
✓ Abbau von Fehlanreizen
✓ Investitionssicherheit
✓ Zukunftsfähige Rahmenbedingungen
CO_2-BEPREISUNG ALS GRUNDVORAUSSETZUNG
Die wichtigste einzelne Regulierungsmaßnahme, die den Übergang zur Wasserstoffwirtschaft begünstigt, ist eine konsequente und ausreichend hohe Bepreisung von CO_2-Emissionen.
HEUTE: FOSSILE BRENNSTOFFE SIND KÜNSTLICH VERBILLIGT
CO_2
EXTERNE KOSTEN
EXTERNE KOSTEN
VERSTECKTE KOSTEN (NICHT IM PREIS ENTHALTEN):
• Klimaschäden
• Gesundheitsschäden
• Umweltschäden
• Folgekosten für Gesellschaft
• Risiken für zukünftige Generationen
FOSSILE ENERGIE künstlich billig
DURCH CO_2-BEPREISUNG: WAHRE KOSTEN TRANSPARENT MACHEN
ZUKUNFT: WAHRE KOSTEN SCHAFFEN KOSTENSYMMETRIE
H_2
WAHRE KOSTEN SIND IM PREIS ENTHALTEN:
• Klimakosten
• Umweltschäden
• Gesundheitskosten
• Gesellschaftliche Kosten
• Risiken für zukünftige Generationen
WASSERSTOFFENERGIE fair im Wettbewerb
SOZIALE KOSTEN EINER TONNE CO_2
Schätzungen je nach Methodologie
100 €
300 €
500 €
800 €+
Aktuelle Schätzungen der sozialen Kosten einer Tonne CO_2 liegen je nach Methodologie zwischen 100 und über 800 Euro – weit über dem bisherigen EU-Emissionshandelspreis.
EU-EMISSIONSHANDELSPREIS (BEISPIELHAFT)
€/t CO_2
100
75
50
25
0
2015
2017
2019
2021
2023
2025
Der aktuelle CO_2-Preis ist bei weitem nicht ausreichend, um die wahren Kosten widerzuspiegeln und einen fairen Systemwettbewerb zu ermöglichen.
ERHÖHUNG UND AUSWEITUNG DER CO_2-BEPREISUNG AUF ALLE SEKTOREN
VERKEHR
WÄRME
INDUSTRIE
LANDWIRTSCHAFT
H_2
FAIRER SYSTEMWETTBEWERB FÜR EINE NACHHALTIGE ZUKUNFT
Die Erhöhung und Ausweitung der CO_2-Bepreisung auf alle Sektoren – einschließlich Verkehr, Wärme und Landwirtschaft – ist eine politische Grundvoraussetzung für einen fairen Systemwettbewerb.
Ohne diese Grundlage werden saubere Technologien stets gegen eine künstlich verbilligte fossile Konkurrenz antreten müssen.
STRUKTURWANDEL GELINGT, WENN ER ALS AKTIV GESTALTET ERLEBT WIRD – NICHT ALS ÜBER DIE BETROFFENEN HINWEGROLLENDE WELLE.

Regulierung als Schlüsselgröße

Standards und Marktdesign

Für die Skalierung der Wasserstoffwirtschaft sind klare, einheitliche Standards unabdingbar: für die Qualität von Wasserstoff in verschiedenen Anwendungen, für Sicherheitsanforderungen an Speicher- und Transportsysteme, für die Zertifizierung von grünem Wasserstoff und seinen unterschiedlichen Generierungspfaden, für die Netzanschlussbedingungen dezentraler Brennstoffzellensysteme.

Das heutige Strommarktdesign ist auf große zentrale Generierer ausgerichtet. Dezentrale Kleinstgenerierer – Haushalte und Betriebe, die über ihre Brennstoffzelle Strom produzieren und einspeisen – stehen vor erheblichen regulatorischen Hürden: Netzentgelte, Umlagen, Bilanzierungsvorschriften. Ein Marktdesign, das dezentrale Generierung gleichberechtigt neben zentraler Generierung behandelt, ist eine Voraussetzung für eine wärmegeführte, dezentrale Wasserstoffwirtschaft.

Kreislaufwirtschaftsrecht weiterentwickeln

Die Nutzung organischer Reststoffe als Wasserstoffrohstoff erfordert klare rechtliche Rahmenbedingungen. Das bestehende Abfall- und Kreislaufwirtschaftsrecht ist für die Anforderungen einer umfassenden Wasserstoffwirtschaft in vielen Punkten noch nicht ausreichend ausgelegt. Welche Materialien dürfen thermochemisch verwertet werden? Welche Anforderungen gelten für den generierten Wasserstoff? Wie werden Asche- und Nebenprodukte behandelt und zertifiziert?

Hier braucht es gezielte Anpassungen, die thermochemische Reststoffverwertung als vollwertige Verwertungsoption anerkennen und fördern – und sie nicht in einer Grauzone zwischen Entsorgung und Energiegewinnung behandeln, die Planungsunsicherheit für Investoren schafft.

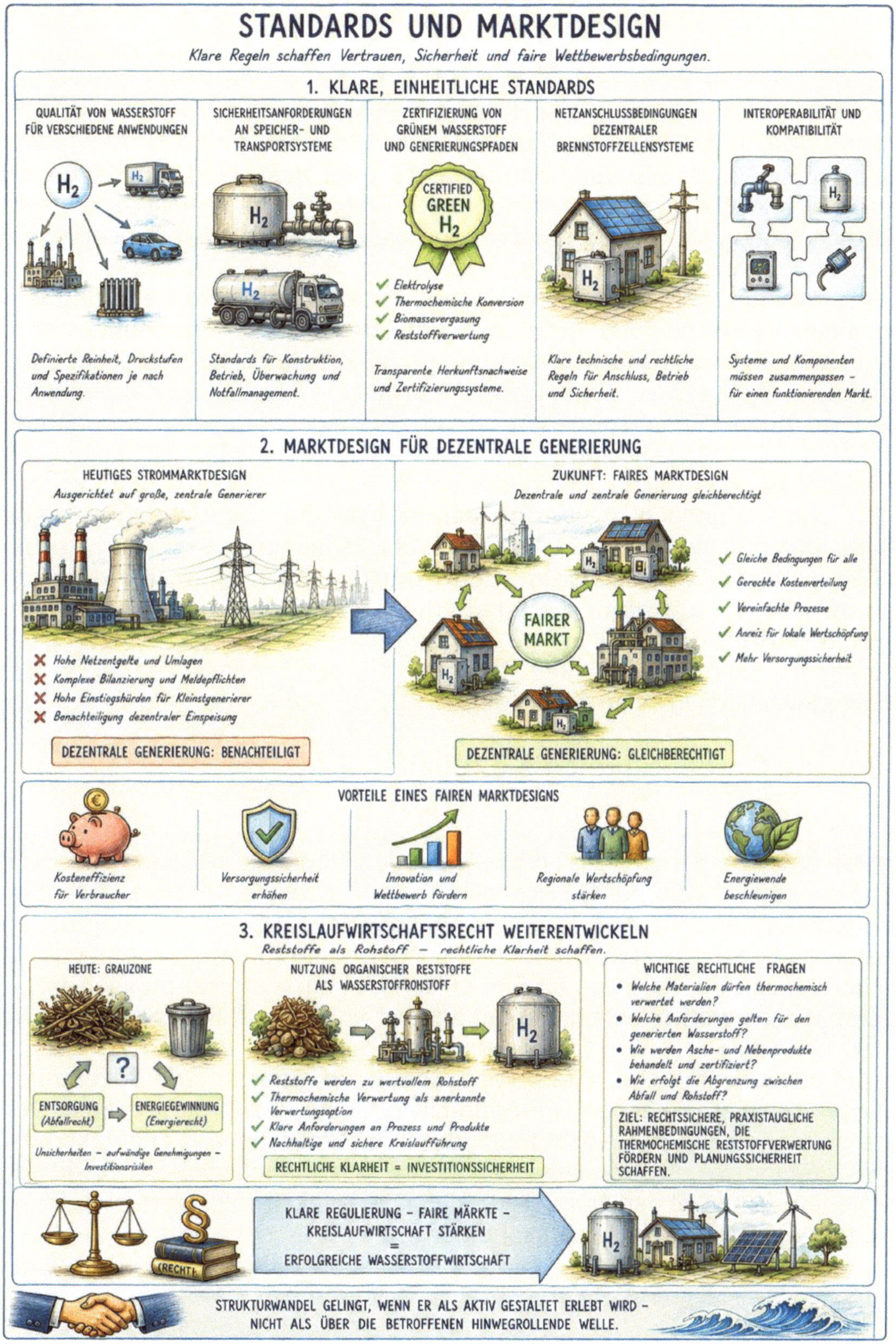

STANDARDS UND MARKTDESIGN
Klare Regeln schaffen Vertrauen, Sicherheit und faire Wettbewerbsbedingungen.
1. KLARE, EINHEITLICHE STANDARDS
QUALITÄT VON WASSERSTOFF FÜR VERSCHIEDENE ANWENDUNGEN
Definierte Reinheit, Druckstufen und Spezifikationen je nach Anwendung.
SICHERHEITSANFORDERUNGEN AN SPEICHER- UND TRANSPORTSYSTEME
Standards für Konstruktion, Betrieb, Überwachung und Notfallmanagement.
ZERTIFIZIERUNG VON GRÜNEM WASSERSTOFF UND GENERIERUNGSPFADEN
CERTIFIED GREEN H2
Elektrolyse
Thermochemische Konversion
Biomassevergasung
Reststoffverwertung
Transparente Herkunftsnachweise und Zertifizierungssysteme.
NETZANSCHLUSSBEDINGUNGEN DEZENTRALER BRENNSTOFFZELLENSYSTEME
Klare technische und rechtliche Regeln für Anschluss, Betrieb und Sicherheit.
INTEROPERABILITÄT UND KOMPATIBILITÄT
Systeme und Komponenten müssen zusammenpassen – für einen funktionierenden Markt.
2. MARKTDESIGN FÜR DEZENTRALE GENERIERUNG
HEUTIGES STROMMARKTDESIGN
Ausgerichtet auf große, zentrale Generierer
Hohe Netzentgelte und Umlagen
Komplexe Bilanzierung und Meldepflichten
Hohe Einstiegshürden für Kleinstgenerierer
Benachteiligung dezentraler Einspeisung
DEZENTRALE GENERIERUNG: BENACHTEILIGT
ZUKUNFT: FAIRES MARKTDESIGN
Dezentrale und zentrale Generierung gleichberechtigt
FAIRER MARKT
Gleiche Bedingungen für alle
Gerechte Kostenverteilung
Vereinfachte Prozesse
Anreiz für lokale Wertschöpfung
Mehr Versorgungssicherheit
DEZENTRALE GENERIERUNG: GLEICHBERECHTIGT
VORTEILE EINES FAIREN MARKTDESIGNS
Kosteneffizienz für Verbraucher
Versorgungssicherheit erhöhen
Innovation und Wettbewerb fördern
Regionale Wertschöpfung stärken
Energiewende beschleunigen
3. KREISLAUFWIRTSCHAFTSRECHT WEITERENTWICKELN
Reststoffe als Rohstoff – rechtliche Klarheit schaffen.
HEUTE: GRAUZONE
ENTSORGUNG (Abfallrecht)
ENERGIEGEWINNUNG (Energierecht)
Unsicherheiten – aufwändige Genehmigungen – Investitionsrisiken
NUTZUNG ORGANISCHER RESTSTOFFE ALS WASSERSTOFFROHSTOFF
Reststoffe werden zu wertvollem Rohstoff
Thermochemische Verwertung als anerkannte Verwertungsoption
Klare Anforderungen an Prozess und Produkte
Nachhaltige und sichere Kreislaufführung
RECHTLICHE KLARHEIT = INVESTITIONSSICHERHEIT
WICHTIGE RECHTLICHE FRAGEN
Welche Materialien dürfen thermochemisch verwertet werden?
Welche Anforderungen gelten für den generierten Wasserstoff?
Wie werden Asche- und Nebenprodukte behandelt und zertifiziert?
Wie erfolgt die Abgrenzung zwischen Abfall und Rohstoff?
ZIEL: RECHTSSICHERE, PRAXISTAUGLICHE RAHMENBEDINGUNGEN, DIE THERMOCHEMISCHE RESTSTOFFVERWERTUNG FÖRDERN UND PLANUNGSSICHERHEIT SCHAFFEN.
RECHT
KLARE REGULIERUNG – FAIRE MÄRKTE – KREISLAUFWIRTSCHAFT STÄRKEN
=
ERFOLGREICHE WASSERSTOFFWIRTSCHAFT
STRUKTURWANDEL GELINGT, WENN ER ALS AKTIV GESTALTET ERLEBT WIRD – NICHT ALS ÜBER DIE BETROFFENEN HINWEGROLLENDE WELLE.

Standards und Marktdesign

5.6 Gerechter Wandel: Akzeptanz, Beteiligung und soziale Gerechtigkeit

Technisch mögliche und wirtschaftlich sinnvolle Veränderungen scheitern in einer demokratischen Gesellschaft, wenn sie nicht auf breite Akzeptanz treffen. Die Geschichte der Energiewende zeigt das deutlich: Widerstand gegen Windkraftanlagen, Netzausbau und Biogasanlagen entsteht oft nicht aus technischer Ablehnung, sondern aus dem Gefühl, nicht informiert, nicht gefragt und nicht fair beteiligt worden zu sein.

Eine ökologische Wasserstoffwirtschaft mit dezentraler Generierung und regionaler Wertschöpfung hat dabei strukturelle Vorteile gegenüber dem bisherigen System. Dezentralisierung bedeutet, dass mehr Menschen – Landwirte, Stadtwerke, Kommunen, Haushalte – nicht nur Energienutzer, sondern auch Energiegenerierer und Wertschöpfungspartner werden können. Dieses Modell schafft wirtschaftliche Beteiligungsmöglichkeiten, die im zentralisierten fossilen Energiesystem strukturell nicht vorhanden waren.

Es wäre dennoch naiv, Akzeptanzprobleme zu leugnen. Neue Vergasungsanlagen in der Nähe von Wohngebäuden werden auf Ängste treffen – **Ängste vor Gerüchen, Lärm und Gefährdungen, die ernst zu nehmen sind, auch wenn die tatsächlichen Risiken bei sachgemäßem Betrieb gering sind.** Frühzeitige, transparente und echte Beteiligung der betroffenen Bevölkerung ist kein Aufwand, der den Prozess verzögert – sie ist eine Investition in seine Stabilität.

Soziale Gerechtigkeit als explizites Ziel

Jeder Energiesystemwandel hat Verteilungswirkungen. Die Frage, wer die Kosten des Übergangs trägt und wer von den Vorteilen profitiert, ist zentral für die gesellschaftliche Gerechtigkeit des Prozesses. Historisch haben Energiereformen häufig einkommensschwache Bevölkerungsgruppen überproportional belastet, während wohlhabendere Gruppen – etwa durch Förderung von Photovoltaik auf Einfamilienhäusern – stärker profitierten.

Eine Wasserstoffwirtschaft, die auf dezentrale Brennstoffzellenversorgung setzt, hat das Potenzial, Energiearmut zu reduzieren – wenn ihr Design darauf ausgerichtet wird. Wenn Mietwohnungen genauso von dezentralen Anlagen profitieren können wie Einfamilienhäuser, wenn die Senkung von Energiepreisen durch Reststoffnutzung allen Verbrauchern zugutekommt, wenn regionale Arbeitsplätze auch in strukturschwachen Regionen entstehen – dann ist der Wandel gerecht. Das ist nicht selbstverständlich, es erfordert explizite politische Entscheidungen.

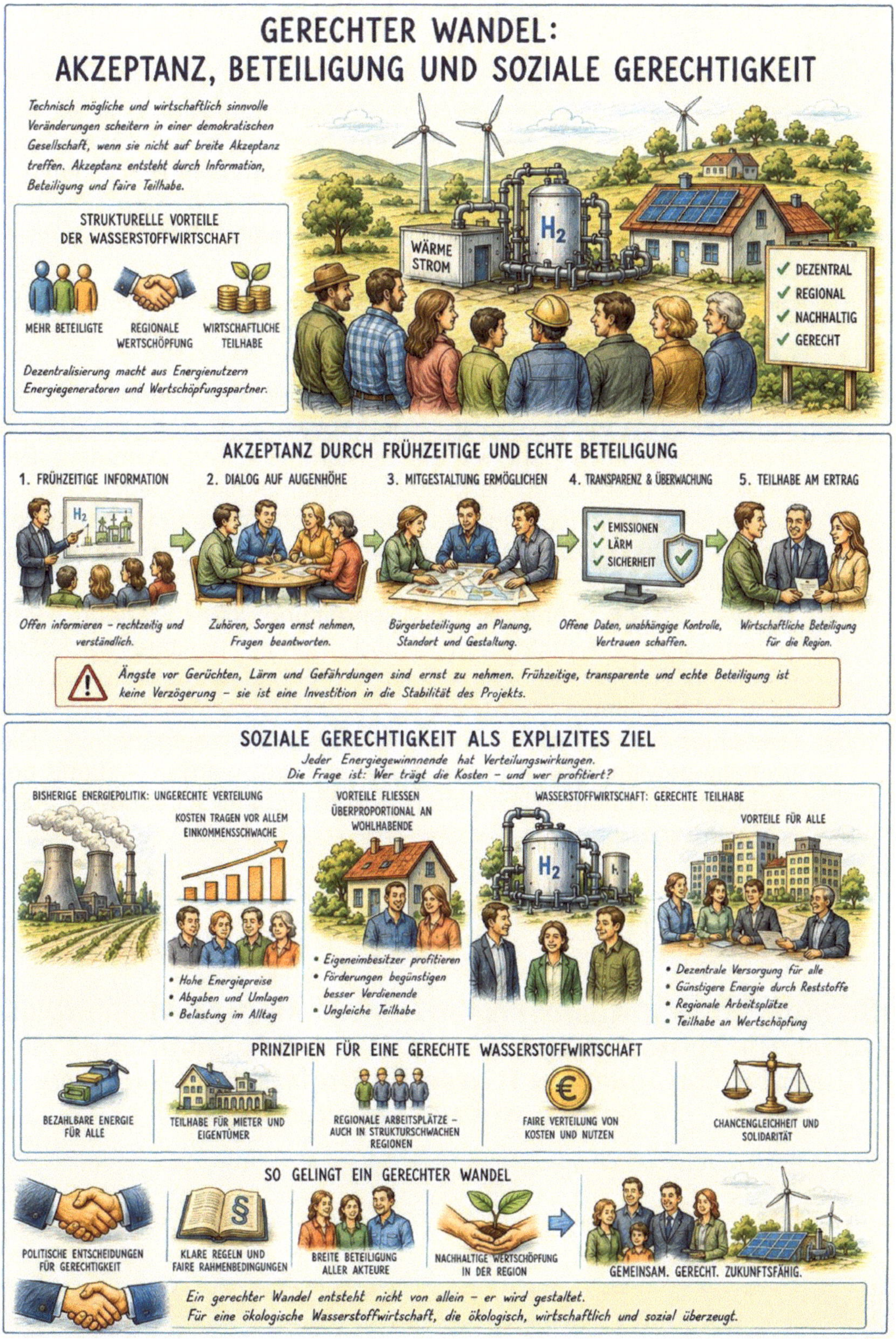
GERECHTER WANDEL:
AKZEPTANZ, BETEILIGUNG UND SOZIALE GERECHTIGKEIT
Technisch mögliche und wirtschaftlich sinnvolle Veränderungen scheitern in einer demokratischen Gesellschaft, wenn sie nicht auf breite Akzeptanz treffen. Akzeptanz entsteht durch Information, Beteiligung und faire Teilhabe.
STRUKTURELLE VORTEILE DER WASSERSTOFFWIRTSCHAFT
MEHR BETEILIGTE
REGIONALE WERTSCHÖPFUNG
WIRTSCHAFTLICHE TEILHABE
Dezentralisierung macht aus Energienutzern Energiegeneratoren und Wertschöpfungspartner.
WÄRME STROM
H2
✓ DEZENTRAL
✓ REGIONAL
✓ NACHHALTIG
✓ GERECHT
AKZEPTANZ DURCH FRÜHZEITIGE UND ECHTE BETEILIGUNG
1. FRÜHZEITIGE INFORMATION
2. DIALOG AUF AUGENHÖHE
3. MITGESTALTUNG ERMÖGLICHEN
4. TRANSPARENZ & ÜBERWACHUNG
5. TEILHABE AM ERTRAG
H2
✓ EMISSIONEN
✓ LÄRM
✓ SICHERHEIT
Offen informieren – rechtzeitig und verständlich.
Zuhören, Sorgen ernst nehmen, Fragen beantworten.
Bürgerbeteiligung an Planung, Standort und Gestaltung.
Offene Daten, unabhängige Kontrolle, Vertrauen schaffen.
Wirtschaftliche Beteiligung für die Region.
Ängste vor Gerüchten, Lärm und Gefährdungen sind ernst zu nehmen. Frühzeitige, transparente und echte Beteiligung ist keine Verzögerung – sie ist eine Investition in die Stabilität des Projekts.
SOZIALE GERECHTIGKEIT ALS EXPLIZITES ZIEL
Jeder Energiegewinnende hat Verteilungswirkungen.
Die Frage ist: Wer trägt die Kosten – und wer profitiert?
BISHERIGE ENERGIEPOLITIK: UNGERECHTE VERTEILUNG
KOSTEN TRAGEN VOR ALLEM EINKOMMENSSCHWACHE
• Hohe Energiepreise
• Abgaben und Umlagen
• Belastung im Alltag
VORTEILE FLIESSEN ÜBERPROPORTIONAL AN WOHLHABENDE
• Eigeneimbesitzer profitieren
• Förderungen begünstigen besser Verdienende
• Ungleiche Teilhabe
WASSERSTOFFWIRTSCHAFT: GERECHTE TEILHABE
H2
VORTEILE FÜR ALLE
• Dezentrale Versorgung für alle
• Günstigere Energie durch Reststoffe
• Regionale Arbeitsplätze
• Teilhabe an Wertschöpfung
PRINZIPIEN FÜR EINE GERECHTE WASSERSTOFFWIRTSCHAFT
BEZAHLBARE ENERGIE FÜR ALLE
TEILHABE FÜR MIETER UND EIGENTÜMER
REGIONALE ARBEITSPLÄTZE – AUCH IN STRUKTURSCHWACHEN REGIONEN
€
FAIRE VERTEILUNG VON KOSTEN UND NUTZEN
CHANCENGLEICHHEIT UND SOLIDARITÄT
SO GELINGT EIN GERECHTER WANDEL
§
POLITISCHE ENTSCHEIDUNGEN FÜR GERECHTIGKEIT
KLARE REGELN UND FAIRE RAHMENBEDINGUNGEN
BREITE BETEILIGUNG ALLER AKTEURE
NACHHALTIGE WERTSCHÖPFUNG IN DER REGION
GEMEINSAM. GERECHT. ZUKUNFTSFÄHIG.
Ein gerechter Wandel entsteht nicht von allein – er wird gestaltet.
Für eine ökologische Wasserstoffwirtschaft, die ökologisch, wirtschaftlich und sozial überzeugt.

Gerechter Wandel

Ökonomische Schlüsselbotschaften: Was dieses Kapitel zusammenfasst

- Systemischer Kostenvergleich: Die Wasserstoffwirtschaft ist nur dann teurer als das fossile System, wenn externe Kosten des fossilen Systems ignoriert werden. Bei vollständiger Betrachtung – inklusive CO_2-Bepreisung, Gesundheitskosten und Netzinvestitionsbedarfe – ergibt sich ein anderes Bild.
- Doppelter Kostenhebel: Reststoffe als Rohstoff senken Generierungskosten. Dezentralisierung eliminiert Netzkosten. Beide Effekte zusammen können Energiepreise für Endverbraucher erheblich und nachhaltig reduzieren.
- Infrastruktursynergien: Durch Weiternutzung bestehender Diesel- und Gasinfrastruktur (LOHC, Methanisierung) sind zusätzliche Investitionsbedarfe geringer als herkömmlich angenommen. Ein Neubau der gesamten Energieinfrastruktur ist nicht nötig.
- Regionale Wertschöpfung: Die Wasserstoffwirtschaft ist strukturell regionenwirtschaftsfreundlich und schafft Wertschöpfung im Inland, wo heute Importabhängigkeiten bestehen.
- Regulierung als Schlüssel: CO_2-Bepreisung, klare Standards, ein angepasstes Marktdesign und ein weiterentwickeltes Kreislaufwirtschaftsrecht sind politische Grundvoraussetzungen für den Markthochlauf.
- Gerechter Wandel als Gestaltungsaufgabe: Die Verteilungswirkungen müssen aktiv gestaltet werden – damit der Übergang nicht nur ökologisch und wirtschaftlich, sondern auch sozial gerecht ist.

Ein gutes Energiesystem ist eines, das auch für diejenigen gut ist, die keine Lobby haben. Das ist die eigentliche Prüfung der ökologischen Wasserstoffwirtschaft – und sie kann bestanden werden.

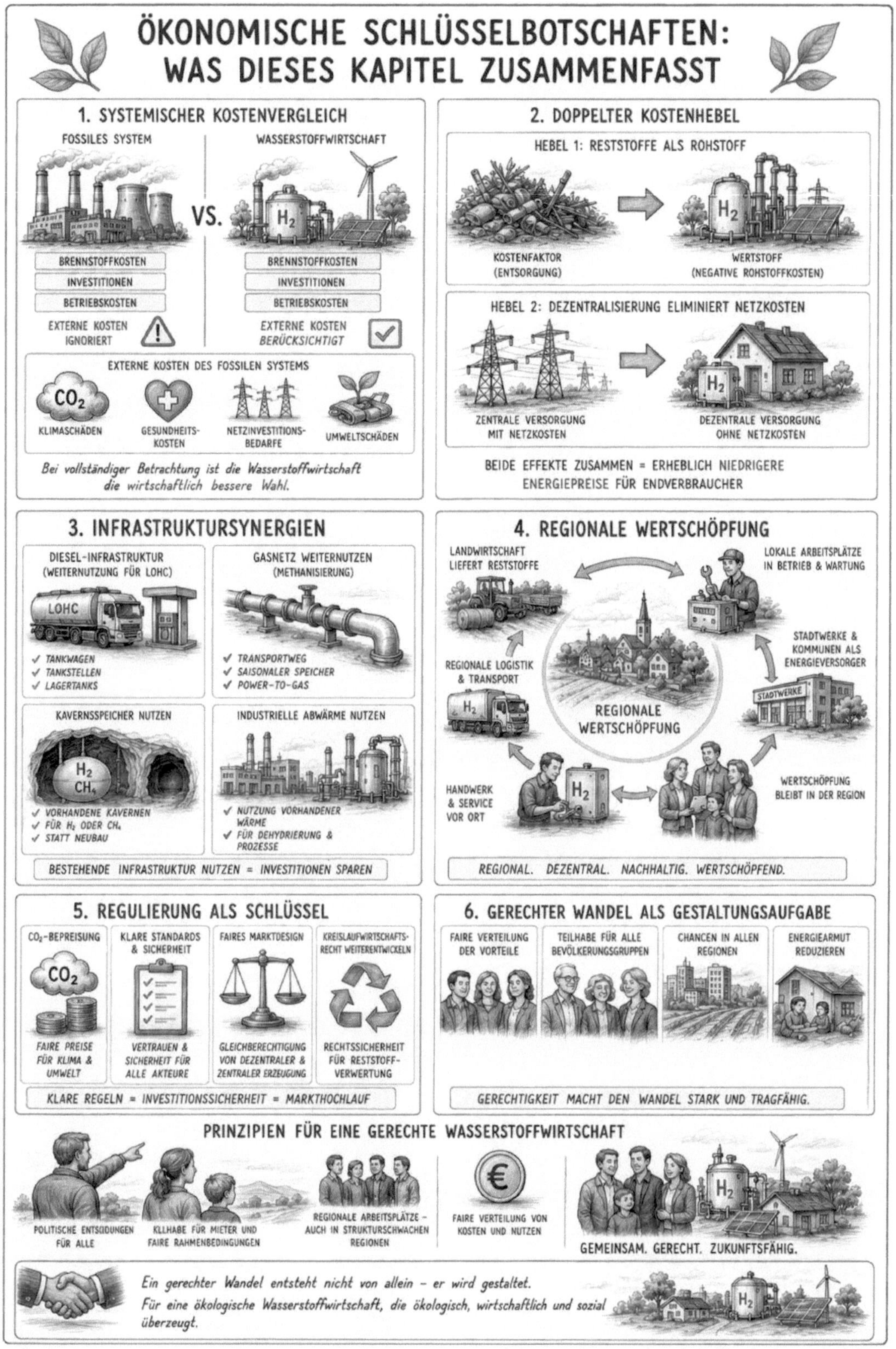

Ökonomische Schlüsselbotschaften